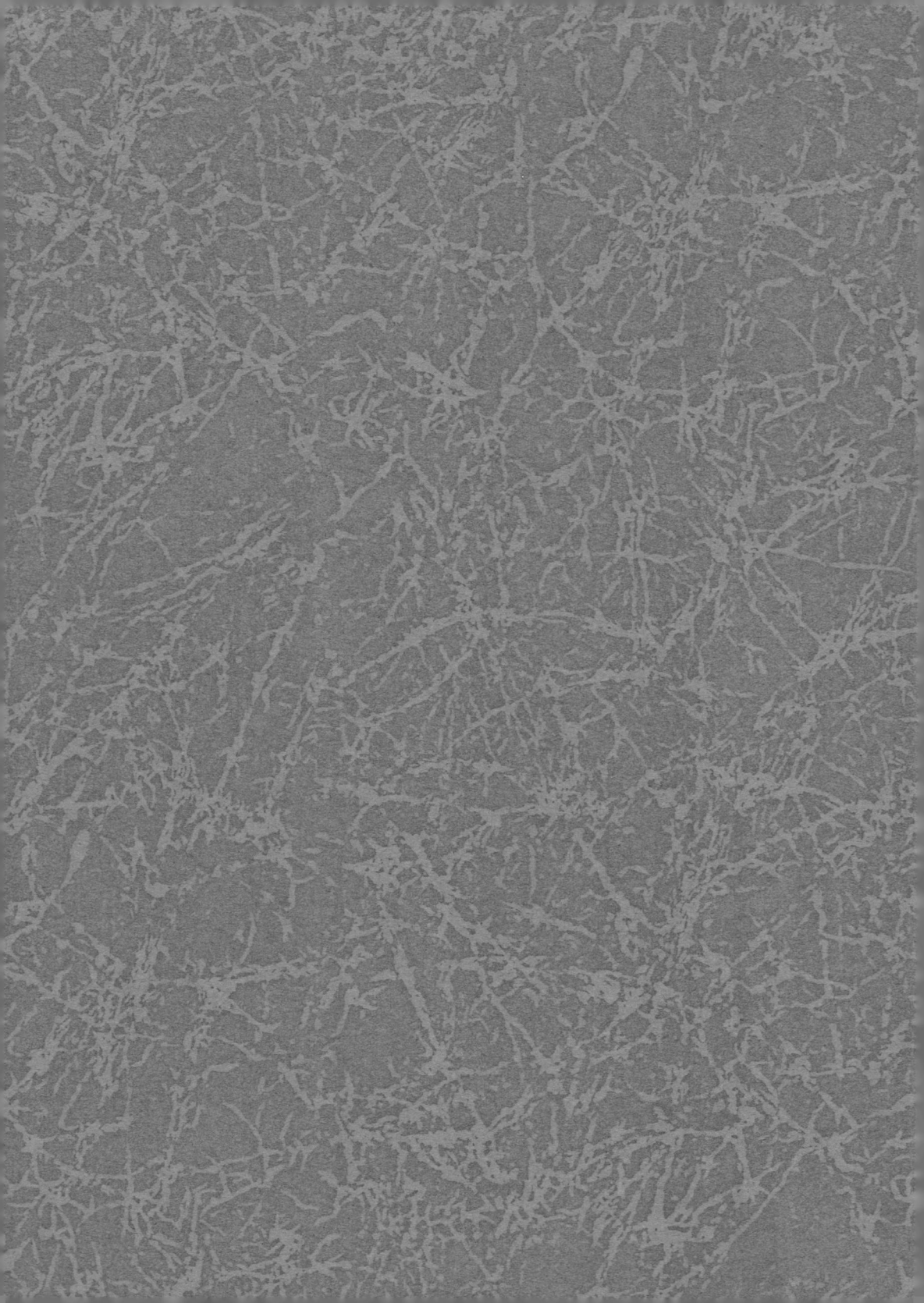

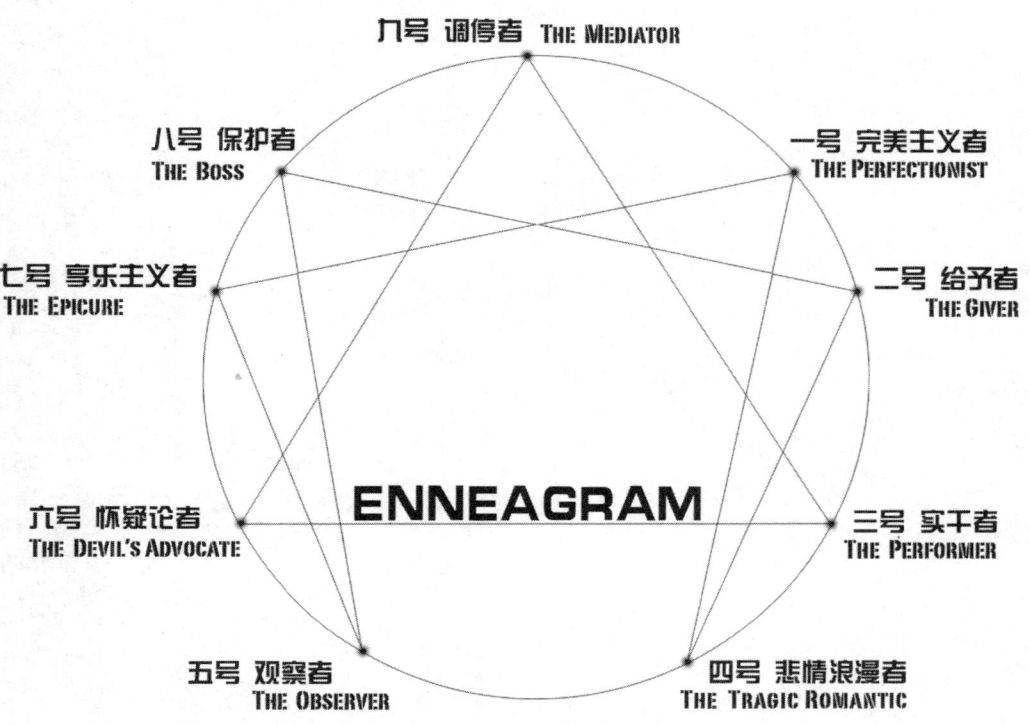

职场和恋爱中的九型人格

［美］海伦·帕尔默（Helen Palmer）著
徐扬 译

华夏出版社

目录

前言　1

第一部分　入门

第一章　性格分类　3
汤的汤的汤/4　"幻想的面纱"/6

第二章　九型人格概要　8
1号·完美主义者/9　2号·给予者/10　3号·实干者/10　4号·浪漫主义者/11　5号·观察者/12　6号·怀疑论者/13　7号·享乐主义者/14　8号·保护者/14　9号·调停者/15

第三章　九型人格的激情与活力　17
密意传统里的激情/17　箭头/21　内在中心/21　分支类型/23

第二部分　恋爱和工作中的性格类型

第一章　1号性格——完美主义者　27
1号的性格特征/27　著名的1号性格者/32　焦点问题/34　安全和危险/40　恋爱中的1号/43　1号发出的信号/46　工作中的1号/48

第二章　2号性格——给予者　54
2号的性格特征/54　著名的2号性格者/58　焦点问题/60　安全和危险/64　恋爱中的2号/66　2号发出的信号/69　工作中的2号/71

第三章　3号性格——实干者　75
3号的性格特征/75　著名的3号性格者/79　焦点问题/81　安全和危险/84　恋爱中的3号/87　3号发出的信号/89　工作中的3号/91

第四章 4号性格——浪漫主义者 97

4号的性格特征/97　著名的4号性格者/101　焦点问题/104　安全和危险/107　恋爱中的4号/109　4号发出的信号/112　工作中的4号/113

第五章 5号性格——观察者 118

5号的性格特征/118　著名的5号性格者/123　焦点问题/124　安全和危险/128　恋爱中的5号/130　5号发出的信号/133　工作中的5号/135

第六章 6号性格——怀疑论者 141

6号的性格特征/141　著名的6号性格者/146　焦点问题/148　安全和危险/152　恋爱中的6号/154　6号发出的信号/157　工作中的6号/159

第七章 7号性格——享乐主义者 164

7号的性格特征/164　著名的7号性格者/169　焦点问题/171　安全和危险/176　恋爱中的7号/177　7号发出的信号/181　工作中的7号/182

第八章 8号性格——保护者 187

8号的性格特征/187　著名的8号性格者/192　焦点问题/195　安全和危险/199　恋爱中的8号/200　8号发出的信号/203　工作中的8号/205

第九章 9号性格——调停者 211

9号的性格特征/211　著名的9号性格者/215　焦点问题/217　安全和危险/223　恋爱中的9号/225　9号发出的信号/228　工作中的9号/229

第三部分 九型人格互动关系指南 235

如何理解/237 如何阅读/238 各种性格的互动关系/239 完美主义者 vs. 完美主义者/239 完美主义者 vs. 给予者/242 完美主义者 vs. 实干者/245 完美主义者 vs. 浪漫主义者/249 完美主义者 vs. 观察者/252 完美主义者 vs. 怀疑论者/253 完美主义者 vs. 享乐主义者/256 完美主义者 vs. 保护者/259 完美主义者 vs. 调停者/261 给予者 vs. 给予者/263 给予者 vs. 实干者/265 给予者 vs. 浪漫主义者/267 给予者 vs. 观察者/270 给予者 vs. 怀疑论者/272 给予者 vs. 享乐主义者/274 给予者 vs. 保护者/276 给予者 vs. 调停者/279 实干者 vs. 实干者/281 实干者 vs. 浪漫主义者/284 实干者 vs. 观察者/287 实干者 vs. 怀疑论者/290 实干者 vs. 享乐主义者/292 实干者 vs. 保护者/296 实干者 vs. 调停者/297 浪漫主义者 vs. 浪漫主义者/301 浪漫主义者 vs. 观察者/303 浪漫主义者 vs. 怀疑论者/306 浪漫主义者 vs. 享乐主义者/309 浪漫主义者 vs. 保护者/313 浪漫主义者 vs. 调停者/316 观察者 vs. 观察者/319 观察者 vs. 怀疑论者/321 观察者 vs. 享乐主义者/325 观察者 vs. 保护者/328 观察者 vs. 调停者/331 怀疑论者 vs. 怀疑论者/335 怀疑论者 vs. 享乐主义者/338 怀疑论者 vs. 保护者/341 怀疑论者 vs. 调停者/344 享乐主义者 vs. 享乐主义者/347 享乐主义者 vs. 保护者/350 享乐主义者 vs. 调停者/354 保护者 vs. 保护者/358 保护者 vs. 调停者/361 调停者 vs. 调停者/364

结　语　368

前 言

海伦·帕尔默对于九型人格的贡献是有必要特别提及的。她用一种简单的方式阐明了不同性格的特征；她对九型人格的性格研究提出了她自身的独特观点。但这些仅仅是她为九型人格做出的一些显而易见的贡献，还并不是最值得大书特书的方面。

我第一次看到九型人格的教学，是在口头讨论中进行的，这是海伦已经推广了20多年的一种方式。这第一堂课的印象至今还深深刻在我的脑海里，正因为如此，我非常乐意，也非常自信地向大家推荐海伦这本关于九型人格的不同性格互动的著作。

对于刚刚接触九型人格的人来说，我想告诉你们，海伦是九型人格口头教学传统的发起人之一，现在这种教学方式已经成为主流。这一方式来自于早期纳拉霍（Claudio Naranjo，出生于智利的心理学家）在性格分析中引入的采访技巧。这并不是一种简单的口口相传，而是不同性格的代表者通过小组讨论的形式来讲述他们自己的故事。通过这种方式，我们能直接听到当事人对自我的观察、理解，能直接了解到不同性格的思想关注点、性格力量和弱点。在我看来，口头教学的方式要比其他教学方式更成功。它赋予了九型人格体系以活力，能够让人们更容易地发现自己的性格类型，欣赏不同性格之间的差异，同时加深对自我的理解。

口头教学是一种非常有效的教学方式，也是阐述海伦有关九型人格理论的最理想方式。教学中包含了敏感的心理洞察，而且不同性格类型的人会在交流中表现出不同的关注点，而这正是海伦所强调的。关注不同性格的关注点，以

我们其实都是不完整的，而不是对的，或者错的。

及不同的关注产生的方式，会随着时间的发展成为九型人格体系核心理论的一部分。正是海伦有关"我们都受到习惯性关注的束缚"的理论，让我第一次对九型人格产生了兴趣。这是对性格特征的基础性研究，因为我们的注意力决定了我们所能获得的信息，以及我们愿意发送给大脑的信息。有了这一最基础的理解，我们就会发现：我们其实都是不完整的，而不是对的，或者错的。

除了口头教学以及把不同性格的注意力作为性格形成的基础外，海伦还对本我与每种性格意识之间的关系进行了清楚的阐述。根据她的观点，性格可以成为本我的朋友，而不是敌人，能够提供能量，推动个人的发展，促使个人追逐自身性格的更高境界。在这本书里，她进一步阐述了每一种性格的能量是如何在一对一的行为、社会行为和自我生存行为中表现出来的。

从1988年开始，我就和海伦一起教授"九型人格专业培训项目"。我们一起研究性格与本我的融合，为了我们自己，也为了所有参加培训项目的学员。因为我们都需要尽我们所能活得更好，在我们的性格和真实自我的范围之内。性格可以为我们所有人提供一条回到本我的道路；同样，本我的能量也能为我们打造一条道路，通往健康的个人生活。

对我自己来说，能够与这样一种前沿的理念联系在一起，实在是我的荣幸。

戴维·丹尼尔斯，医学博士
斯坦福大学医学院精神病和行为科学系

第一部分　入门

第一章 性格分类

完美人生的要素有哪些?

曾经有人向心理学大师弗洛伊德请教这个问题,弗洛伊德的回答是:"恋爱和工作。"

弗洛伊德所倡导的"谈话疗法"(talking cure,通过与病人的交谈,帮助他们发现自身的性格特征),其目的就是通过与人聊天,讨论恋爱和工作中的种种感受,来帮助人们发现自身的性格特征,挖掘生活的乐趣。

几十年后,这位大师对人类的希望依然灵验。我们的确把大部分的时间和精力都花在了我们的思想和心灵上;而我们的大部分快乐和悲伤都与我们的情感关系和工作遭遇密切相关。

《职场和恋爱中的九型人格》为你描述了9种处理亲密关系和工作关系的不同方式。这每一种方式都是由不同的思想和情感关注所决定的。针对这9种类型的描述与当前很多心理学研究的内容十分相似;但是必须要强调的是,这9种类型描述的是正常人的态度,而绝非心理疾病患者的表现。所以,没有哪一种态度或方式是最好的。每一种都可能非常有效,只不过发挥作用的方式有可能完全不同。

这9种不同的性格构成了一个完整的性格发展模式——九型人格(Enneagram)。"Ennea"是希腊文中的"九","gram"是"模式"的意思。1988年,我撰写了《九型人格:了解你自己和你身边的人》。这本书收集了大量不同性格者对自身行为的描述,根据这些描述总结出来的性格特征就构成了这9种性格的基本属性。《职场和恋爱中的九型人格》是这第一本书的姊妹篇,它很多人以为这种心理学上的自我观察只适用于那些遇到心理问题的人，这实际上是一种偏见。自我观察的实际意义是为了获得更好的个人发展。

将仔细描述这9种性格的人在爱情和工作中的关系，并且进行一对一的具体分析。

要想了解你自己的性格属性，最好的办法就是听听那些和你性格相同的人是怎么说的。当那些知道自己性格类型的人述说他们的爱情和工作时，你就知道你是和他们一样，还是和他们不同。多年来，我一直采用小组讨论的方式来教授九型人格。至今为止，把他人当作镜子来审视自己，依然是人们了解自身性格的最好途径。我们通过走进他人的生活，听取他人对自身性格的描述，感受他人的内心世界和真实情感，来激发我们自己的记忆和感受。这要比任何老师的建议或书本的分析都有效。

很多人以为这种心理学上的自我观察只适用于那些遇到心理问题的人，这实际上是一种偏见。自我观察的实际意义是为了获得更好的个人发展。既然"恋爱和工作"是完美生活的关键因素，那为什么还有很多成功人士，很多已经拥有令人羡慕的爱情和工作的人，依然对自我改变充满兴趣呢？因为他们并不知足，他们希望得到更幸福的生活和更完美的事业。他们中的很多人也被九型人格深深吸引，认为它是少有的能够涉及精神生活的性格分析系统，这也是近年来九型人格理论在社会上不断升温的主要原因。在我的研讨班中，就有很多这样的成功人士。

汤的汤的汤

九型人格6号，44岁，寻找属于九型人格9号的女性，40岁左右，拥有共同的观点和兴趣爱好。身体健康，聪明智慧，喜欢散步。

这样的征婚广告，连我也大吃一惊。原来九型人格还有这样的用途！这也从另一个侧面证明了这一理论在社会上的普及程度。但是，这样一个对人类的深层情感具有强大洞察力的性格体系，能够被如此简化吗？它最重要的精神层面怎么办？

苏菲教（Sufi，伊斯兰教的神秘主义者）里有这样一个故事。这个故事讲

> 就好像种子在干旱的季节和寒冷的季节只能选择沉睡一样，古老的教义有时也会长时间地消失，直到人类的气候重新适合它们的生长。

的就是那些曾经非常有用的教义被一遍遍稀释后的结果。对于这些通过口头传播的神秘教义来说，稀释是一种解说，是与现实的结合，是让这些理念代代相传，并保持神秘感的经典方式。这些教义就隐藏在公共场所中，被芸芸众生所分享。但是仅有很少一部分人能够发现其中的美味，能够真正领悟到个中真谛。这些极少数人吸收了隐藏在生活中的信息，追根溯源，让那些古老的理论焕发新的生命。这个故事是这样的：

穆拉·纳斯鲁丁（Mulla Nasrudin，阿拉伯传说中的智者）的一个亲戚从很远的地方来看他，给他带了一只鸭子作为礼物。纳斯鲁丁很高兴，把鸭子杀了，做了一顿美餐和客人分享。结果，很多人听说后都想去分享美味的鸭汤。他们纷纷跑去拜访纳斯鲁丁，每个人都自称是"那个给你带鸭子来的人"的朋友的朋友。

最后，纳斯鲁丁终于生气了。一天，又有一个陌生人跑到他家中。"我是给你送鸭子的亲戚的朋友的朋友的朋友。"这个人说完就和其他人一样大摇大摆地坐了下来。纳斯鲁丁给他端来一碗热水。

"这是什么？"

"这是我亲戚给我带来的鸭子煮的汤的汤的汤。"

当想要喝汤的人太多时，我们就需要不断往原汤里加水，结果就失去了最初的美味。教义的传播也是一样的。很少有人能够真正从平淡生活中体会到真谛，结果古老的教义失去了声望，不再被人想起。这些古老的道理变得越来越模糊，并不是因为它们本身有什么问题，而仅仅是因为时间的流逝，让它们变得越来越淡了。

就好像种子在干旱的季节和寒冷的季节只能选择沉睡一样，古老的教义有时也会长时间地消失，直到人类的气候重新适合它们的生长。

根据弗洛伊德的指引，我们现在的气候中有很多与我们的恋爱和工作有关的理论。这些理论大多数都关注于导致人类行为差异的心理特征。但是九型人格则不同，它是通过我们共同意识的具体方面来探讨独特而私密的性格世界。

除了九型人格之外，佛教心理学的经典著作《阿毗达摩》，是另一套把性格类型与精神生活相联系的古老体系。有趣的是，这一体系中描写的3种佛教中的性格类型恰恰和九型人格中的中心三角不谋而合。

    九型人格的力量就在于，它把性格类型与人类本质的具体方面联系在了一起。本质是永恒的，不是偶然的。对本质的意识也被称为"高层次的心境"或者"精神造诣"。性格类型的更高层次实际上就是精神品质。这些品质和个人的才干、创新思维以及心理特征的高级功能都不相同；它也不等于心理健康者所展示的开放思想和大度情感。

    这些精神上的特征只有当个人的注意力从思想和感觉的限制中解脱出来时才能显现。它们不可能像心理特征那样通过分析来掌握。要描述这种本质，我们需要使用那些描写日常生活的词语，这也是为什么人们很容易把本质的特征与心理功能的良好运行混为一谈。

    除了九型人格之外，佛教心理学的经典著作《阿毗达摩》（Abhidhamma），是另一套把性格类型与精神生活相联系的古老体系。有趣的是，这一体系中描写的3种佛教中的性格类型恰恰和九型人格中的中心三角不谋而合。贪婪型就如同九型人格中的3号性格，不断索取。他们希望得到更多金钱、更多名誉、更多快乐……仇恨型就如同九型人格中的6号性格，把生命视为一场战争。欺瞒型就如同九型人格中的9号性格，希望在不受注意的情况下发挥作用。在这个佛教的系统中，这三种性格同样对应了三种高层次的境界，即无执（Nonattachment）、慈悲（Compassion）和觉知（Mindfulness）。

"幻想的面纱"

    神秘心理学认为人的性格是一个错误自我（false – self）的体系。"真正的自我"是自然中的精神。它在人的早期生活中被掩盖了，因为人总是关注于生存的需要，人在求生的过程中，改变了自我。随着时间的流逝，我们对自我的塑造逐渐成型，我们越来越强烈地感受到自身的性格特征，也越来越依赖于习惯性的感知，结果我们的本我被"幻想的面纱"遮盖了，我们忘记了自己真正的本性，我们"成为"我们的性格，或者说是错误的自我。

    九型人格是一门基于神秘传统形成的心理学，它根据人类的真实自我或者

> 那些戴眼镜的人，他们所看到的事物大小根据镜片的度数而不同。我们内心的情感就是我们内心的眼镜，它控制了我们所看到的事物。

说是精神自我，把人类的性格分成了 9 种类型，在此基础上形成了对生活的 9 种幻想；而这 9 种幻想正是我们心理和精神成长的自然始发地。

那些戴眼镜的人，他们所看到的事物大小根据镜片的度数而不同。我们内心的情感就是我们内心的眼镜，它控制了我们所看到的事物。

当我们在观察那些与我们不一样的人时,我们需要体验到他们的感觉和压力,因为只有当我们站在他人的立场上时,我们才会理解他们的观点。

第二章 九型人格概要

我们每个人都与众不同。我们述说的故事各异,但可能都是真相。所谓横看成岭侧成峰,我们从完全不同的视角去审视我们的婚姻、工作和儿女,形成各自不同的观点。

九型人格的作用在于:它能够告诉我们,我们为什么会不同。它能够让我们深入了解自己的性格,理清我们与客户、同事、家人和朋友的关系。这种对自我的洞察会让我们把自己与他人进行比较。当我们在观察那些与我们不一样的人时,我们需要体验到他们的感觉和压力,因为只有当我们站在他人的立场上时,我们才会理解他们的观点。

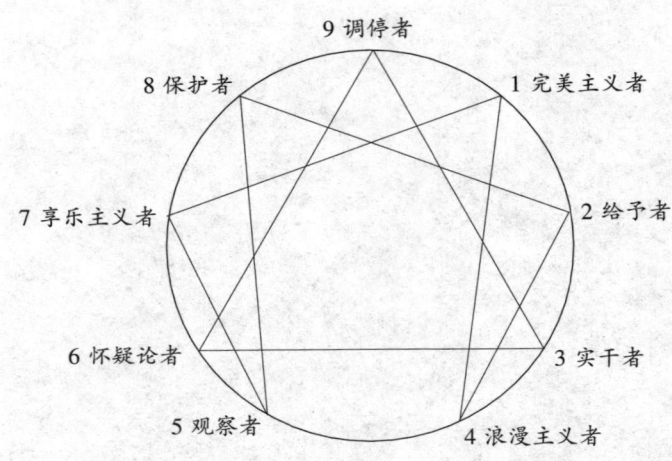

图1 九型人格的九角星图

1号·完美主义者（完美型）

【总体特征】追求爱情的方法是不断完善自我，让自己无懈可击。总是担心事情做得还不够好，或者不对。用最高的标准要求自己。要为自己的生活寻找一个伦理道德平台。思想观念总是离不开"必须"、"一定"和"应该"。我们应该拥有完美无缺的爱情。我们的工作记录必须毫无瑕疵。这种对完美的无限追求如果运用得当，能够成为推动个人进步的善意指导。为了保护自己，完美主义者会去攻击他人的缺点和错误，因为他们总觉得自己在精神上要高于他人。

【性格关注】

★ 寻找完美。避免错误和罪恶。

★ 尽职尽责。具有较高的道德水准。

★ 只考虑正确的事情。应该、必须、一定。

★ 只做正确的事情。强调德行：勤劳、节俭、诚实、努力。

★ 行为端正。严格的自我要求。总有一个内心的评判者在监督。

★ 用强制性的工作来抵制不能接受的感情。不知道自己在生气。（"我今天不过是有点能力过剩了。"）

★ 在做决定时感到担忧。害怕犯错误。

★ 这样的关注点使个人在道德伦理和精神生活上获得安全，同时也可能导致：

- 只考虑唯一正确的方式，非对即错，非黑即白。没有灰色存在。
- 强大的批评能量。总觉得事情可以更完美。

2号·给予者（助人型）

【总体特征】追求爱情的方法是让自己变得有用。愿意去管理他人的生活。能够为亲密者提供支持，逗他们开心；是工作中的幕后决策者。为满足他人需要表现出不同的自我。一个为团队服务的自我，一个为老板服务的自我，多个为私生活服务的自我。这种性格的优点是非常慷慨而且愿意帮助他人。但是为了保护自己，对他人的帮助往往需要获得某种回报。

【性格关注】

★ 希望获得他人的认可。通过改变自己来讨好他人。回避自己的真实需要。

★ 喜欢自己被他人需要的感觉。喜欢成为他人生活的中心。希望自己是不可缺少的。

★ 为了满足他人的需要而表现出多个不同的自我。

★ 在不同的自我之间感到疑惑。"哪一个是真正的自我呢？"

★ 难以认识到自己真正的需要。通过帮助他人来满足自己。

★ 内心渴望自由。感觉对他人的支持约束了自己。

★ 改变自我表现来满足他人需求。这种注意力方式将导致：

- 能够感知他人的情感，
- 或者为了获得或重新获得他人的爱而改变自我，以满足对方的希望。

3号·实干者（成功型）

【总体特征】通过自己的成就和形象来获得爱情。在工作中能量充沛，姿态鲜明。对地位非常敏感。希望获得第一，成为领导者，要让自己的付出被他人看到。个人魅力十足。工作是自己的兴趣，可以为了工作抛弃情感。这种实干的性格能够让人成为功效卓著的领导者。作为一种自我生存手段，个人形象被打造成支撑个人成功的工具。

【性格关注】

★ 成就、赢利和表现。目标、任务和结果。
★ 竞争和效率。避免失败。
★ 情感生活匮乏。心思都在工作上。
★ 聚向思维。从多方面去关注一个产品或者一个目标。
★ "我就是我在做的事情。"在真正的自我和自己的工作或角色之间感到困惑。
★ 变色龙。不断改变角色和形象。
★ 这种关注方式能够带来成功，也可能导致自我欺骗。把公众形象当作真正的自我。

4号·浪漫主义者（自我型）

【总体特征】渴望远距离的爱情，对触手可及的爱情感到失望。我们曾经是心心相印的，现在感觉不对了。曾经的美好感觉，现在怎么没了？一生都在寻找心灵的沟通；吸引、憎恨、痛苦、戏剧化。优雅的生活方式、独特的形象、出色的工作、独创性的商业眼光。这种对情感的关注能够帮助人寻找深层的感情，但是戏剧化的情绪让4号不珍惜平淡的生活。

【性格关注】

★ 对于那些无法到手的、遥远的事物充满渴望。避免平庸。
★ 情绪、风度、奢侈，用良好的品位来掩饰自卑。
★ 被忧郁的情绪所吸引。
★ 轻视普通生活，"普通的平淡感"。

★ 通过幻想、艺术追求和戏剧性的行为来掩盖生活的平淡。是戏剧中的国王和王后。

★ 忽远忽近的情感关系。渴望得到遗失的美好。

★ 把到手的事物推开。这种注意力方式将导致：

- 被抛弃的感觉和失落感，
- 但同样也会带来对情绪的敏感和深度体验。在他人陷入痛苦和危机时予以帮助。

5号·观察者（思想型）

【总体特征】远离爱情和其他感情。需要私人空间去发现他们的需要。远离公众，只有在和自己独处的时候才能感到更丰富的感情。5号喜欢受到保护的工作环境，不受打扰，有限的外界联系和提前宣布的工作安排。这种距离感能够产生可靠的、思维清晰的分析。分离让个人与外界的联系最小化。

【性格关注】

★ 专注于私密和不参与。

★ 喜欢学习知识，探求生存的本质。避免空虚感。

★ 为了保持独立而加强对自己的约束。

★ 重视情感控制。喜欢有序的事物，掌握行动安排和时间。

★ 保持距离。把生活的各个部分分开。为情感预订好时间。

★ 探寻世界运转的动因。追寻情感的来源。

★ 把精神上的独立与脱离情感上的痛苦混为一谈。

★ 以一个局外人的角度观察生活。这种关注方式会导致：

- 与自己的现实生活脱离，
- 或者能够让自己的观点不受畏惧和欲望的影响。

6号·怀疑论者（忠诚型）

【总体特征】对浪漫爱情和未来生活充满质疑。害怕去相信，也害怕遭到背叛。你还需要我吗？我的工作会蒸蒸日上吗？这是肯定的吗？我该怀疑吗？对爱情忠诚的6号，渴望从他们的伴侣那里得到肯定和安慰。他们不相信权威，会在工作中提出质疑。如果运用得当，这种质疑精神能够让目标更明确；但是作为一种生活立场，内心的怀疑会影响到前进的步伐。

【性格关注】

- ★ 犹豫不决。用思维代替行动。避免行动。
- ★ 好高骛远。目标定得很高，但往往无法完成。
- ★ 越成功，越焦虑。认为成功就等于把自己暴露在敌对势力面前。
- ★ 忘记成功和快乐。
- ★ 难以与权威相处。既不愿意屈服，又不敢公然反抗。
- ★ 怀疑他人的动机，尤其是权威的。
- ★ 愿意支持弱势力，成为反对党领导人。
- ★ 害怕承认自身的愤怒，也害怕惹怒他人。
- ★ 将信将疑。佛教的"疑心"。
- ★ 想的是"好吧，但是……"或者"这可能不行"。
- ★ 在周围环境中寻找能够证实内心恐惧的线索。
- ★ 这种关注方式会让人感到：
  - 世界是个充满威胁的地方，
  - 但是也可能发现影响周围人或事的潜在动机和议程。

7号·享乐主义者（欢乐型）

【总体特征】赋予自己爱与被爱的特权。期望一切完美无缺。把爱情和工作看作冒险。希望丰富多彩的生活。爱情最美好的部分就是最初的吸引。工作最美好的部分就是获得一个出色的想法。头脑风暴，制定计划，开始行动。一个积极的未来，一份令人兴奋的工作。如果发挥出色，这种敢于冒险的处世态度能够让7号把自己的热情传递给其他人。作为一种自我生存，追求快乐实际上也是在逃避痛苦。

【性格关注】

★ 刺激。新鲜而有趣的事情。希望保持高度兴奋的状态。避免痛苦。

★ 保持多样的选择。避免对单一的行动做出承诺。害怕受到限制。

★ 用快乐的选择取代深层的感觉和痛苦。躲藏在精神的快乐中。交谈、计划、思考。

★ 魅力是自身的第一道防线。用交谈来避免麻烦。

★ 喜欢把信息相互关联，进行系统分析，这种关注方式会导致：
- 把自己逃避困难和约束的行为合理化，
- 或者能够发现事物的联系和独特性。对没有关联的信息进行整合。

8号·保护者（领袖型）

【总体特征】通过提供保护和力量来表达爱意。喜欢从斗争中获得的真理。积极争取与目标对象的接触。为自己人撑腰。在工作中搭建碉堡。倾向于拥有权力和控制力，不论是在爱情或是工作中，都会成为制定规矩的人。这种负责一切的态度如果运用得当，能够让他们成为善于运用自身权力的领导者。在权力的争夺中，最好的防御就是出色的进攻。

【性格关注】

★ 控制自己的物品和个人空间。

★ 关注正义与权力。避免柔弱。

★ 过度的自我表现——太多，太大声。

★ 难以控制冲动。需要受到限制。

★ 难以认识到依赖性的需要和温柔的情感。

★ 界限问题。了解自我防御和进攻的差别。

★ 借口坚持"真相"而否定其他人的观点。把客观真相与服务于自身需要的主观思想混为一谈。

★ 采取"要么全有要么全无"的关注方式，常常把事情极端化。周围的人要么是公平的，要么是不公平的；要么是强大的，要么是弱小的，不存在处在中间的可能性。这种关注方式会导致：

• 不自觉地否认个人的弱点，

• 或者在帮助他人的过程中给予适当力量。

9号·调停者（和平型）

【总体特征】 与爱人融为一体，失去自身的界限。接受他人的观点。用顽固取代愤怒。保持中立。"我没有说反对你，但也不确定我是否同意你。"9号可以与争论各方保持联系，这让他们忘记了自己的立场。"是"意味着"是的，我在思考你的观点"。"也许"可能就代表着"不是"。如果运用得当，这种与各方融合的特性能让他们对他人给予出色帮助。作为一种保护手段，接纳各种观点使他们不用对其中一种做出承诺。

【性格关注】

★ 用非本质的需要取代本质需要。

★ 用虚构的欢乐来安慰自我。避免冲突。

★ 对个人决定犹豫不决。"我是同意，还是不同意呢？"能够看到问题的各个方面，决定在不涉及自身的情况下是最容易的。

★ 通过不断重复熟悉的行动来延缓必要的改变。用习惯指挥行动。仪式主义。时间还很多，明天也不迟。

★ 很难主动开始改变。更清楚自己不想要什么，而不是想要什么。

★ 无法拒绝。很难与他人分开。很难一个人行动。

★ 抑制身体的能量和愤怒。把能量分散到琐碎小事上。对愤怒反应迟缓。被动进攻。认为愤怒就意味着分离。

★ 通过变得顽固来进行控制。不作为。让时间去改变一切。

★ 关注他人的意图。这种关注方式会导致：

- 难以形成自身的立场，
- 但同样也能对他人的生活需求给予支持。

> 情感上的激情和个人的世界观相辅相成。双方的结合效力强大，足以能为我们带上"幻想的面纱"。我们认为自己看到了全景，但实际上我们的性格倾向决定了我们的视线，我们的眼睛欺骗了我们自己。

第三章　九型人格的激情与活力

近来有好几本书，都在按照西方心理学的思路分析九型人格的性格类型。每一种性格类型都按照精神和情感习惯，以及这些习惯的表达方式来描述。这些分析没有什么错，但其实还有一种更古老的方法，就是认为性格类型是围绕着情感中的一种激情形成的。在这种分析方法中，激情是控制不同性格类型的思维、感觉和行为方式的核心。和多变的日常情感不同，这种激情是幻想的症结，是强迫性的冲动，是维持个人性格的关键。

情感上的激情和个人的世界观相辅相成。双方的结合效力强大，足以能为我们带上"幻想的面纱"。我们认为自己看到了全景，但实际上我们的性格倾向决定了我们的视线，我们的眼睛欺骗了我们自己。举例而言，骄傲的2号性格者，会认为其他人都是需要帮助的；被欲望控制的8号性格者则认为事情已经无法控制，必须主动出击；嫉妒的4号会认为事物总是不完美的，因为他们只看到缺失。

一个好消息是，我们对于自己眼中看到的那部分现实都能处理得很好；一个坏消息则是，我们被自身的视线和观点监禁了。

密意传统里的激情

在密意传统（Sacred Tradition，基督教的最初理念）中，人的性情有7种特征，也就是基督教中常说的7种罪行；再加上所有性格者所共有的两种倾向，一共构成了9种激情。西方社会研究九型人格的先驱，乔治·伊万诺维奇·

这样的性格分析能够让人们更清楚地了解自己，改变自己观察事物的角度。那些曾经被认为是不可理喻的行为，可以变得完全符合逻辑。

葛吉夫（George Ivanovich Gurdjieff，1872－1949）把这9种激情称为性格的主要特征。

了解你和其他人的性格倾向，能够迅速促进你与他人的关系。这样的性格分析能够让人们更清楚地了解自己，改变自己观察事物的角度。那些曾经被认为是不可理喻的行为，可以变得完全符合逻辑。这就是葛吉夫所说的性格的主要特征。

性格的主要特征总是受到同样动因的驱使。这就像保龄球中的斜线球，总是会偏离正道；性格的主要特征也会让我们偏离生活的正轨。它来自7种原罪中的一种或多种，但主要是自恋和空虚。人们如果能够有更多的自知之明，就能发现自己的主要特征；了解了自身性格的主要特征，就能帮助人们提高自身的觉悟。

在葛吉夫生活的那个年代，弗洛伊德的潜意识理论还没有产生影响，但葛吉夫已经成了研究人类性格发展的精神大师。他从苏菲教中学到了九型人格理论，并把九角星图及其内在运动规律介绍到了西方。今天我们看到的九型人格图表和他的研究成果密不可分。

理查德·罗尔（Richard Rohr），一位天主教的牧师，同样也是一位九型人格研究者。他在自己的研究著作中指出：

在宗教的思想中，人类的每一种性格倾向都有其对应的积极面，这些是非常重要的内容。著名的英国诗人乔叟在他著名的《坎特伯雷故事集》中就曾列出一个有趣的清单。乔叟认为，人类的每一种原罪至少有一种特殊的德行可以作为解药。他这种把"罪过"和"德行"一一对应的思想和九型人格的教义已经非常接近。

乔叟为每一种"罪过"开出了一个药方，或者说是治疗的"德行"。谦卑对应的是骄傲；真爱将缓解嫉妒；耐心可以平息愤怒；坚韧将克服懒惰；同情将治愈贪婪；贪食的药方是清醒和适度；纵欲所对应的则是纯洁。

无独有偶，信奉基督教的诗人但丁在他的代表作《神曲》中描述了炼狱的7个地方，他所使用的语言和今天九型人格的语言几乎是一样的。炼狱是人

> 性格是童年成长过程中形成的错误自我体系，它将最终遮盖我们的"真我"，或者说我们的精神本性。

类在上天堂之前清洗罪恶的地方。

类型	但丁（1265–1321）《神曲》		依察诺（1931—）阿里卡练习，1970	
1	愤怒（anger）	温顺（meekness）	愤怒（anger）	平静（serenity）
2	骄傲（pride）	谦卑（humility）	骄傲（pride）	谦卑（humility）
3			欺骗（deceit）	真实（truthfulness）
4	妒嫉（envy）	慈善（charity）	妒嫉（envy）	镇定（equanimity）
5	贪婪（avarice）	贫穷（poverty）	贪婪（avarice）	超然（detachment）
6			害怕（fear）	勇气（courage）
7	贪食（gluttony）	节制（abstinence）	贪食（gluttony）	清醒（sobriety）
8	欲望（lust）	纯洁（chastity）	过度（excess）	无知（innocence）
9	怠惰（sloth）	热情（zeal）	懒惰（laziness）	行动（action）

在上表中，我们把但丁在《神曲》中所描述的人类激情及其高层对立形式与现代九型人格学说的开创者奥斯卡·依察诺（Oscar Ichazo，1931－　，出生于玻利维亚的哲学家）的理论并排放在了一起。1970 年，依察诺在智利西北部港口城市阿里卡开设的一个培训班中，首次对人类的 9 种激情给予了明确定义。他把基督教中的原罪理论和葛吉夫的九角星图完美结合在了一起。但丁在他作品中同样提到了人类意识中的欺骗和害怕，依察诺把它们也放到了葛吉夫的九角星图里，这样就构成了完整的 9 种激情。

在九型人格的内在三角形中，欺骗和害怕分别位于两个关键点上，或者说是两个基准点上，如图 2 所示。3 号和 6 号突出了所有性格类型者所共有的性格倾向。根据密意传统的思想，性格是童年成长过程中形成的错误自我体系，它将最终遮盖我们的"真我"，或者说我们的精神本性。欺骗是对自我思想和感觉的识别。这种识别是性格形成中所必需的心理活动。我们都能识别自身性格的特点，但是通过这种识别，我们实际上被欺骗了，因为我们真的以为我们

我们的害怕让我们把错误的想法投影到现实生活中，为内心的痛苦寻
找解释。

的性格就是我们的本性。

那些把性格特征所赋予的角色和形象当作真实自我的人，就是图中 3 号位置的人。他们的一个突出表现就是为了获得他人的认可和关爱而在错误的个人形象中挣扎。3 号的故事也提醒着我们所有人，因为我们都有可能用自己的性格特征取代真实自我和精神本性。

害怕是第二种具有普遍性的性格倾向。刚出生的孩童本性上对人类充满了信任和友好。当这种原始的安全状态受到悲伤和痛苦的侵犯时，我们会本能地感到害怕和警觉。那些把害怕作为主要心理特征的人处于九型人格的 6 号位置上。他们的故事提醒着我们去关注自身潜意识中的畏惧。他们告诉我们，焦虑首先产生于一个人的内心，然后会映射到周围环境中。害怕的人会在生活环境中为内心的恐惧感寻找解释。

投影是 6 号性格者最主要的心理防御措施。在其他性格类型中，它同样也会发生作用。我们都倾向于从外界去寻找答案，来解释我们的所作所为。我们的害怕让我们把错误的想法投影到现实生活中，为内心的痛苦寻找解释。

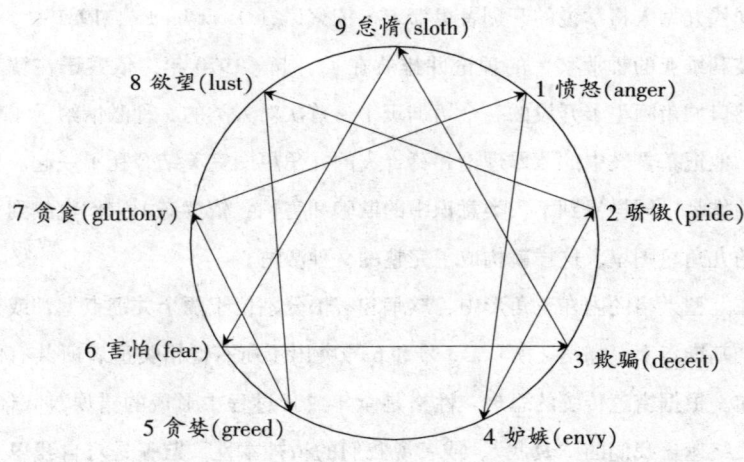

图 2　九种激情和箭头

（注：依察诺在葛吉夫的九角星图中加入了箭头）

> 害怕是很多人都具有的心理倾向，一个最突出的表现就是大部分人都害怕改变。改变威胁了我们的性格。我们害怕卸下我们的面具。让我们放下自身的防备，会让我们感到自己又像孩童一样无助。

害怕是很多人都具有的心理倾向，一个最突出的表现就是大部分人都害怕改变。要改变一个习惯很难，哪怕我们督促自己必须付出行动。尽管有我们爱的人给予我们支持和鼓励，但我们还是拒绝改变。我们停滞不前，因为我们害怕。我们犹豫不决，因为我们怀疑。我们可以从任何角度去看一个问题。我们告诉自己没有什么大不了。但重要的是，我们还是可以忘却。改变威胁了我们的性格。我们害怕卸下我们的面具。让我们放下自身的防备，会让我们感到自己又像孩童一样无助。

尽管在传统意义上，这9种激情都被认为是负面的，是罪过，但实际上它们是让我们获得精神解放的主要力量源，因为它们每一种都有相对应的高层德行。它们是原材料，是肥料，是能够转变成神性的人性本质。值得一提的是，在九型人格中我们只提到了9种能够从负面情绪能量转变过来的高层德行。其他的内容，比如快乐，并没有成为九型人格中的高层德行。原因在于，九型人格模式所关注的仅仅是那些能够带来改变，让人们拥有更高意识的激情，而且这种改变必须是通过负面情绪能量的演变所产生的。

箭头

九角星图的神奇在很大程度上来自于它的形状。在这个线条交织的体系中，我们可以预测到个人在完全安全的状态下和遇到危险或压力的状态下，性格会发生什么样的改变。如果我们处在安全的状态下，比如一份满意的工作或者一段发展良好的恋情，我们的防御体系会松懈下来。危险和压力则会迫使我们采取行动。根据图形中箭头所指的方向，在危急情况下，个人的性格会沿着箭头往外指的线条发展。在安全状况下，个人的性格会朝着箭头指向自身的线条逆向发展。

内在中心

葛吉夫有关激情（主要特征）的思想模式直接来源于密意传统。在他的模式中,人类是拥有三个脑的生物。这三个脑分别代表三种智能:理智、情感和身体。根据这种观点,人们所做的各种行为都取决于这三种认知。一个人的生活是什么样的,实际上只受到理智、情感和感觉这三条信息输入渠道的影响,但是这三条渠道发挥作用的方式,却可以是千变万化的。

激情是情感的表现。它的作用要与理智和身体感觉保持一致。当人超越了自己的性格时,个人的思想和感受就会变得安静,认知会上升到高等理智中心和高等情感中心。一旦被成功激活,这些内在的或"高等"的中心就会传递来自客观实际的印象,也就是本质。客观的理解不会被性格的倾向所歪曲。它们不是性格的投影,它们是真知。被激活的内在中心能够接纳恩典,或者表现本质的印象。

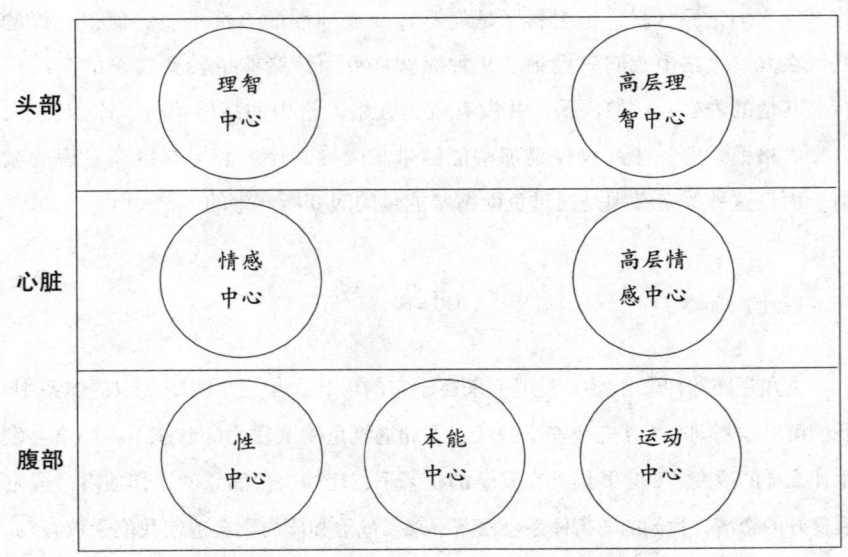

图3　葛吉夫所说的三个"脑"或智能中心

这种观点与静心的实践十分相似,就是要让思想和情感平静下来,以便让人的高等意识显现出来。对九型人格的深入研究,其主要内容就是"把性格放到一边",让自身的思想平静下来,唤醒内心的观察家。当平常的思绪与情绪足够平静时,高等理智中心(动见和认识)与高等情感中心(感觉和认识），就会与恩宠融为一体。

恩宠在自然的状态下才能表现。和其他很多灵性传统一样，九型人格也是为了帮助人的本性获得更高层的恩宠。

当身体的三种能量通过静心实践平静下来并达到平衡时，它们就在胃部导致一种智能的觉知。腹部中心在不同理论中被提及，比如佛教禅宗的 Hara，苏非学派所说的 Kath，道家所说的丹田。几乎每一种密意传统对于人的理智中心、情感中心和身体中心都有各自的称谓。腹部中心可以在你的胃部被身体感知到，你的注意力与呼吸在那里交会。

当这三种能量变得完全稳固时，它们就会上升为一股力量，去激活高等理智中心和高等情感中心。稳固的腹部中心如同一个电流转换机，把平常用于支持性格的能量，转而支持高等理智和高等情感中心。

"高等"这个词实际上有点混淆视听，因为它似乎在表示那是"少数特例"。为此我必须道歉。所有的密传体系都谈及上述的智慧或知识的内在能力，通过个人努力与恩典的结合去达成它，它们是不同的心理天赋。无论我们是否知道它，也无论我们是否去静心，我们都会受到葛吉夫所说的两个"高等"中心的影响。

分支类型

情感的激情在生命的三个不同领域发生作用：自我生存、社会关系以及情感关系。生存涉及到个人的自我生存。社会关系反映了个人与集体和他人的关系。情感关系则专注于一对一的人际关系和情爱关系。

如同性格的九种激情，这些被称为"九型人格分支"的行为，也是性格潜在的关注点。通过自我观察，我们会发现自身注意力之所以会产生这些分支，正是这九种激情所控制的领域（自我生存、社会关系和性别关系）发生作用的结果。这些分支代表了一种精神关注，融合了我们的身体能量（本能）和情感能量（激情）。由于这些注意力的分支都属于日常行为，我发现它们在九种激情向高层对立面的转换过程中是至关重要的。

图5就是九型人格的大师奥斯卡·依察诺在葛吉夫"三个大脑"的核心理论基础上，发展出来的九型人格性格类型图。图中既包括性格的九种激情，也包括它们各自的高层对立面。依察诺还为每一种性格类型都设置了高等对立面转化的基本主题。此外，依察诺把葛吉夫所说的三股重要能量或本能，具体到了现实生活中的三个领域，即自我生存、性别关系和社会关系，从而使我们今天的九型人格模式变得更加完整。

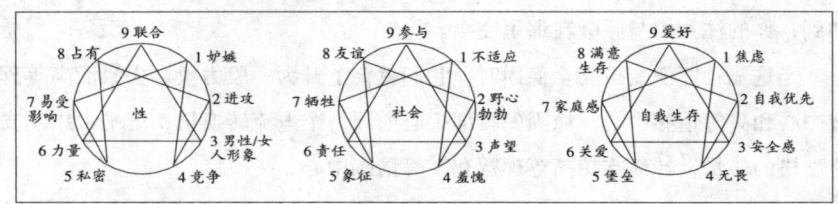

图4　注意力的分支

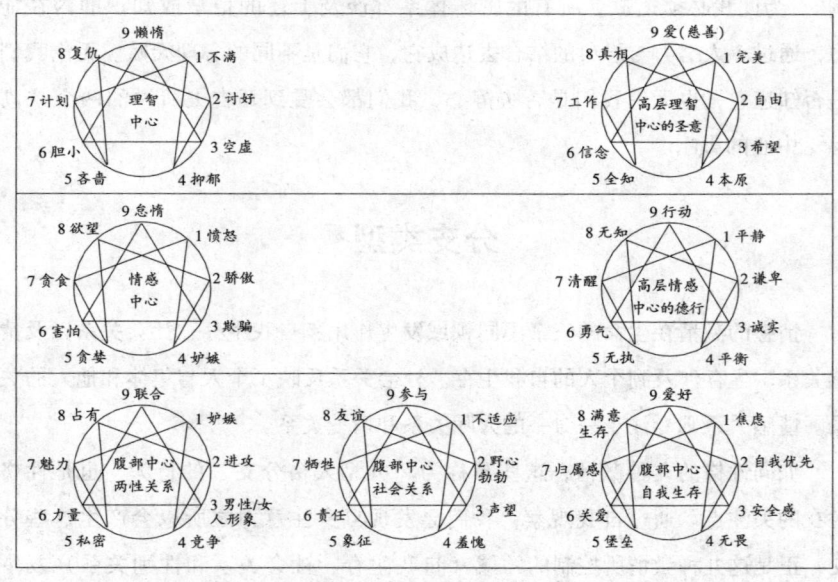

图5　九型人格性格类型图

（感谢宁偲程先生对于本章"内在中心"及"分支类型"部分的审订。）

第二部分　恋爱和工作中的性格类型

第一章 1号性格——完美主义者

	性格特征	本体特征
思想	不满	完美
情感	愤怒	平静
基本性格分支		
两性关系：嫉妒心		
社会关系：不适应感		
自我生存：焦虑（担忧）		

1号的性格特征

世界观

世界是不完美的。我要力图完美。

精神通道

为了寻求完美，他们是瑕疵必纠。

从精神上看，孩童时代的他们因为与本体的完美境界相脱离而感到愤怒。

他们愤怒是因为完美的标准被破坏，对完美的承诺已经危如累卵。

愤怒打破了事物之间完美平衡状态下的平静。现实生活和理想生活的差距让他们心存不满。

完美主义者的策略就是像孩子一样，企图建构一个完美的外部生活环境，既可以对付残酷的世界，也可以保护自身脆弱的完美感。对完美生活和平静情感的追寻是他们思想和心灵的催化剂。

1号的关注点

★ 力图完美。避免错误和邪恶。

★ 对愤怒采取否定态度。无法满足的需求最终导致仇恨。

★ 通过修改错误、支持社会公益来发泄自身的愤怒。

★ 他们会在生活的三个关键领域中表达愤怒：
- 嫉妒，在一对一情感关系中的。
- 不适应，对社会的看法是严格的、顽固的。
- 焦虑（担心），在个人的生存问题上。"我能把这件事情做好吗？"

★ 把完美无缺的道德观视为完美性格的标准。

★ 自省。监督自己的行为。

★ 思考正确的事情。道德上的思想阻碍了真正的感觉。应该、必须、一定。

★ 做正确的事情。尊崇优良的德行：勤劳、节俭、诚实和努力。

★ 做正直的人。对自己的行为有严格的思想批判体系。在自我之上存在着严厉的超自我。

★ 因为无法达到内在的高标准而感到愧疚。

★ 工作尽心尽力。让工作阻挡了内在的快乐，也遮盖了内心的愤怒。

★ 难以发现愤怒的信号。"我今天不过是能力充沛，我没有疯。"

★ 在自我生存的过程中，对自我的批评会转变为对他人的苛刻要求。

★ 害怕决定。害怕犯错误。

★ 这样的关注支持符合道德的行为。因此可能导致：

- 一根筋的绝对化思想，非对即错，非黑即白，没有灰色存在。
- 拥有强大的批评力量。是出色的组织者和分析家。
- 以身作则。能够成为坚守标准的道德政策制定者。

性格倾向

我们对于1号性格者的思想模式都很熟悉，因为我们在自身价值系统遭到质疑时，也会采取同样的态度。在完整性的问题上，我们和1号一样，会仔细寻找正确的途径。一旦找到了正确的方式，我们就会感到战无不胜。我们发挥了作用，错误在纯粹的意图面前变得无足轻重。我们突然对自己变得仁慈了，因为我们看到了自身努力的价值。做正确的事情让我们为自己感到骄傲。

一个追求完美的人生需要英雄的付出。当标准被降低，而其他人都毫无羞愧感时，你却无法让自己安心。他们怎么能这样熟视无睹？他们怎么能不感到羞愧？紧张形成了。必须去做些事情。你开始去寻找破坏秩序的细节。如果其他人没有注意到而你注意到了，你就应该去负责。

当错误被忽视时，完美主义者的良心发狂了。

"我看到了。我知道了。我是有罪的。"

完美主义者不能对错误置之不理。他们感到自己必须去修正它。他们没有意识到内心正在升起的愤怒，还以为自身的紧张感完全是正常的。紧张意味着自己在努力。他们觉得自己还要更努力。

如果对错误的关注变成了一种自动行为，个人的自我观察就停止了。1号只知道自己在拼命努力，因为他们看到到处都是问题，在把所有问题解决之前，他们不能休息。任务的范围变得越来越大。更多的细节出现。太晚了。情况已经失控。他们对自己的无助和疲惫感到自责，而他人的漠不关心更让他们感到疯狂。直到他们的声音开始颤抖，直到怒火点燃了他们的身体，他们才会意识到自己的愤怒。

愤怒导致行动。从1号内心发出的闪电已经无法收回。1号很清楚出了什

> 当1号能够分清理想和现实的差异时，他们就成长了。放松心情，让
> 自己感到快乐也有助于他们成长。

么问题，因为就是这些问题让他们发狂。某些完美的东西被破坏了。他们不能默不做声。他们太气愤，已经无法顾及是否会有过激行为。他们只关注如何去校正错误。

当1号能够分清理想和现实的差异时，他们就成长了。放松心情，让自己感到快乐也有助于他们成长。当你发现身体内的愤怒信号，当你发现自己开始关注错误时，你是可以为自己做出选择的。

1号可以从那些愿意接受不同观点的人那里获得帮助。这些人愿意接受快乐，他们能软化1号一根筋的完美思想。

分支性格关注点

愤怒会影响1号性格者对一对一情感关系、社会关系和自我生存的态度。

在一对一情感关系中表现出嫉妒心（狂热）

感情上的嫉妒心通过一种愤怒和占有的方式表达出来。1号性格者们常说，当他们的感情受到威胁时，他们的胸腔中充满了狂热的愤怒。他们不再给快乐留下任何余地。

"你怎么敢拿我的东西？"

1号很难分清什么是他们想要的，他们也很难让自己去享受快乐。他们觉得任何对完美的威胁都可能是对他们的生命的威胁。

他们认为自己已经赢得了被爱的权利，就应该去享受爱情的快乐。他们讨厌面临对手，希望一切重回正轨。如果自己曾经是完美的，那就不会有对手。

1号认为自己愤怒是因为伴侣的错误，所以错不在自己。愤怒导致的嫉妒会迅速让他们迷失心智，内心被嫉妒包围。"这必须停止。"他们感到自己必须释放紧张情绪，必须采取行动。他们想去检查，去看看到底发生了什么，去知道谁对谁到底说了些什么。他们想要得到确切的名字和日期，来证实自己的猜测。

问题的焦点是忠诚度，但是1号的嫉妒远远超过了两性关系应有的承诺。

"我应该得到承认！""你应该注意到我！"这样的话让自己感到更安全。他们不愿说"我想"或者"我需要"。让1号直接伸手去要他们想要的东西是不可能的。

他们可能把嫉妒转嫁到任何人头上。他们会嫉妒那些刚刚得到提升的人，因为这些人在工作中得宠。完美主义者需要让一切都朝着正确的方向发展。他们努力实现这一目标，当自己的努力不见成效时，就会感到嫉妒。

"我应该得到承认！"

"你应该注意到我！"

这样的话让自己感到更安全。他们不愿说"我想"或者"我需要"。

让1号直接伸手去要他们想要的东西是不可能的。但是他们自己犯了错，他们会用"这必须停止"的说法来掩盖内心被禁止的思想——"我想要"。

在社会生活中的不适应感

愤怒通过正确的事业和社会理想表达出来。宗教热情和政治信仰是发泄愤怒的主要渠道。1号性格者是公共游行示威中相互敌视的双方，他们每个人都认为自己支持的是唯一正确的一方。

1号在集体中被认为是无法妥协的人。他们只和那些与自己志同道合的人做朋友。他们为人处世态度僵硬，没有商量和回旋的余地。1号总认为自己已经找到了正确的精神平台，正在为完美的理想服务。他们确信自己是对的。

一旦选择了自己的立场，1号就很难再去接受新的信息。一个决定要么就是对的，要么就是错的。他们不容许有任何错误，因为任何疏漏都有可能把整个决定击碎，让一切重头再来。没有百分之百的确定，他们是不会行动的。在完全的严格状态下，他们的思想拒绝任何其他选择。1号无法接纳新的信息，因为新的信息可能动摇他们自身的信仰根基。

这种无法适应或者说僵硬的立场在传统与现代的冲突中表现得尤为明显。右翼激进分子在街头为同性恋大声高呼，而左翼保守分子则向公众出售粘贴在汽车保险杠上的反同性恋标语。双方的态度都很强硬，让人感觉好像不支持就有罪一样。这两种极端的人可能都是1号性格者。

在自我生存中的焦虑感（担忧）

到底是该做自己想做的事情，还是做正确的事情？二者之间的冲突让1号感到焦虑。

你想让自己的事业飞黄腾达，又害怕冒风险。所有的未知都让你担心。就好像一个无法两全的选择，你要么选择一个安稳的职业，要么去冒风险追求自己的理想。你担心安全得不到保障，更害怕出什么大错。工作的决定被长期搁置变成了化石，因为只要一触及这个问题，就会在内心造成"想要做"和"应该做"的紧张冲突。真正想要的被压制了。你不知道自己到底想要什么，但你总是因为安全可能受到威胁而下意识地感到愤怒。

1号对于自己拥有的一切非常在意。他们认为人是不愿意分享的。因此，没有人会平白无故地给你爱与支持。你只能通过良好的行为来争取。为了生存，你必须牢牢抓住你已经拥有的。"你的是你的，我的是我的。"生活中每个人都是独立的。担忧和愤怒是手牵手的。当被压抑的需求开始出现，1号的愤怒直接指向那些生活中无忧无虑的人。

"为什么我要经历这一切？"

"为什么你不用奋斗？"

"生活太不公平。"

不是/就是的想法占据了1号的思想。快乐和安全，他们只能二选一。他们会考虑问题的各个方面，并因此而犹豫不决。担忧在反复循环。糟糕的选择可以导致灾难。

"我选择了错误的职业怎么办？我要是做不了怎么办？失败了怎么办？"

艰苦的工作和牺牲却无法保证获得成功，这太不公平。1号无法做出决定，因为即便有挖到金子的机会，他们还是会担心自己的安全。他们成了环境的奴隶。

著名的1号性格者

1号性格者中的名人有埃米莉·波斯特（Emily Post），她是美国著名的礼仪专家，为美国人的礼仪规范制定标准。她的听众都是那些能够把自身矛盾放到一边，专注于自己的礼仪，在餐桌上摆出笑脸的人。

其他著名的完美主义者还包括：

★ 爱默生（Ralph Waldo Emerson）：1803 – 1882，美国作家、哲学家和美国超越主义的中心人物。

爱默生
Ralph Waldo Emerson

★ 肖伯纳（George Bernard Shaw）：1856 – 1950，英国著名戏剧家。

肖伯纳
George Bernard Shaw

★ 狄更斯（Charles Dickens）：1812 – 1870，英国著名现代主义小说家。

狄更斯
Charles Dickens

★ 杰里·福尔韦尔（Jerry Falwell）：美国著名的保守派牧师和积极的政治问题评论员。

杰里·福尔韦尔
Jerry Falwell

当1号性格者感到浑身僵硬，态度变得异常礼貌时，你知道他们的愤怒正在滋生。当他们愤怒时，他们会寻找证据来支持自己的愤怒。1号必须证明自己生气是有道理的。

★ 马丁·路德（Martin Luther）：1483－1546，德国神学家、欧洲宗教改革运动的领袖。

马丁·路德
Martin Luther

焦点问题

正确的愤怒

当1号性格者感到浑身僵硬，态度变得异常礼貌时，你知道他们的愤怒正在滋生。当他们愤怒时，他们会寻找证据来支持自己的愤怒。1号必须证明自己生气是有道理的。他们说愤怒来自于曾经遭受的冤屈。过去的错误再度浮现。宽恕就好像是在假装错误从未发生。如果你宽恕错误，忘记错误，你就可能一错再错。

聪明的解决办法就是让自己安心。承认过去的错误，好好研究它。"那是过去的事。现在是现在，但是没错，我记得。"

承认错误同样会给自己带来安全。如果1号因为某些无法表达的事物而感到愤怒，过去的一点小问题就有可能成为爆发点。学会识别自身被隐藏的情感信号，比如愤怒和性吸引，对于1号来说，可能需要花一辈子的时间。

他们的感觉说："我好像是插了塞子的瓶子。所有的事情都被封在瓶子里，我无法让它们出来，但是我不生气。"

他们的思想说："能量太多了。我已经管不了了。我要走了。"

说出自己的身体感觉很重要。1号可以先从最明显的感觉开始。"腹部很紧。大脑空白。"然后不断放松自己，重新组合自己。这些感觉有可能帮1号找到自己的愤怒。

说出自己的身体感觉很重要。1 号可以先从最明显的感觉开始。然后不断放松自己，重新组合自己。

情感控制

1 号是不允许表达"糟糕"情绪的。因此，他们很害怕会让自己失控。被压抑的情感积累成怒火，久而久之，就会变得越来越危险。而任何让 1 号感到危险的强烈情感，更会遭到他们的强烈抑制。在 1 号看来，自律和情感控制是非常重要的。

情感被牺牲了。他们很难知道自己想要什么，而且他们也很难明白发一点小脾气和勃然大怒的区别。1 号常常发现自己与他们的情感背道而驰。对他们来说，简单的放松练习就很有帮助，尤其是能够让情感浮现到意识层面的注意力练习。

强制倾向（做正确的事情）

1 号认为只要自己花时间去寻找和思考，他们的需求和愿望就一定会出现。所以他们总是把时间填得满满的。因为空闲的时间让他们感到焦虑。时间总是不够。时间在一个接一个的活动中消失。看看下面这位来自洛杉矶的建筑工地承包商如何描述他的紧张情绪：

我知道，当我产生强制倾向时，我会感到压力。我突然开始思考螺钉的形状和大小，而通常，工具箱里有什么螺钉，我就用什么螺钉。我可能会试验好几遍，看看一个合适的螺丝钉是否真的合适。我知道它没什么问题，但是我必须回去检查，以防万一。我甚至会觉得自己做这些事很愚蠢，但是我又不得不做，要不然就可能出错。我开始重新查核各种物件的检验代码，虽然我早就已经查过了。我会突然觉得一些小问题非常重要，需要立即检查，而且如果我不做，我就会感到恐慌。所以我必须去看看。只要我检查了，我就会感觉好多了。看到一切都没有问题会让我如释重负。

当 1 号的注意力集中到某件事物上时，他们是停不下来的。外在世界无法分散他们的注意力。解决这个问题的办法，就是要分清楚自己是在为了阻止焦

"大脑中总有一个批评的声音,在监督我的思想和感觉。"

虑而强迫性工作,还是为了快乐而工作。

内心批评家

当我们计划去做某些危险或错误的事情时,我们的内心就会产生激烈的思想斗争。我们会自言自语。这种情况对一般人而言,仅仅是偶尔的,但对于1号来说,他们的内心却始终有一个声音在监督他们。

"大脑中总有一个批评的声音,在监督我的思想和感觉。"

这就好像是一个发了疯的超自我。这种批评可能是带有侮辱性,甚至是惩罚性的。1号说,他们有时也会去批评他人,而这样做的目的纯粹是一种自我防卫,把内在的压力转移出去。当看到别人犯错时,他们的自责声就会小一点。

这种自我批评的倾向在佛教的冥想练习中被称为"审心"(Judging Mind)。审心的批评是非常阴险的,因为它是打着提供好建议的旗号。内心的批评是为了敦促你变得更好,为什么要质疑呢?为什么要去质疑应该、必须和一定呢?

审心还会带来一系列的思想比较。1号把自己的伴侣拿去与他人对比。他们心里在想:"希望我的玛丽和他的苏菲一样聪明"或者"希望我的爱人能和约翰一样可爱"。

比较意味着不安全。到最后1号会吃惊地发现,自己的内心一直在不停地进行评判和比较。当他们终于注意到这一点时,他们应该及时反省,看看是什么引发了他们的不安全感。

非黑即白的思想

当错误出现在最明显的位置时,它会取代全局性的思考。1号不愿意看到他们的恋爱关系或工作关系被阴影笼罩,一旦他们的注意力集中到错误上,他们就不再关注一个好伴侣的价值或者一份好工作的快乐。恋爱关系如果不是完美的,就是错误的。工作如果不是无缺的,就是令人尴尬的。千里之堤,溃于比较意味着不安全。

蚁穴。他们必须马上把问题解决掉。一个影响力只有 10% 的错误会在 1 号内心占据 100% 的空间。

唯一正确的方式

非黑即白的思维方式让 1 号喜欢做出肯定或者否定的选择。1 号希望一切都清清楚楚，不要有什么模糊地带。他们想要的答案只有对或错两种。模糊就意味着死路一条。他们不想让自己被众多的可能性包围。1 号在面临多项选择时，总感到浑身不自在。他们不喜欢快速做出决定，尤其当信息错综复杂时。一旦做出了决定，他们就不希望再去修改，或者重新思考。1 号要帮助自己，就要让自己注意到不同观点的逻辑合理性和良好意图。

决定（要是不对怎么办？）

什么是自己想要的？什么是"正确"的？二者的矛盾让决定变得困难。一个完美的选择需要能照顾到方方面面。一份完美的工作应该是既有学习的机会，又有发展的机会，既能满足个人成就感，又能带来丰厚的经济收益。一个完美的伴侣既要能讨老爸老妈的喜欢，又要让朋友们感到满意。由于在现实中很难做到面面俱到，1 号总是犹豫不决，面临决定的最后期限。1 号应该给自己设定合理的期望值，既不是最高的，也不是最好的，而是恰到好处的。

推延行动

反复检查数据，确保"万无一失"，这看起来似乎并没有延误行动。完美主义者总是用思想取代行动。他们想让一切都清清楚楚，寻找最好的解决方式，但是他们小心翼翼、慢条斯理的工作态度会让其他人感到疲惫不堪。没完没了的会议，翻来覆去的检查，1 号拿着放大镜去审视每个步骤，但是其他人认为赶快行动才是最重要的。磨磨蹭蹭的做法只会让他人反感，觉得 1 号没把他们放在眼里。

随着时间的迁移，新一代的1号性格者出现了。他们接受了更开放的教育，不再受到条条框框的束缚。现在，我们会听到1号性格者说：人"应该"是性感的，我们"应该"让自己放松，我们"应该"具有创造力，追求快乐是"正确"的。

作为圣人的1号

只要认为自己做了正确的事情，1号就不会责怪自己。他们不会沮丧，也不会自责，他们反而会因为做了正确的事情而产生优越感。在九型人格研讨班中，很多学员都把1号称为"圣人"，因为这些1号已经不再自责。我们的很多"圣人"的确是天才。他们的确做得非常好。他们工作出色，受人爱戴。

还有一些1号，也觉得自己是"圣人"，他们找不到责备自己的理由。他们的生活方式、家庭、宗教或者工作，都让他们觉得自己在精神上高人一等。善有善报，恶有恶报。因为他们表现得很好，所以他们没有必要批评自己，也没有必要去考虑他人的想法。

新时代的1号

好几年前，当我第一次开办九型人格研讨班时，我看到了很多传统的1号性格者。他们的身上总是一尘不染，甚至是那些20多岁的年轻人看上去也属于更成熟、更高档的社会阶层。他们穿着传统的牛仔裤和运动鞋，仪态端正，态度温和，彬彬有礼。随着时间的迁移，新一代的1号性格者出现了。他们接受了更开放的教育，不再受到条条框框的束缚。现在，我们会听到1号性格者说：人"应该"是性感的，我们"应该"让自己放松，我们"应该"具有创造力，追求快乐是"正确"的。

装了"活动门"的1号

"活动门"的现象和人类起源一样古老。这种现象实际上是通过满足被禁止的需求来释放情感的压力。打开"活动门"的方法要比从"后门"溜走好，因为后者是对伴侣的欺骗。装了"活动门"的1号过着双重生活，每一种生活都是为了满足自己不同的需要。

在20多岁的1号性格者身上，"活动门"的现象尤其普遍。我们现在还能听到一些奇特的故事，不过近几年来情况已经好多了，我认为这是社会进步在

> "活动门"的现象和人类起源一样古老。这种现象实际上是通过满足被禁止的需求来释放情感的压力。

发挥作用。下面这个故事来自一位年轻的办公室职员：

"活动门"的双重生活

不久前，我看到了一本非常漂亮的裸体写真集。我被那些图片吸引了，因为图片里那些模特的身材显然并不完美，但是照片却很漂亮。我一直想拍摄一套裸体艺术照，却总担心自己的身材不够完美，所以一直没有把这个大胆的想法付诸实施。于是，我找到了拍摄这本写真集的摄影师，毛遂自荐充当他的模特。一开始我既紧张，又害怕，在照相机面前就像一块僵硬的木板，慢慢地我开始露出笑容，开始开玩笑，开始享受在镜头前的感觉。当我再喝上几杯酒后，我整个人就像完全变了一样。

我很喜欢只暴露自己的身体，但却不露出面容的做法，就好像我在向全世界吐舌头。我这样做是为了向那些管束我的人，那些令我讨厌的人进行抗议，当然他们永远也不会看到我的照片，但是我就是想通过这种做法证明：我并不是枯燥无味的人，也不是胆小害怕的人。我的父母想把我培养成一个温顺的、毫不性感的、没有秘密可言的女儿，但是他们失败了。

离开家的1号

一旦脱离责任，1号就会迅速改变。就好像一个刚刚做完作业的孩子，终于可以出去玩了。当1号进入安全状态时，他们的变化比其他性格类型更加显著。1号是九型人格中的完美主义者，而7号（1号在安全状态下表现出来的性格）是九型人格中的享乐主义者，是寻找快乐的人。一个远离家门的1号喜欢玩乐。当他们外出度假时，爱情也会滋生，这是他们在熟悉的环境中无法体验的。在家里要做的事情太多了，你永远也做不完。

快乐

矛盾的是，快乐也会让1号感到焦虑。当他们感到舒服时，他们又会想起自己应该做"正确"的事情。责任取代了浪漫。自由时间让人担忧。"爱情会消失。""我们会变得懒惰，工作就无法完成了。"如果伴侣能够主动安排休息这并不是说1号在安全状态下会"变成"7号,或者在压力状态下会"变成"4号;而是7号和4号的特征通过1号表现了出来。

的时间,或者引导一种轻松的生活方式,1号的感觉会好得多。跟着别人做要比自己带头更容易。如果完美主义者发现自己用工作取代了承诺的快乐,他们应该回过头来想一想,记住自己真正想要的是什么。

1号的内心会产生强烈的思想斗争。一个声音说:"我可能会失去控制,工作就永远也干不完了。"另一个声音说:"我就去放松一个小时。""我有享乐的权利。"最好的办法就是把自己的担忧大声说出来,到现实中去寻找答案,和自己的伴侣好好谈谈,检查自己的时间、金钱和工作期限,把追求快乐的实际风险最小化。

安全和危险

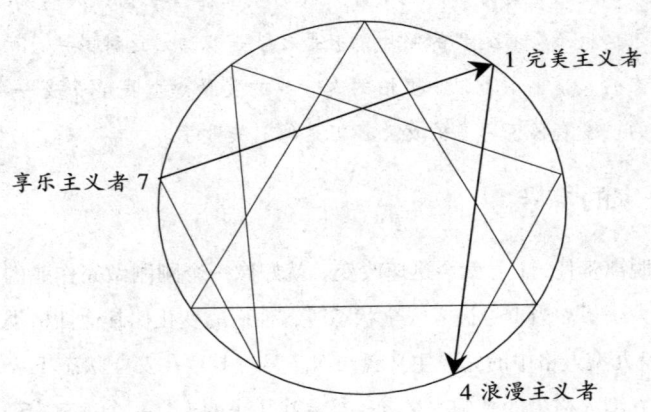

图1　1号性格点的动态变化

安全

在安全的环境里,1号原本关注的问题不再那么突出。他们的评判性思维也开始消失。放松变得更加容易;把工作放到一边,让自己休息一下,也不再是什么困难的事情;多样性的选择也不再令人害怕。

"让我们做些不一样的事情。让我们尝试一些新的事物。"

一个成熟的1号性格者既能拥有4号的独特眼光，又具有7号的轻松心态和敢于尝试的勇气，同时还要保留着他们自己的严格作风。

随着环境的变化，1号会自然而然地向7号发展。1号在度假时会表现出截然不同的特质，常常令人刮目相看。只要他们离开了熟悉的家庭，他们就不再关注那些他们应该承担的责任。这并不是说1号在安全状态下会"变成"7号，或者在压力状态下会"变成"4号；而是7号和4号的特征通过1号表现了出来。比如，当7号对于多种选择的迷恋通过1号表现出来时，感觉更像是1号看到了不同观点的积极面，而不是像7号那样在无数的计划和梦想中迷失方向。

1号说，安全状态的积极作用是能够帮助他们找到一个不用自责的自我。他们只管去做自己想做的事情。决定的过程变得简单，而且决定是基于自己的感觉，而不是"应该"的要求。生活突然间变得简单了。安全状态的消极作用在于1号可能突然间变得什么都想要了。他们对以前的自己感到气愤。他们产生了一种反抗的力量，想要打破自己过去的形象。解放了的1号会变得十分自恋。实际上，他们并不需要去反对什么。过去是过去。

1号说，他们很难在同一天里表现出两种性格，不可能一会儿对自己严格要求，一会儿又让自己放松享乐。他们似乎必须进行选择。你要么是极端负责的，要么是无所顾忌的。1号需要综合自己在安全状态和压力状态下的表现，而不是一味追求安全状态，避免压力状态。一个成熟的1号性格者既能拥有4号的独特眼光，又具有7号的轻松心态和敢于尝试的勇气，同时还要保留着他们自己的严格作风。

危险

在面对压力时，最初的反应就是加紧最基本的防卫。当1号处于压力状态或感到危险时，他们害怕空闲时间。工作变成了一种强迫性的，而快乐则被完全从活动安排中删除了。内心的批评声变成了一股强大的惩罚力量。对情感控制更加严重，愤怒在不断积累。非对即错的思维方式牢牢控制了1号，让他们的行动变得更加困难。

如果压力继续增大，1号的注意力会向4号发展。1号永远也不会"变成"

1号应该追随他们的怒火，去发现自己被忽视的需求。

4号，但是4号的特征会通过1号的方式表现出来。

具有4号特征的1号性格者非常害怕因为自己的过失而遭人抛弃，他们还会因为没有达到最优秀的标准而黯然神伤。在情感的危机中，1号会因为忧郁而变得麻木。1号惊讶地发现，良好的行为和大量的付出并不一定能为他们带来成功或者快乐。他们神情沮丧。

如果这种深深的忧郁能够被撼动，促使1号产生变化的愤怒就会随之而来。你很生气，因为你付出了，却没有成功。这不公平。1号可能会重新评估自己认为唯一正确的途径。也许还有别的方法，更有效、更有意义的生活方式。1号应该追随他们的怒火，去发现自己被忽视的需求。

压力状态的积极作用是能够帮助1号找到他们被埋没的情感需求。在具有4号的特征后，我们"应该"做的事情不再是最重要的，我们想做的事情才是最重要的。这在1号的情感生活中，可能是一个非常积极的时刻。通过像4号那样融入到深层的悲伤和痛苦中，压力状态下的1号也会思考存在和生活的意义。

"我对他人的真实感觉是什么样的？"

"什么样的工作是可以激发我的，而不是我应该做的？"

"什么样的生活方式是我要的，而不是内心批评声规定的？"

"什么是我想做的，而不是我应该做什么？"

这些问题对于以前的1号来说，是想都不敢想的。在面对危险和压力时，1号反而能产生积极的变化。很多1号说，当他们处于生活的低谷时，反而发现了自己真正喜欢的工作和真实的情感需求。

压力状态的消极作用是4号的顾影自怜（"只有我经历了这些"）和忧郁（"什么都没有意义"）。在4号性格的激情中，嫉妒是不可避免的。当嫉妒进入1号的思想时，他们会把自己与那些成功人士、快乐人士进行比较，以此来确定自己的个人价值。

尽管1号是九型人格中的批评家，他们自己却受不了批评。1号对于批评非常在意，很多人都不在乎的一些言语，也会让1号耿耿于怀。

恋爱中的1号

与1号在一起

★ 要记住细节。1号特别在意细节。他们关注与人交往的小节：守时、记住别人的名字、恰当的介绍等等。

★ 说话要谦虚礼貌。不要犯傻。要征求1号的同意。

★ 要节俭、勤奋和可靠。不要期望1号恭维自己。

★ 修身养性。要给自己设定改进的目标。不要炫耀自己的成就。

★ 把新意和乐趣带到恋爱中。因为1号自己缺乏新意，总是重复已知的内容。

★ 避免权力争夺。1号需要让自己成为正确的人。

★ 保留自己的兴趣爱好。1号会花很多时间在自己的工作上。

★ 幽默尤其有用。小幽默能够立刻化解担忧。

★ 1号追求完美的爱情。"我们的责任是什么？""我们能够学到什么？""正确的爱情意味着什么？"

★ 他们会检查双方关系是否道德。

★ 焦土政策。如果爱情出现了负面内容，1号想要把一切都毁灭。爱情要么是美好的，要么是可怕的。

★ 一旦真心投入其中，1号会忠贞不渝。他们重视家庭的价值。

★ 自责。快乐让他们忧虑。享乐可能会遭到报应。

亲密关系

尽管1号是九型人格中的批评家，他们自己却受不了批评。外在形象是非常重要的。

"我的父母会怎么想？"

"我的那些邻居会怎么说?"

这些都是1号不断思考的问题。不仅如此,他们还能从他人无心的言语中读出潜在的批评。"你今晚看上去真棒,这打扮太合适了。"这样的恭维在1号看来可能意味着:"上次约会我的打扮很糟糕。"所以1号的伴侣要记住了,与其在约会时大肆夸奖1号,不如选择中肯的鼓励和委婉的批评。"你做得很好,几乎完美无缺,只有一个地方需要注意。对了,下周二你有空吗?"

没有心理准备的批评是可怕的,因为这说明1号内在的批评声没有尽到责任。1号对于批评非常在意,很多人都不在乎的一些言语,也会让1号耿耿于怀。

"你怎么没做完?"

"这对你怎么这么难?"

"你为什么不行?"

这些很正常的问题在1号听起来都是奇怪的问题。模糊的语言让人觉得好像是个陷阱。任何潜在的批评都让他们坐立不安。他们希望要么立刻纠正错误,要么给自己找一个合理借口,要么把问题的矛头指向别人。转移责任或者攻击他人都能消除他们害怕被拒绝的紧张感。

如果你和1号性格者住在一起,你就必须习惯于他们的批评。有时候1号的表现让你觉得好像是和两个不同的人生活在一起。当1号的内在批评声控制了他们的思想时,你需要从他们紧张的面部表情中有所察觉。他们有时候会变得谨小慎微,不敢行动,仅仅是为了不让自己受到自责。他们的愤怒和批评可能是他们需要帮助的呼唤。1号为了保护自己而批评自己,借此来释放他们对自己的怒火。他们可能十分需要他人的肯定,但是他们又不愿去开口询问,因为这也会让他们自责。帮助1号的办法就是看到他们所缺少的,把他们想要的给他们。

1号不愿意主动开口,因为他们害怕被拒绝,但是同伴会因为不清楚1号的想法而感到为难。1号可能在想:"结了婚的人就应该是这样的。""爱人之间应该有这样的责任。""所有人都知道朋友应该是这样的。"但是,如果他们

> 1号需要明白每个人都有自己的问题，他们的爱人也并不是完美无缺的。对方可能既有优点，又有缺点，但总体上还是一个好人。

不把自己的想法拿出来与伴侣进行沟通，对方很难做出正确的回应。一个专心的伴侣需要在1号对双方关系做出结论前，主动询问1号的想法。

1号需要明白每个人都有自己的问题，他们的爱人也并不是完美无缺的。对方可能既有优点，又有缺点，但总体上还是一个好人。追求完美的1号总是认为幸福的爱情只能产生好的想法和感觉。"如果我的感觉不好，我要么选择了错误的爱情，要么就是我自己有问题。"他们应该学会面对现实，学会看到痛苦的价值。

完美主义者会因为别人的过错而感到难过。他们觉得爱人的错误自己也要承担责任；同时他们会很内疚，因为他们觉得自己不应该对双方的关系感到失望或生气，这让他们觉得自己不像一个好人。因此，一旦1号感到了丝毫的不满，他们都会想要立刻解决问题。溅到地毯上的一点咖啡会让他们感到内疚，因为他们的内心在谴责把咖啡弄到地毯上的人，他们想要立即把一切清理干净。

下面的故事来自一位年轻的1号丈夫，他试图为自己的怒火找到源头，借此来挽救他的婚姻。他的妻子看到的是一个面色凝重、带着怒火的丈夫，但是妻子并不知道让自己丈夫生气的原因是出自其内心。丈夫希望能确认妻子的优点，他想用正面想法取代负面想法，他想让内心的批评声消失，但是他无法把内心的风暴表达出来，因为这会让他看上去更糟。他的注意力实际上已经从如何解决现实的婚姻问题转移到如何安抚自己的内心上。

生气对我来说是一个不好的暗号。如果我生气了，这说明我不再爱她了，我留下来是在骗她。所以我只能不让自己生气，把怒火压抑在内心。（1号在压力下向4号转移。）然后，我陷入了困境。留下来是错的，但是在这种情况下离开也是错的。

当所有这些问题在我脑海里翻来覆去时，我实际上一句话也没说，因为我知道抱怨他人是不对的。所以我把自己不高兴的信号收藏起来，即便她没有注意到，我也会采取行动，但是我无法用言语来把自己内心的不高兴表达出来。

我总是想，如果我能够看得再清楚些，或者如果我能够对她给予更多的理根据他这种非黑即白的思维方式，一个小小的问题就会给整个婚姻笼罩上阴影。在他的思想中，婚姻天平的另一头可能就是一条肥大的裤子。一旦穿错了裤子，所有事情就都错了。

解，或者如果我能够找到一个有效的办法，我的态度就不会那么消极。所以每次她做错了事情，我的紧张程度就会增加一层，就好像有一个电子钟在身体内响个不停。当她对某人没有礼貌时，我会紧张。当她吃饭时食物从嘴里掉下来时，我会紧张。当她穿着松松垮垮的裤子时，我会紧张。我甚至惊讶于她居然会有这样的裤子。她可千万不要在公共场合这样做，否则就太丢脸了——这对我才是真正的打击。

这位年轻丈夫对自己的感受感到内疚。他花了很多时间去思考，但是却很少表达出来。恐怕只有当他实在受不了了，想要离婚时，才会用言语表达出他的感受。根据他这种非黑即白的思维方式，一个小小的问题就会给整个婚姻笼罩上阴影。在他的思想中，婚姻天平的另一头可能就是一条肥大的裤子。一旦穿错了裤子，所有事情就都错了。他认为自己的婚姻要么是充满爱情的，要么是充满愤怒的，根本没想到人们可以同时处于热恋和愤怒的状态。他无法接受一个事实，即一部分梦想会破灭，这可能是很正常的，而生气也是让事情发生改变，或推动事情发展的一种方式。

如果他能通过自己的愤怒注意到自己的性格倾向，他就可能获得双赢。如果他对那条裤子感到生气，他应该把自己的想法直接说出来。那条裤子以后可能就不会出现了。然后，他还可以向对方提出其他要求，他可能会发现，尽管他会生气，他还是能获得对方的爱。

1号发出的信号

积极信号

1号追求正确的行动和努力。在信守诺言和承担责任的方面，他们完全值得信任。他们总是想让一切都在正确的轨道上发展。这是他们的责任。他们之所以注重正确的行为，是为了他们自己，而不是期望得到什么利益回报。德行就是他们想要的回报。他们可以激励他人，鼓舞他人，让他人看到一项工作被完美完成的乐趣。他们技能熟练，又愿意付出努力，这让他们在生活中更加独立，更加依赖自我。他们会把这种道德上的理想主义投射到他人的身上，催促他人也接受这样的理想——让世界变得更美好。在实际生活中，他们注重健康、诚实和正确的生活方式。

消极信号

1号性格者严厉的批评和监督一切的立场让人受不了。感觉很不平等，好像受到了侵犯，或者被排挤了。似乎做的事情总是不对。1号总是能发现改进的空间。实际上他们把批评当作一种鼓励，一种关心。

"我们应该尝试做得更好。"完美主义者认为情感需要控制，他们忽视了快乐和自发的需求。

人们可以感到1号的愤怒和控制力，哪怕他们表现得并不明显。虽然1号并没有说出口，他人也能察觉到1号的责备和不满。不仅如此，1号还喜欢把他们自己同其他人进行比较，如果其他人比他们更出色，他们就会产生自卑感。这让他们的伴侣左右为难。如果自己没有尽力做到最好，是不对的；如果自己做的比1号更好，也是不对的。

混合信号

1号通过关注那些"应该"做的，来压抑他们真正的需求。因此当他们看上去非常投入时，当他们开始一项正确的行动时，当他们似乎下定决心要把事情完成时，他们所关注的可能是"应该"和"必须"，而不是他们真正想要的。如果1号的伴侣能够把这个问题提出来，让1号明白那些绝对正确的可能并不是最好的，对1号会大有帮助。

完美主义者有时也会把他们自己的需要当作是绝对正确的。比如，如果一个1号性格者喜欢自行车，那么骑自行车可能就突然成了进城的最佳方式，而选择其他交通工具在1号看来都是错误的。开汽车污染空气，开汽车是危险的，开汽车是错误的。骑自行车环保，骑自行车健康，所以骑自行车是正确

1号通常不会注意到，是他们自己的思想隔离了那些令他们无法接受的感觉。

的。一旦1号把自行车看作了唯一正确的方式，他们就会骑自行车上班，而且还会在所有人面前大肆宣传骑自行车的好处，告诉其他人如果选择自行车，世界将变得更美好。

内在信号

1号性格者说，解读他们自己生气的信号是一件很困难的事情。他们说，他们常常无法感到自己的怒火，相反他们会想办法让"更好"的感觉取代内心的怒火。尽管他们对自己的伴侣感到不满，但是他们的思想却会说："她真的是一个很好的女人。我想我应该买些玫瑰回家，让她知道我多么欣赏她。"1号通常不会注意到，是他们自己的思想隔离了那些令他们无法接受的感觉。他们只是发现自己在做"正确的事情"。

1号同样还有可能误读自己发出的愤怒信号。当别人听到他们发出一连串尖锐的批评时，他们自己却可能在想："我今天精力充沛。要做的事情很多，而且都要办好。很好，一切都在安排下进行。"可是他们表达出来的言语则更像是一种冷嘲热讽："很好，你终于知道该做什么了——我等你电话已经等了一天了。"这时，你看到的1号很可能明明很生气，却强忍怒火，紧闭双唇。他们的紧张情绪显而易见，但是他们却会非常认真地、礼貌地、确定地告诉你："没什么，我从不会为此生气。"

工作中的1号

在工作中

★ 喜欢具体的指导和安排。漏洞是最可恶的。

★ 实干者。把抽象的方法变成一步一步的具体措施。

★ 喜欢安排和责任，要明确谁对什么负责。

★ 关注细节。把过多精力投入到细节上，而忽视了产品本身。

他们那种非黑即白的思维方式让他们更容易看到符合他们计划的信息，外人很难转移他们的注意力，让他们改变想法。

★ 注重与道德有关的表现——纪律、礼貌、形象、尊重。

★ 喜欢做更胜于感觉。关注的是工作本身，而不是工作中相互之间的关系。

★ 能够注意到工作中的关键问题，但是很难及时给出一个全面的解决方案。总是担心有太多的错误存在。

★ 在常规的角色中感到安全。尊重工作中的权威关系和等级关系。

★ 重视简历和个人纪录。"优秀的人才一定有优秀的历史。"

★ 专注于工作是为了自己。快乐来自于出色完成的工作。

★ 为了正确的目标、优秀的领导、出色的团队努力工作。

★ 把自己的付出与他人的付出进行比较："如果他们做，我就做。如果他们不做，我也不做。"

★ 喜欢记录。关注他人的工作是正确还是错误。如果他人是在做"正确的事情"，就会出手帮助；如果他们是错误的，就会置之不理。

★ 认为付出就该有所收获。"我应该受到尊敬和特殊对待，因为我为这个世界做出了贡献。"

★ 希望因为自己的付出和成就获得奖赏，但是又不会主动去要求。如果没有得到认可，可能把愤怒发泄在一些细小事情上。通过发现他人的过错，来安抚自己。

★ 难以承担责任。担心工作无法做好。

★ 不希望因为他人的错误而受到威胁。在没有发现错误根源之前，会和周围划清界限，远离错误。

★ 害怕自己犯错误。会去争夺权力，争论谁是正确的。

★ 推卸责任。"那是有原因的。""那不是我的错。"

★ 避免危险。危险导致错误。如果有疑虑，就静观事态发展，不会冒险。

★ 积极支持那些在工作中处于劣势或通过自身努力获得提高的人。

作为领导

作领导的指导思想是质量控制。质量和控制是紧密相连的。监督是关键。

典型的1号领导方式在制作计划和设立结构时是非常有效的,但是如果需要现场拍板或者处理复杂的新情况时,就不那么有效了。如果要想让一个严格按照计划执行的1号领导有所改变,我们只能在重申原有计划的同时,加入一些小小的建议。不要把所有问题都公开。你只能一步一步让旧计划向新计划靠拢。

领导力是通过制定一个完美计划,明确各部门的责任开始的。各部门经理会得到清晰的指示,让他们一步一步去实现预定计划。交谈都是围绕着计划进行的。关键的问题是,谁该负责?

1号从出色完成的工作中获得快乐。他们喜欢独自工作,能够坐在办公桌前好几个小时都不起身。他们忙着制定各种名单、计划和图表,仔细考虑各种可能性,分配责任,并制定应对问题的策略。修改一个方案对1号领导来说是很困难的。因为他们只能够在制定计划的初期接受新的信息,一旦计划开始实施,他们就倾向于让一切按部就班,按照原定计划执行,而不愿进行改变。他们的思维不再灵活。一个预先制定的解决方案感觉要比一个新的设想更安全。他们那种非黑即白的思维方式让他们更容易看到符合他们计划的信息,外人很难转移他们的注意力,让他们改变想法。

如果遇到不确定的情况,决策的过程就会大大放慢。"为什么要这样做,不能那样做呢?""我们怎么能确定呢?"典型的1号领导方式在制作计划和设立结构时是非常有效的,但是如果需要现场拍板或者处理复杂的新情况时,就不那么有效了。如果要想让一个严格按照计划执行的1号领导有所改变,我们只能在重申原有计划的同时,加入一些小小的建议。不要把所有问题都公开。你只能一步一步让旧计划向新计划靠拢。1号在工作实施中需要能够提出好建议的人。这些人应该不断地把问题提出来,帮助1号进行决策。如果1号领导者能够依赖一个值得信任的同僚,他制定决策的痛苦过程就会大大缩短。

1号往往是通过自身的努力奋斗才一步一步上升到领导者的位置,因此他们也会很注意自己员工的表现。他们会注意到谁加了班,谁参加了计划的实施,谁没有参加。诚实、忠于家庭、良好的外表和尊重权威是为1号领导者工作的基本条件。

1号的工作项目总是有不断扩大的倾向,时间往往要延长,成本也往往要高于原定成本。开始的时候,你收到的是一个步骤非常明确的计划。没有一点浪费的时间和成本。一个完美计划。但是当计划开始实施,当那些不可避免又无法预见的细小问题开始出现时,计划就不再完美了,这些新出现的问题必须获得正确的处理。这就好像是在给花园的围墙抹水泥，却发现排水管的安装有问题。在重新铺设排水管时，你又发现房屋的地基上有裂缝。裂缝当然应该被修补。于是你只能先推迟给花园围墙抹水泥的工作，让工人先去维修房屋的地基。裂缝可能说明房屋的结构有问题，看来你应该把房子周围全部挖开检查一下。现在，一个星期过去了，你的房屋周围出现了一条规模接近苏伊士运河的沟渠，这是在你原定的时间安排和成本预算中根本没有的。但你认为这样做是正确的，虽然你很生气，因为你不得不重新核算成本，推延工期，而事态的发展已经超出你的控制。

冲突

明确的指导和责任分工让1号感到安全，这种管理方式会弥漫到整个机构中。1号领导者可能会说，责权明晰是保证机构安全工作的基础。尽管他们也会鼓励员工发挥自主创新性，但实际上，他们严格划分责任的主要目的是为了控制。没完没了的会议和报告让员工们觉得受到了束缚，也制约了员工的创造性。1号还有可能限制其他人的选择和雄心。他们喜欢制定规定，把员工捆绑在整个系统上。比如，员工获得特别奖励的前提条件很可能是"从现在到退休为止都保持出色的工作记录"。

同事间的矛盾主要集中在1号对正确性的追求上。"这不是我的错"是1号的口头禅。他们那种高高在上的作风也容易引发冲突。很多人抱怨1号总是不愿去接手别人的工作。"那又不是我的责任。"造成这些冲突的原因往往是因为1号认为帮助他人会影响到自己。

作为员工

1号认同的是完整的工作。他们喜欢在拥有良好形象和长期声望的机构中工作。他们希望自己的技能和优点能够得到赏识。他们不是积极主动的人，所以他们希望别人能够主动发现他们。

让1号对现状提出批评并不难，但是让他们提出新的方案却很难。不过，

1号是天生的老师。他们对于那些渴望进步的人非常敏感,愿意提供帮助,而且具有高度的耐心。我们需要让他们在学习中明白,我们每个人都应该把自己的问题提出来,犯错误也是学习过程的一部分。我们不必要也不可能让自己知道所有问题的答案。

在已经明确的指导框架下,他们还是十分具有创新性的。新的想法或者改变必须伴随有可以执行的指导计划。如果指导计划告诉1号如何灵活处理,1号就能够灵活处理。他们不喜欢那些笼统的、有很多不同选择的要求。他们只接受明确的选择,一对一的方案。如果你希望1号变得灵活,你就要告诉他们灵活的条件,以及如何灵活的具体做法。

1号注重的是目标,而不是实现目标的过程。1号的理想工作过程就是在工作开始之前,已经把每一步都安排好了。他们无法忍受那些经常会出现的波动、错误和失败。一个错误就意味着全部停工,全部检查,从头再来。一个瑕疵可以笼罩整个项目,直到获得合理的解释。如果准备不充分,1号就不会行动,而且他们的大脑会在压力下变成一片空白。在突发的紧急情况下,他们可能六神无主。这时就需要有人提醒他们,他们现在所面临的一切和过去的成功相比,不过是又一次非常类似的冒险。

如果有人愿意主动出头,把问题提出来,把困惑说出来,把可能出现的情况表达出来,解决问题的过程就会加快很多。另一个有用办法就是找到一个解决问题的样板程序。"我们正在一步一步解决问题","这对我们大家都是一次试验","我认为会有这样一些问题",这些话是有助于工作进展的。当一个步骤被完成后,可以在继续下一步工作之前,让1号员工对其进行检查,并让1号去帮助其他有困难的员工。根据1号的性格,他们更愿意去帮助其他陷入困境的人来解决问题,而不愿去承认自己的问题。1号是天生的老师。他们对于那些渴望进步的人非常敏感,愿意提供帮助,而且具有高度的耐心。

在公开场合提出问题可能令他们感到威胁。1号需要把不确定的事物隐藏起来,或者召开会议避免问题公开或激化。完美主义者宁愿把操作手册带回家,自己去琢磨一晚上,也不愿向他人提问,去寻求答案。我们需要让他们在学习中明白,我们每个人都应该把自己的问题提出来,犯错误也是学习过程的一部分。我们不必要也不可能让自己知道所有问题的答案。

1号坚信解决问题只有一种正确的方法。他们想知道这种正确的方法到底是什么。如果他们看不清正确的方向,他们就会有深陷困境、焦虑不安的感觉。他们需要知道规则，以及如何根据规则来完成工作。

"我们应该遵守的协议在哪里？技术操作手册呢？"

一旦规则在毫无解释的情况下发生变化，焦虑就会立刻出现。他们要么无法胜任工作，要么不知道该做什么。为了避免让 1 号陷入焦虑，领导者应该尽可能地提前告知程序上的改变。

在团队中

在团队中的 1 号需要知道自己是正确的。矛盾会让他们痛苦万分。但另一方面，他们也会在矛盾和争执中成长，并最终达成一致。

如果团队中存在自私自利的人，1 号的参与度就会受到影响。如果他们的工作是为了让他人获利，1 号是不会卖力工作的。最好的办法就是让团队中的每个成员都有清楚的角色，做到权责分明，同时要强调大家在一起是作为一个团队在工作，而不是为了某一个人工作。同样，如果整个团队的实力很弱，1 号也不会全力以赴，他们最多做到和大家一样。这时，聪明的领导者需要让 1 号把注意力从竞争和与他人的比较上转移到自身技能的提高上。

1 号对任何小错误、小闪失、小纰漏都很敏感，但是他们又不愿做唯一的批评者；因此，即便同事的做法十分愚蠢，他们也不会第一个站出来进行指责。如果团队中有其他人能够首先把问题说出来，1 号在团队中的信心就会大大提高。他们认为那些能够发现错误的人是聪明的。对于那些自己犯了错误，还毫无察觉的人，1 号会认为对方是没有能力的。

如果团队中的其他人都训练有素，积极主动，1 号也会积极努力地工作。他们热爱积极的工作态度，当他们感到棋逢对手，感到自己的能力和付出能够与自己尊敬的人相媲美时，他们的状态是最好的。

第二章　2号性格——给予者

	性格特征	本体特征
思想	讨好	意愿（自由）
情感	骄傲	谦卑
基本性格分支		
两性关系：诱惑/进攻性		
社会关系：野心勃勃		
自我生存：自我优先权		

2号的性格特征

世界观

大家需要我的帮助。我是受欢迎的。

精神通道

2号性格者总是想要讨好他人，这是一种对意愿的追寻。

从精神层面来看，当儿童学会了去讨好他人，开始为他人的意愿服务时，他们自身的高层意愿就受到破坏。

骄傲是一种自我价值的膨胀，它掩饰了我们对肯定的依赖，以及我们在了解自身真实价值后所产生的谦卑。

2号的性格特征倾向于有策略地模仿高层意愿的行动。从孩童时代起，2号所关注的就是如何通过讨好他人来保护自己，同时又不至于完全丧失自我。

2号的关注点

★ 想要获得肯定，不愿被拒绝。

★ 会因为被他人需要，成为他人生活的中心或者生活中不可缺少的一部分而骄傲。

★ 在生活的三个关键领域表现出骄傲感：
- 在一对一情感关系中表现得具有进攻性/诱惑性。
- 在社会舞台上表现得野心勃勃。
- 在自我生存上表现出优越特权感。

★ 难以认识到自己的需要和意愿。"我没有需要。"

★ 为了获得爱而压抑自己的感觉。

★ 操纵他人来获得所需。

★ 能够表现出多个自我，每一个自我都与他人的某种需要相联系。

★ 对多个自我感到困惑。"哪一个才是真正的我呢？"

★ 能够看到他人的潜力，也能够被他人激发出自身的潜能。

★ 渴望自由。觉得自己为了支持他人而受到约束。

★ 变化自我形象来迎合他人需求。这种注意力的关注方式会导致：
- 能够体察他人的感情，或者
- 为了满足他人的愿望而改变自己，以此来争取或维系他人对自己的爱。

性格倾向

当我们注意到他人的潜能，并真心诚意想要帮助他人时，我们就会表现出2号的性格倾向。我们变得慷慨大方，我们被他人的奋斗过程所感染，我们把

2号要想成长，就要学会去发现他们想要的东西，学会独立。

他人的成功看作自己的成功。我们把他人的需要看成自己的工作，并且不去考虑回报。当我们看到自己的付出能够满足他人的需要，能够有所影响时，一种感激的快乐油然而生。我们因为他人的快乐而快乐，这种给予是纯洁的、无私的。

对于2号性格者来说，他们的生命之窗就是朝向他人打开的。2号关注的是他人的想法、他人的潜能、他人的需要。在2号的生长环境中，讨好他人是一种谋生技巧，2号就是通过这种方式来满足自己的需要。成年以后，他们也会自然而然地向他人靠拢。为了得到认可，他们会与周围的人拉帮结派。在团队中，他们必须是不可缺少的成员。这种对地位的追求可以是完全无意识的。他人的需求被大声说出来，而2号则忙着改变自己来满足这些需求。他们通过改变自己来让他人高兴，他们非常愿意为他人提供支持，并因此而感到骄傲。

当有人对我们特别崇拜时，我们就会产生这种得意洋洋的骄傲感。2号的注意力被这种感觉牢牢吸引，他们不断改变自己来迎合这种感觉。如果这种讨好他人的做法变成了一种习惯，他们的自我观察就停止了。他们不知道自己在帮助他人的同时，已经忘记了自己的需要，已经改变自己真实的状态。他们只知道，被拒绝的感觉就像世界末日一样，因此他们需要不断得到他人的肯定。被拒绝的感觉是如此痛苦，所以2号努力让自己成为受欢迎的人。他们积极寻找能融入到他人中间的方式。很快，他们成了人群中的活跃分子，他们消息灵通，八面玲珑，似乎谁也离不开他们，但是他们却失去了自己。

2号要想成长，就要学会去发现他们想要的东西，学会独立。当他们发现了自己对他人的真实价值，他们可以选择是否满足他人的需要。真正能够帮助2号的人，是那些不会被他们的改变所诱惑的人，那些不会因为2号的给予才爱他们的人，那些能够在2号孤独一人时，帮他们度过危机的人。

分支性格关注点

骄傲会影响2号性格者对两性关系、社会关系和自我生存的态度。

> 他们通过影响有影响力的人来间接发挥自己的影响力。

在一对一情感关系中表现出诱惑性和进攻性

在一对一的情感关系中,骄傲来自于为诱惑他人而进行的改变。2号性格者为了让自己变得更具魅力,会不断调整自身的关注点,以适应伴侣的兴趣,符合伴侣的品味。2号有一种天赋,能够让人们对他们产生好感。即便是非常难对付的人,他们也能让对方露出笑脸。实际上,2号的骄傲就来自于这种集万千宠爱于一身,被人当作知心密友的感觉。

2号表现出的进攻立场让他们不会轻言放弃,尤其是在困难的情感关系中。2号是情感关系中的积极追求者,他们总是迎难而上,把所有的关注投给他们的伴侣,却很少关注自己的需求。通过帮助他人来接近他人,这让2号觉得自己总是有用的,不会被人轻视。

老练的2号总是能够通过改变自己来吸引各方目光。2号感到自己拥有多个不同的自我,他们会与各种各样的人交朋友。他们身上具备了他人需要的不同品质。他们有不同的招数来对付不同的人。在父母面前的2号和在情人面前的2号是不一样的。他们所具有的进攻性和诱惑性与性别无关。不论是男性2号,还是女性2号,在情感关系上都会表现出进攻性和诱惑性。

在社会关系上野心勃勃

2号希望自己在社会中能够长期占据重要地位。在他们看来,社会形象和地位是至关重要的。你和哪些人交往,什么样的人出席你的聚会,他们是怎么看你的,这些都非常重要。人们通过你的名望和你姓名后面的职位名称来认识你。2号希望能够吸引那些具有社会影响力的人,与这些人为伍,并让自己成为社会事件的主导者。

他们通过影响有影响力的人来间接发挥自己的影响力。他们召集会议,推动项目实施,促使人们为相互的利益而合作。社交广泛的2号喜欢成为一个胜利者背后的支持者。他们能够发现他人身上的潜能,他们被那些有潜力和目标的人所吸引。他们会把自己的兴趣与他们的老板、导师或者其他公众人物的兴趣联系在一起,在不知不觉中服务于自己的野心。

2号和他们的朋友会互相帮助。内部人集团是野心的明显标志。朋友之间可以称兄道弟。如果被排斥在外,就会让他们感到不安。2号对于忠诚和社会尊重度上的变化特别敏感。他们通过建构权力结构来保护自己人:危险时,提出警告;有机会时,给予提醒。

2号可以是忠诚的献身者、坚贞不渝的狂热追求者,也可以成为整个家庭的支柱。

在自我生存上表现出优越感

在2号看来,人们是有求于他们的,人们需要他们的帮助。他们把自己看作是无私的给予者,这个面具掩藏了他们渴望被他人认同和保护的事实。2号因为自己的独立而骄傲,并坚持认为他人需要他们的帮助。

当他们帮助他人获得成功,但是却发现自己并没有因此而获得奖励时,他们的怒火就会油然而生,这种自我特权就表现出来了。2号认为自己的无私给予和出色支持应该保护他们所拥有的特权。通过他人来发挥作用,这种间接的方式比直接说出自己的要求,直接为自己的利益工作要显得更为自然。这种间接的方式减轻了公然竞争给他们带来的压力,当然也避免了受到社会羞辱的危险。如果你的支持者赢了,你就赢了。在庆祝他们的胜利时,从他们那里获得一点特权和恩惠也是理所当然的,比如就职典礼的包厢席位,颁奖仪式上的特别夸奖。

拥有特权的人总是站在队列的最前面,而且活得很好。

著名的2号性格者

美国女歌星麦当娜(Madonna)就是2号性格者,她的造型总是非常性感,她的第一张专辑就取了一个大胆无比的名字《宛如处女》(Like a Virgin)。

麦当娜(*Madonna*)

其他著名的 2 号性格者还有：

★ 猫王（Elvis Presley）：1935－1977，美国著名摇滚歌星，以富有魅力的风度对美国大众文化产生极大影响。

猫王
Elvis Presley

★ 伊丽莎白·泰勒（Elizabeth Taylor）：以美貌著称的好莱坞著名女星，主演《埃及艳后》等多部电影。

伊丽莎白·泰勒
Elizabeth Taylor

★ 抹大拉的马利亚（Mary Magdalene）：《圣经》中的人物，原为妓女，被基督拯救和赦免后，成为圣女。

★ 杰里·刘易斯（Jerry Lewis）：美国当代著名喜剧演员。

杰里·刘易斯
Jerry Lewis

★ 多莉·帕顿（Dolly Parton）：美国著名乡村女歌手。

多莉·帕顿
Dolly Parton

2号性格者通过他人的眼睛来评价自己。

焦点问题

其他参考

2号性格者通过他人的眼睛来评价自己。他们通过与他人的关系来确定自己的身份,就像3号性格者(实干者)是从工作中来确认自己的身份一样。2号习惯于关注他人的看法,这让他们对于爱人的感受异常敏感。不管他们的理解是否准确,给予者总是会习惯性地把一部分注意力放在他人的感受上。这种从外界寻找参考的做法可以让2号具有一种能够感知他人的能力;当然,也可能让2号陷入迷茫的境界。正如一位社会关系非常活跃的2号性格者所言:"在晚会上,面对着各种各样的朋友时,你感觉自己就好像一盘混杂了各种蔬菜的沙拉。"

多个自我

2号总体上是善变的,他们在不同的人面前能表现出不同的特征。他们对人深情而友善。他们知道见什么人说什么话,对于语气、态度,甚至肢体动作都掌握得很好。在不同的人面前,他们总能够让自己的表现恰到好处。

"我该是一个温柔的人,还是一个强硬的人?是该轻松点,还是严肃点?"这些问题对他们来说不是问题。在2号看来,这并不是一种伪装,也不是给自己戴上面具,而是为了更好地和他人相处,相互产生好感。

当然,给予者有时候也会被自己的多个自我感到困惑,尤其是在面对多种吸引时。该牵哪个人的手呢?哪一种心跳的感觉才是真实的呢?该发展哪一段情感关系呢?

生活在感觉中

2号是跟着感觉走的人。当他们被吸引时,会即刻产生能量。情感的碰撞

> 尽管2号可能并没有意识到,但他们已经开始越界,开始干扰和控制他人的生活。

就像果汁一样甜蜜。他们在心里勾画未来的美景。美好的想象接踵而来。"我们以后会在一起吗?也许是有希望的。"

生活中充满了各种各样的吸引,而2号的心时常会意外地被某种吸引所触动。当心灵相通时,他们是快乐的。他们想坐在公园的长椅上和老人们聊天,他们想亲吻一个陌生的婴儿,他们想给朋友打电话。

有时候很难让那些跟着感觉走的人去描述他们行动的理由。他们根据自己的感受和事实做出决定。但是他们的情感天天都在变化,而且还因人而异。

"到时候我就会知道我的感觉。"

"下周我的感觉可能就不是这样了。"

鸡汤

当你习惯了在他人的眼光中生活时,你就会自然而然地注意到他人的喜好。他们喜欢的颜色,他们喜欢的衣服,他们喜欢的冰激凌。尽管2号会以十分自然的方式去讨好他人,但实际上他们还是在有意为之。

"如果我能满足别人的要求,那我就会得到我想要的。"给予者常常会把他们的真实动机掩藏起来。2号通常不会注意到自己潜意识的安排,除非他们因为没有得到自己想要的而恼羞成怒。这就是所谓的"鸡汤综合征"。为心爱的人准备美味的鸡汤,是为了得到对方的夸奖或其他回报。给予者就是这样的态度,他们用鸡汤去慰劳他人,为的是让他人高兴,并对他们表示感谢。

界限

给予者对于需要的事物十分敏感。每个人都需要帮助,不是吗?他们常常能够非常准确地感受到他人最重要的需要,这种需要往往连当事人自己也不知道。温柔的人需要变得坚强,强硬的人需要变得温和,性格外向的人需要寻找社会活动场,性格内向的人需要来自社会的帮助。当2号性格者爱上某人

2号帮助他人的策略是：首先要被自身的某个潜在需求所吸引，看看为了满足这个需求自己需要对他人做些什么，然后开始扮演帮助者的角色。

时，他们可能会完全融入到对方的生活之中。他们认为对方不能离开他们。尽管2号可能并没有意识到，但他们已经开始越界，开始干扰和控制他人的生活。被迫按照2号安排的轨道生活，他人感到生活受到了限制，而2号则认为自己是在满足他人自身的需要。没有得到赏识的2号会变得充满进攻性。他们忘记了每个人都有自己的隐私，人与人之间需要保持合适的界限。他们控制了伴侣的生活。在一些极端的情况中，2号会把伴侣的每一件事情都当成是自己的事情，认为这个家庭所取得的每一项成绩都是自己的功劳。

为获得而给予

2号帮助他人的策略是：首先要被自身的某个潜在需求所吸引，看看为了满足这个需求自己需要对他人做些什么，然后开始扮演帮助者的角色。这整个过程中有一个盲点，即2号的注意力从自己的需求转移到了他人的需求上。这种注意力的转移会让2号变得"我的眼里只有你"，他们只想着如何去改善对方的生活，而完全忽略了自己的感受。在恋爱关系中，2号想的是"我是为你这样做"，而实际上他们没有注意到自己是期待有所回报的。正因为如此，当付出没有得到赏识时，2号往往就会恼羞成怒。如果一段恋情开始让他们感到失望，认为自己已经付出很多的2号会把责任完全推给对方。

"看看我都为你做了些什么！"他们会抱怨说。2号觉得在自己的帮助下，他们的伴侣会变得更加迷人、更加专注、更加聪明、更加受人尊敬。当伴侣的自我感觉变得更好时，他们也会对2号更好。

独自一人

当自我特征融入到与他人的关系中时，独处变得非常困难。如果没有爱情，生活就是孤单的。他们同别人的关系要比同自己的关系更紧密。独自一人，自己做事情对2号来说是非常恐怖的事情。

"感觉就像打开了一个黑洞，里面什么也没有。"审视自己的内心，从自

> 不同性格的人治疗心理问题的办法也是不一样的。一个非常突出的例子就是，9 号性格者会通过激发自己的愤怒来解决问题，而 8 号性格者的方法则是去管理和控制自己的愤怒。

己身上寻找灵感，这需要极大的勇气才能做到。大多数成熟的 2 号性格者都有过独处的经历。他们有的人很长一段时间都是独身，有的则下定决心要独自一人生活。最终，他们能发现真实的自我，那个稳定不变的自我。

不变的自我

给予者通常是通过与他人的关系来感知自己，就好像运动员要通过比赛来检查自己一样。当你开始训练时，你的比赛就在你的内心开始了。你的时间、能量、情感、思想都在围绕着你的比赛形成。当你处于训练中时，你对自我的感觉开始发生变化。你被正在训练的身份所包围，这会让自身的其他需求慢慢隐退到自我意识的背后。当你在训练时，你不会去关注你的事业、你的学习、你的恋情或者你的朋友。

作为情感的运动员，2 号性格者也会去思考、感觉、适应与他人的关系。他们的自我感是通过以他人为中心来感受的。当 2 号成熟以后，他们通常会对自己的多个自我感到厌倦和困惑。"哪一个是我？"发现那个不变的自我成了最重要的事情，因为这会让他们明确自己的需求。

拥有需求的感觉就好像一场战斗。"我为谁服务，是你还是我自己？我为你服务你才会喜欢我。你凭什么控制我？"事实是，2 号的伴侣可能并不情愿去控制 2 号的生活，但是 2 号却认为自己被对方控制了。按照自己的意愿生活，而不去考虑他人，对于 2 号来说是从未有过的。

原因

"2 号性格者是不是相互依赖？"这是一个常常被人问起的问题。似乎依赖性是他们性格特征中的一个主要问题，就好像九型人格中的 9 号性格者（调停者）总是习惯性地和重要人物在一起一样。不过，我并不认为这种依赖与性格类型有关。在特定的机会、特定的社会压力、成熟的内心条件下，任何人都有可能对某一事物产生依赖心理。

但是性格类型的差异的确会影响到产生依赖性的动机，以及表现出依赖性的方式。不仅如此，不同性格的人治疗心理问题的办法也是不一样的。一个非常突出的例子就是，9号性格者会通过激发自己的愤怒来解决问题，而8号性格者的方法则是去管理和控制自己的愤怒。的确，2号可能是具有依赖性的，但是其他人同样也有可能。

安全和危险

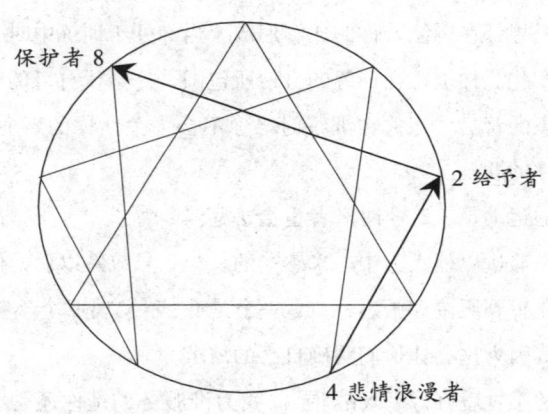

图2 2号性格点的动态变化

安全

一个安全的生活环境，比如一份令人满意的工作，能够让2号放松下来。在安全状态下的2号生活十分有原则，不会强颜欢笑。当2号感到安全，知道自己需要什么时，他们的性格特征开始向4号转移，他们已经准备深入到自己的感觉中。他们的关注力开始关注4号感兴趣的事物，但是这种关注是通过2号的方式进行的。他们所关注的焦点不再是别人，而是他们自己。

"我自己喜欢的是什么，不喜欢的又是什么？"

"当我一个人时，我最感兴趣的是什么？"

"抛开那些为了获得他人认可而产生的改变,我的真实感受是什么?"

2号从自身出发寻找持久不变的自我。他们和自己建立关系,和自己的潜能做朋友,并学会了鼓励自己,就像他们总是鼓励他人一样。一个处于安全状态的2号知道他人的感觉,而且可以清楚自如地把自己的感觉和他人的感觉区分开来。

对于2号来说,释放真实需求是非常困难的。服务于他人往往比服务于自己更容易,这让他们时常感到沮丧。他们感到自己被利用了,感到自己背叛了自己。这时他们的性格也流露出了4号的悲情,开始顾影自怜。

"我为什么要等这么久?"

"我真可怜呀!"

2号应该去认真寻找让自己感到悲伤和嫉妒的原因。是什么让他们感到悲伤?又是什么让他们感到嫉妒?这种追寻能够帮助他们发现自己被压抑的需求,或者,按照4号的方式,发现他们自己生活中的缺失——他们真实的情感——这种情感是需要开发的。

危险

情感关系总是2号最关注的,这同样也是他们最大的压力所在。当2号感到压力时,他们会本能地保护自己。2号会满足对方的需求,压抑自己的需求,希望以此来维系双方的关系,但是结果往往适得其反,他们会觉得压力越来越重。如果这种压力继续,一向爱与他人接触的2号会转而采取8号性格者的立场,开始反对他人。一个具有8号特征的给予者可以是非常无情的,就好像他们要为了自己的自由斗争到底,哪怕闹上法院也在所不惜。

如果2号是在与控制自己情感的力量进行斗争,这种在危险状态下向8号性格者的倾斜可以说是一种自我解放。很多2号都说,当他们发现自己受到攻击时,他们反而清楚了自己想要什么,因为他们的需求被人夺走了。他们让自己保持清醒,不要急躁,然后予以出色的还击。但是,如果2号是在把自己的压抑当作假想敌人,那这种性格的转移可能徒劳无功。他们反叛,仅仅是因为

2号可能并不知道他们想要什么，但依然会因为得不到而抓狂。

他们不愿再服务于他人的意愿，但实际上他人的意愿依然是他们关注的焦点。2号可以在强烈反对他人需求的同时对自身需求依然无动于衷。

如果2号的付出没有得到回报，他们也会感到危险。他们想要惩罚那些忘恩负义的人，这是8号性格特征给他们带来的负面作用。他们开始坚决地反对他人，最后的结果很可能是两败俱伤。

恋爱中的2号

和2号在一起

★ 他们想要成为你生活的中心。"我不需要你，但是你要依赖我。"

★ 要学会识别2号的操控技巧，他们可能会设法让你去做他们自己想做的事情。

★ 2号表面上很温顺，但实际上却在进行控制。

★ 对情感关系的重视让他们十分脆弱，害怕被拒绝或遭受损失。

★ 要鼓励2号表露真诚。

★ 要对他们的情感波动有所准备。生气和歇斯底里的原因是因为他们的需求没有得到满足。2号可能并不知道他们想要什么，但依然会因为得不到而抓狂。

★ 表面情感的短暂爆发实际上是在分散注意力。2号会借助突然地放声大笑，极度活跃的表现，或者挑逗调情来掩盖他们对自身需求的不安全感。

★ 2号认为性和吸引就等同于爱。

★ 要清楚2号可能会对真正的亲密无所适从。他们往往为了获得他人关注而压抑了自身的性倾向和情感。"我能讨你欢心，但我对你真的有感觉吗？"

★ 要努力淡化他们潜意识中认为满足自身意愿一定会遭到抛弃的想法。2号需要确定：即便他或她不再满足你的所有需求，你的爱也不会改变。

★ 注意：2号会被那些有难度的情感关系所吸引。唾手可得的亲密关系反

> 2号通常会被三类人所吸引：拥有美丽外表的人、潜在的成功人士或者身处逆境的人。

而让他们感到困惑。

★ 2号喜欢三角恋的感觉，喜欢与"伟大人物"发生浪漫关系的感觉。

★ 如果2号开始为自由而战，千万不要感到惊讶，因为他们感到自己为了讨好他人，尤其是你，而背叛了自我。"我已经满足了你的需要，那我自己的呢？""管你自己去吧！"

★ 当2号发现自己为了讨好他人而忽略了自己的真实需要时，他们当然会发脾气。

亲密关系

他人的好感对2号来说就像氧气一样不可或缺。为了满足他人的需求，2号会表现出自己的最佳状态。2号通常很活泼，精力充沛，当他们感到对方需要他们时，就会把全部的热情投入到情感关系中。给予者总是通过帮助他人来增强自己的能力，当然他们也会对帮助对象进行挑选。2号通常会被三类人所吸引：拥有美丽外表的人、潜在的成功人士或者身处逆境的人。在一份安全的爱情中，2号努力把他人推上成功的宝座，借此来激发自己的才能。他们会想方设法吸引那些他们想要帮助的人。

但是，从帮助他人到操控他人，两者的差距仅仅一步之遥。如果你和一位2号伴侣生活在一起，他或她为你做了很多事情，但你却并不领情，那你就要惹麻烦了。

如果2号无法得到他们想要的，他们的脾气就会越来越大。愤怒一旦爆发，他们就会变得歇斯底里，无法控制。他们生气往往是因为没有得到他人的赏识，或者感到自己被他人的需求所控制。这时，作为伴侣的另一方应该避免相互指责，帮助2号发现被他们压抑的需求。2号需要什么？为什么失望？我们给做些什么？愤怒的爆发会迅速平息。一切都成了过去。只要他们的议程得到了积极认可，愤怒就不会长久。他们的感觉就像焰火一样转瞬即逝。

2号喜欢接近人。他们热情而外向，他们似乎总是在有意勾引他人，而这实际上只是他们的一种社交方式。他们的最大目标就是获得显要人物的关注。

为此，2号可能会得罪周围的其他人，因为他们会对某个目标表现出明显意图，而让其他人心生醋意。另外，对于某些人来说，2号公开调情的方式也令人难以接受，会让人误以为是想共度良宵的前奏。

追求某人是一件十分有趣的事情。不论是通过诱惑，还是提供帮助，在2号看来都是很自然的手段。当有人发现2号身上的吸引力时，他们就会兴奋异常。这种初次的认可是一种承诺。他们希望能够让承诺继续，与对方在情感上产生共鸣。

当一段情感关系向深入发展时，在疯狂追求阶段曾经一度被忽视的自我需求开始重新浮现。在此之前，2号为了赢得他人的关注和青睐而改变了自己，以至于他们并没有表现出自我的部分本质。他们需要时间来复苏自身的感觉，但一旦他们找到了，这种需求就会像无底洞一样难以满足。对于给予者来说，他们一直以被他人需要为荣，一旦他们醒悟过来，意识到自身的独立性，他们会十分害怕。2号认为任何人都无法满足这些需要。他们需要和他人在一起，这样才不会感到孤独。

有了需要就意味着被拒绝。在童年时代，给予者通过适应外界来保护自己。现在他们成了需要获得的一方，这对他们来说是全新的。这是情感关系的混乱期。一部分困难在于双方的亲密关系正在发展，最初的诱惑转移到对某人的深入了解上。为了和某人生活在一起，你首先要了解你自己。当最初的吸引逐渐淡去后，一些2号性格者开始感到无聊。现在怎样？寻求他人的认可让人疲惫，但是做回真正的自我又让2号备受约束。

在情感关系的反叛期中，2号不再去努力满足伴侣的需要，他们开始反抗。伴侣对于2号的态度可能是非常宽容的，但尽管如此，习惯了把对方视为情感中心的2号也会感到约束。2号要争取自由。他们不会再去做讨好对方的事情。

成功的情感关系能够度过这种反叛期。2号需要意识到：在情感关系中他们并不会因为做了自己想做的事情而遭到抛弃，他们也不需要为了过自己的生活而征求伴侣的同意。这种认识是需要时间的。

年轻的 2 号性格者要经历很长的困难时期去定义自我。他们因为自己能够得到社会各层的欢迎而骄傲。他们的目标就是争取认同，避免被拒绝。拒绝是具有摧毁性的打击。如果你无法从你关心的人那里得到回答，内心就会变得急迫。被拒绝就好像失去了自己的身份。

"离了你，我是谁？"

"我可能再也找不到这种感觉了。"

当你需要通过他人的眼睛来了解自己时，一旦遭到拒绝，你就六神无主了。

2 号发出的信号

积极信号

2 号让你感到你很特别，你值得他们花精力，值得他们花时间。他们会照顾你，帮助你，给你浪漫的约会，无微不至的关怀。这种关系很神奇，就好像童话一样。2 号满足了你所有的兴趣。他们帮你联系你需要认识的人。他们让你的前程充满光明。2 号为你带来无限活力。他们能量充沛、含情脉脉、心思细腻、心甘情愿。在普通人看来，只有自己才会为自己做的事情，2 号都愿意替伴侣代劳。

消极信号

你可能感到 2 号具有强烈的依赖性。他们需要占用大量你的时间。那种对于情感兴奋的需求让人疲惫。他们希望你是欢欣鼓舞的，希望你向他们倾诉情感。你感到自己被列入了他们的计划安排。不知道是谁在操纵谁。曾经的你是美妙动人的，现在却渐渐失去了吸引力。你感到自己的生活被巧妙地重新安排了。

混合信号

如果你的利益和2号的利益发生冲突，他们就会传达出双重信息。他们可能不会直接跟你撒谎，但是他们传达的信息是经过精心设计的。2号会在轻描淡写中控制一切。你的感觉被蒙上了阴影。你处于完全的无知状态。久而久之，你从局内人变成了局外人，你看到2号正忙着管理别人的生活。他们所传递的信息要么是继续追求你，要么就是撒手不管了。

内在信号

骄傲被巧妙地掩藏了起来，因为2号戴着帮助他人的面具。那些刚刚接触九型人格的2号性格者，往往会在面对有关骄傲的问题时不置可否。他们觉得，考虑他人的需要并不是什么令人骄傲的事情。当你是控制者时，你不会觉得自己很骄傲；你只会发现自己全身心地投到忙碌的工作中。你心里在想："我能提意见"，"我能安排"，"我知道他们能做什么"。这看上去都很明显。确保让每个人得到他们想要的，然后就会皆大欢喜。这种感觉就像圣诞节的早上一样。善意在慷慨膨胀。你完全投入到行动中。你觉得自己是无私的，而不是骄傲的。感觉在告诉你："他们会喜欢这样。"

这种感受的盲点在于，2号考虑的是他人的需要而不是自己的。他们的思想很少会说："我会去做"，"我会获得"，"我是为我自己来的"。当他们心里装的全是另一个人的未来时，他们应该尽早注意到这个问题。2号应该每天花一点时间，把注意力完全放在自己身上。看看当他们问自己"那对我有什么好处"时，他们的心里想到了什么？

如果2号能够区分什么是自愿给予的帮助，什么是为了满足自己而提供的帮助，他们的骄傲就会流露出来。他们的想法可以变成："我拒绝这样"，"你有这样的需要，我没有"。让注意力回到自己身上，这很有用。他们应该问问自己："我不给会怎样？我不做，感觉又会如何？"

工作中的 2 号

在工作中

★ 希望通过权威的肯定来证明自己。可以成为领导的得力助手，掌握内部秘密的秘书，权威背后的力量。

★ 非常在意认可和鼓励。否认就是致命打击。

★ 关注办公室里的一举一动，是各类消息的通风管。聚会的组织者，知道什么时候该发出请柬。

★ 与"有价值"的人结交。躲避那些无用的人。

★ 掌握复杂的办公室生存策略。支持受欢迎者。思想上常常会因为争第一的野心和讨好他人的想法而产生冲突。

★ 为了得到行业内重要人物的尊敬而工作。"谁会认同我们的工作？"

★ 安全感来自于讨好权威。害怕独自对抗权威。

★ 选择某份工作的原因可能仅仅是因为伴侣很看重，而不在乎自己是否感兴趣。

作为领导

2 号是有效的领导者，尽管他们中的很多人选择站在权威的背后。那些有前途的新方向和那些有潜力的天才吸引着他们的目光。他们的事业成功依靠的是关键人物发挥作用而不是整个机构的努力。他们期望在悉心照顾下建立一个生机勃勃的群体。

2 号会建构自己的内集团和外集团，如果可能，2 号的决策会倾向于他们青睐的人。如果你能直接与领导接触，就说明你是内集团的成员。如果你是外集团的，你就只能和其他人打交道。

形象是至关重要的。2 号追求的是权力和成功。作为企业领导者的 2 号，他们的雄心壮志就是要让自己享有声誉，为此他们会想方设法让自己与那些行业中的要人结盟。你认识的人将决定你是否能成功。一个追求声誉的领导者更愿意与他人结盟，而不是站出来与他人直接对抗。2号有一种感知他人需求的潜意识，他们的对抗方式就是与权力结盟。

给予者也可以是具有高度竞争性的。2号需要得到认可，需要让他人看见。他们的进攻是在提供帮助的外表下进行的。他们是公众关注的人物，他们不断追寻公众的认可，但是看上去又好像他们根本不在乎。他们对于办公室里的气氛十分敏感，会运用自己的热情和个人魅力来打造他们需要的工作环境。在这方面，2号不会吝惜成本，钱当然很重要，但如果你认为成功的关键在于良好的人际关系，你就会在生活上表现得很大方。

这种领导方式强调的是发现并满足客户的需要。如果需要发生了改变，组织结构也会进行相应的调整。关注的焦点在于客户的满意度。2号的方式是吸引客户，而不是与竞争对手对抗。要选择客户喜欢的形式来展示自己的产品或服务。给予者会把工作中复杂的报告程序最简化，他们注重的是人与人的互动。相比之下，在一个互动环境中，他们的工作效率要比在一个孤立环境中高得多。2号常常会通过与自己信任的顾问进行讨论来制定决策。

幕后操控是2号的典型策略。间接地参与领导要比直接面对对手的敌意和拒绝更轻松。通过扮演管家的角色，2号能够自由观察，试探他人。他们完全认同当权者的安排，还会在组织内部发展一个强大的内集团网络。这是一个完美的权力位置。他们的建议决定了什么样的需求能够得到满足。他们能够帮助整个内集团，同时又能维护他们的自身利益。在面对压力时，他们会让内集团的成员齐心协力。

冲突

2号可以是喜怒无常的。他们努力争取获得认可，正因为如此，任何不尊重的暗示都可能惹恼他们。骄傲让他们难以耐心等待，难以循规蹈矩地跨越障碍，难以忍受因为琐事而放慢脚步。一旦他们感到自己被小瞧了，他们平日的慷慨和积极态度可以在转瞬之间变成无法控制的愤怒。同样，他们还可能把个人情绪带到工作中来，影响到整个工作群体。与家人吵架的情绪会让他们在工作中也闷闷不乐。如果2号是在领导者的位置上，员工们就要考虑如何对付老板了。当2号遭遇巨大的情感打击时，他们可能会在毫无征兆的情况下消失得无影无踪。那些习惯了一致性的人可能无法接受2号的这种突然改变，感觉自己的情感被2号欺骗了。但与其自己暴跳如雷，还有一个更好的办法，就是记住2号的脾气是来得快，去得也快。2号不仅仅喜欢宽恕，也非常健忘。

解决冲突的办法

要想了解2号性格者与其他性格者共处的窍门，请参见第三部分。

作为员工

快乐的2号是办公室里的财富。他们能够出色地代表你完成任务，能够提供建设性的意见，还有强劲的精力去保护你的利益。他们在幕后支持你。他们了解每个人，而且可以动员大家支持你。哪怕高层领导人员不断变化，他们也总能与领导保持良好关系，还能及时向你传递信息。他们对所属部门忠心耿耿，是不可或缺的盟友。在提升晋级上，没有人能比得上一个快乐的2号。

如果公司老板把员工当仆人使唤，给予者就很难快乐地工作。对于他们信任的人来说，他们是出色的支持者，但是如果他们的付出得不到积极回报，他们就会失去兴趣。这让他们更加倾向于间接发挥作用，或者操纵他人的意愿。2号总是让自己去迎合他人的梦想，他们的前进之路总是开始于协助他人。

这样的做法有时也会出现故障。2号可能会对自己的贡献沾沾自喜，把自己当成了重要人物。出席会议，提几条有用的建议，这些并不意味着你就成了领导者，但是对于那些高估自己影响力的参与者而言，可能就是这样。下面这番话，来自一位雄心勃勃的年轻2号，就很说明问题。

"就我个人而言，我实际上对形象并不在意，但是我的空闲时间有三分之一都花在了购物上，就是因为我代表了我的公司。"

2号真正的动力来自于情感。情感上的关注让他们感觉像吃了蜜糖一样甜蜜。

2号雇员在工作的初期必须得到强大支持。独处对他们来说很困难,如果工作中还有可能遭到公众侮辱,那他们是绝对不干的。一旦步入正轨,2号会表现得非常出色。他们的困难主要就在开始阶段。当他们第一次独自位于公众的目光下时,他们的大脑可能出现一片空白。

在团队中

成员力量平均的团队才具有凝聚力。对于2号来说,他们一方面希望获得整个团队的喜爱,一方面又想得到特别关注。要赢得整个团队的喜爱,就意味着要和其他成员兴趣相投。但实际上,2号往往会把其他成员看作竞争对手,他们总是在寻找能够获得高层青睐的机会。

2号真正的动力来自于情感。情感上的关注让他们感觉像吃了蜜糖一样甜蜜。是否有某个2号认为重要的人关注他们工作的结果呢?如果有的话,他们的参与度就会直线上升。当他们从情感上认可他人的需求,或者对整个工作有感觉时,他们就会表现得十分积极。他们需要的不仅仅是工作,而是与工作产生情感上的联系。他们最胜任的工作,就是去研究、推广、讨论某个与他人关系密切的项目。

第三章 3号性格——实干者

	性格特征	本体特征
思想	空虚	希望
情感	欺骗	诚实
基本性格分支		
两性关系：男性/女性形象		
社会关系：声誉		
自我生存：安全感		

3号的性格特征

世界观

这个世界是胜者为王。我只能成功，不能失败。

精神通道

3号性格者的个性特征上表现出对希望的追寻。他们把希望寄托在自己的努力上，而不是去遵循众所周知的原则。

内心的空虚让他们心里更看重个人成就的重要性。

拥有一个成功者的形象说明他们付出了诚实的努力。

对于实干者来说,希望和诚实的努力即是心理成长的优势,也是联系高层自我的潜在触点。

他们从小就表现得很能干,因为他们想要获得他人认可,想要维护自信。欺骗同样是为了保持在他人眼中的成功者形象。

对于实干者来说,希望和诚实的努力即是心理成长的优势,也是联系高层自我的潜在触点。

3号的关注点

★ 希望因为自己的表现而获得爱,而不是因为自己。
★ 力争第一。人们喜欢位于榜首的人。
★ 效率、产品、目标、结果。
★ 只有在确保成功的情况下才会参与竞争。避免失败。在失败前就离开。
★ 通过改变自我形象来提高工作效率。形象很重要。
★ 自我欺骗。只接受符合公众形象的感觉。
★ 在生活的下列三个方面表现出错误的性格:
  • 在情感关系中表现出一个成功的男性/女性形象。
  • 在社会关系中表现出享有声望。
  • 不断积累安全感来确保自己的生存。重视金钱和财产。
★ 全身心投入在工作中。习惯了为角色服务的情感。
★ 变色龙。为了角色放弃真实感受。
★ 在自己的真实身份和工作身份中产生混淆。
★ 难以触及自己的深层情感。把注意力放在工作上。
★ 空闲时间带来焦虑。让度假充满各种活动。
★ 认为形象、地位和物质是幸福的重要条件。
★ 瞬间就成专家。高估自己的能力。
★ 眼中只有工作。因工作受到打扰而生气。
★ 是有效的领导者、能干的组织者、胜利团队的领军人。

性格倾向

在九型人格中,每种性格都有各自的关注点,他们关注于不同的信息。3

只要在他人眼中他们是成功者，他们就会感觉良好。如果有人想帮助3号，就需要在情感上对3号给予由表及里的支持，帮助他们重新树立目标。这样的人必须能够耐心忍受3号喜欢转移感觉的习惯，能够提供忠诚的支持，不管3号的表现是否令人信服。

号关注的是突出成就。能够有助于他们获得突出成就的信息会自动前移，而其他信息会自动消失。这样的状态对于完成工作十分有效，每个人在工作中都会采取这种态度。当一个酬劳丰厚的项目摆在眼前时，我们都会自然而然地加快工作效率，就像3号一样，进入实干者的状态。

3号因为他们的成就而被爱，而不是他们的感受。他们在乎的是行动，而不是感觉。形象要比深度更重要。为了让自己能够适应环境、茁壮成长，3号在孩童时代就学会了好好表现、争取成功。他们学会了竞争，学会了同时处理多项工作，学会了推销他们自己，还学会了如何给他人留下深刻印象。如果只有胜利者才能获得爱，你就必须学会让自己摆出胜利的姿态。

他们的形象可以是具有欺骗性的。这种形象是为了获得胜利的结果，而不是个人需求的真实表达。在不同的场合，他们扮演着不同的角色。他们可以是完美的恋人、高效率的工作者、出色的项目领导。即使自身的感觉十分模糊和陌生，只要在他人眼中他们是成功者，他们就会感觉良好。一个人一旦失去了自身情感的指南针，自然就会去借助他人来看自己，以满足他人的需求为重。

只要选择了合适的形象，3号就能表现出角色所赋予的性格特征。他们忘记了自己是在扮演角色。他们只知道自己讨厌被他人厌烦的感觉。人人都爱成功者，所以只要他们能表现出色，他们自然会受到欢迎，自然会让所有人感到高兴。如果这种习惯成了无意识的条件反射，3号对自我的观察就停止了。3号成了自我欺骗的受害者，他们无法从角色的感觉中走出来，无法找到自己真正的感觉。

实干者如果能够把自己扮演的形象与真实的自我区分开来，他们就获得了成长。当3号发现自己开始自我吹捧时，他们是可以做出选择的：要么悬崖勒马，回归自我；要么继续改变自我，把角色扮演下去。

如果有人想帮助3号，就需要在情感上对3号给予由表及里的支持，帮助他们重新树立目标。这样的人必须能够耐心忍受3号喜欢转移感觉的习惯，能够提供忠诚的支持，不管3号的表现是否令人信服。

分支性格关注点

在情爱关系、社会关系和自我生存上具有欺骗性。

他们可能并不会意识到,自己在扮演着能人的角色;也不会意识到,自己说的话实际上是言不由衷,是在讨好别人,而他们所表现出来的性格也是别人想要的。

在一对一的情感关系中注重男性/女性形象

3号可以说是形象的大师。在亲密关系中,他们能够把自己打扮成伴侣的梦中情人。在生意场上,他们的形象能够为自己争取到最大程度的认可。他们是出色的商人、强劲的对手、细心的情人、理想的伴侣。重点在于形式和外观。要选择正确的形象和最佳的途径。一个强有力的竞争者会如何掌控整个会议?一个细心的情人会如何处理自己的发型?他们为浪漫的晚餐选择最完美的地点。关注那些社会名流现在最爱看的是什么书。

为了让他人相信,3号首先要相信自己。他们处处表现出自信,还会带上不同的面具,引诱对方上钩。只要是能够讨伴侣欢心的性格特征,3号都会通过角色表现出来。他们开始欺骗自己不要去相信内心真诚的情感。他们在形象的选择上注重外在吸引力,喜欢赶时髦,这常常让他们混淆了哪些是适合自己的,哪些是正在流行的。如果没有运动员的健美身材,最好不要穿亮色紧身衣;如果你长得更像硬朗的西部牛仔,新世纪的温柔男性风显然就不适合你。

在社会关系中注重声望

无名让3号焦虑。在他人眼中,他们必须是某个人物,否则他们就认为自己是无名小卒。他们常常弄不清到底是该做最好的,还是做最出名的。喜爱交际的3号更看重即刻的公众识别度,而不是私下的名誉。他们非常在乎社会资历、头衔、公共荣誉,以及与社会名流的关系。比如,在哪所大学就读,名片上有几个头衔,认不认识什么名人。

欺骗就是指他们会改变自我形象来吸引社会关注。他们可能并不会意识到,自己在扮演着能人的角色;也不会意识到,自己说的话实际上是言不由衷,是在讨好别人,而他们所表现出来的性格也是别人想要的。3号只知道,如果让其他人占据了舞台的中心,他们会很伤心。其他人可能很好,但我能比他们更好。成为芸芸众生中的无名小辈是他们不愿看到的,所以他们会尽力为自己游说,为自己争取出人头地的机会。在这一过程中,人们很容易被自己想要成为的形象所影响。就像一个演员会深入到角色中去一样,他们会接受角色的想法和感觉。只有朝着自己的目标方向前进,3号才能感到安全。

如果他们是在不同的群体之间活动，他们就要准备不同的装束。要选择群体所看重的形象，这样才能获得群体的尊重。3号会不断改变自我来获得群体认可，因为当他们被欣赏时，他们就会觉得自己是个人物。

自我生存上注重安全感

3号总是认为只有金钱才能买到安全，为此他们会想出很多办法来确保自己的饭碗。即便他们过上了富裕的生活，他们还是会担心有朝一日丢掉饭碗，变得一穷二白。3号在情感上的安全观也与他们的收入紧密相连，他们会把大量注意力放在资产积累上。3号做人的成就感来自物质财富的积累。金钱是他们自信的源泉。只要拥有了富人的形象，他们就能够让自己和他人相信，他们是成功的。中心地段的昂贵房产、名牌服装，豪华的旅游路线，这些都是3号关注的。

失去财产会让他们感到生活受到威胁。他们不断工作，因为一旦他们停止工作，他们就会感到焦虑。一份没有成就感的工作让他们对自身价值产生质疑。工作让3号的生存目标变得简单明确——就是要挣钱。当他们空闲时，对疾病和失业的担忧反而会在内心滋生。物质财富还会成为3号处理人际关系的主题，这让他们常常无法分清物质上的富足和情感上的快乐。

什么时候该让自己放松呢？3号的答案总是：等下笔买卖做完后，下次工作提升后，下回涨工资后。

著名的 3 号性格者

沃纳·埃哈德
(*Werner Erhard*)

3号性格的著名人物包括意识推销员沃纳·埃哈德，推销员出身的埃哈德后来开始研究心理学，他创办的埃哈德研讨培训组织在企业界很受欢迎。

其他著名的 3 号性格者包括：

★ 罗纳德·里根（Ronald Reagan）：1911－2004，美国第 40 任总统。

罗纳德·里根
Ronald Reagan

★ 沃尔特·迪斯尼（Walt Disney）：1901－1966，美国动画片制作家、演出主持人和电影制片人，迪斯尼企业的创始人。

沃尔特·迪斯尼
Walt Disney

★ 法拉·福塞特（Farrah Fawcett）：美国女演员，曾因主演电视剧集《霹雳娇娃》而走红。

法拉·福塞特
Walt Disney

★ 约翰·肯尼迪（John F. Kennedy）：1917－1963，美国第 35 任总统。

约翰·肯尼迪
John F. Kennedy

焦点问题

变色龙

3号很清楚他人希望他们成为什么样子,他们也会把自己装扮成他人喜欢的样子。他们说别人爱听的话,表现出别人喜欢的性格特征。3号是改变形象的老手,他们能够见风使舵,即便开始不对路,也能在发现后迅速调整,圆滑转向,顺利地在话音结束时表达出让对方能够接受的观点。他们为自己涂上令整个群体尊重的保护色。就像演员扮演角色一样,3号会为自己选择有价值的个人形象、处事风格和社会地位,然后融入其中,让自己成为角色本身。

多相性活动

为了提高效率,3号会同时进行多项工作。他们就像杂耍演员一样,用双手抛接尽可能多的球。我们把这种同时进行多项活动的现象称为"多相性活动"(polyphasic activity)。

在他们从厨房走到地下室的过程中,他们的脑海里会立即浮现出这一路上所有要做的杂事。在他们开完会走出会议室,回到办公室的途中,他们的脑海里会浮现出工作日程表中所有要在办公室里完成的事情。他们可能在旅行的途中继续完成两件工作。效率给他们带来活力。做得越多,感觉越好。

3号总是追求数量。他们在工作中喜欢多管齐下,同时处理多项工作。他们会记得与工作相关的数据、有用的联系,还会一边打电话,一边在脑海里计划明天的工作。常常是几项工作同时进入了关键时期。为了效率,他们只能尽可能地少花时间在细节问题上,把一项工作完成后赶紧进入下一项工作,然后是再下一项。做就是一种控制。只有手头有事可做,实干者就感到安全。

竞争

3号天生就具有竞争力。他们喜欢挑战自己的极限,全力以赴,向最优秀北美文化整体上就是3号性格的代表。我们奖励年轻与活力。我们支持具有竞争力的市场体系。我们希望得到媒体的宣传。我们知道广告让事实更有效。这并不是说让广告充满谎言，而是要让产品的描述符合公众期望。

的对手看齐。和大部分出色的竞争者一样，他们只为胜利而战。一个出色的竞争对手会让整个游戏更具刺激性。他们会全心全意投入其中，选择最快速、最有效的方式来实现目标。这种争强好胜的心理虽然能够帮助他们完成工作，但却无法让他们获得正确的反馈。他们只关心是否能够实现目标，根本不在乎其他事情。

好胜者往往比较自大，无法获得全面的信息。他们太专注了，以至于根本没办法让自己放下手头的工作去倾听其他的声音。他们只接触那些与实现目标有关系的人和资源。当他们的努力被否定时，他们只会更加努力地工作。当他们获得肯定时，他们也会继续加速。他们最常说的就是："我在工作时，别来捣乱"，"等我做完了会跟你联系的"。

可销售性格

竞争包括了个人能力和自我推销。北美文化整体上就是3号性格的代表。我们奖励年轻与活力。我们支持具有竞争力的市场体系。我们希望得到媒体的宣传。我们知道广告让事实更有效。这并不是说让广告充满谎言，而是要让产品的描述符合公众期望。

受他人影响的3号选择公众喜欢的角色。他们的身份取决于一个诱人的形象能够获得多少积极肯定。他们并不是花言巧语的骗子，他们仅仅是在把自己作为市场上的产品那样进行包装。正因为如此，他们很看重简历的功能。他们会认真琢磨未来老板的喜好，尽量美化自己的简历。他们还会关注伴侣的兴趣爱好，把自己打造成生活的专家。3号注意寻找能够吸引他人的性格特征，并用这样的性格来包装自己。

我能

3号喜欢目标明确，行动清楚。只要手头有积极的事情可做，他们就感觉一切尽在掌握之中。如果工作受到干扰，他们就会暴跳如雷。实际上，他们的愤怒是为了掩盖害怕失控的焦虑。3号需要胜利，为此他们不断肯定自己的能力。

由于3号自身的表里不一，他们有时也很难相信他人。当实干者开始在公共场合做回自己时，这将是一个伟大的时刻。他们会发现这比选择一个合适的形象更容易。

"我知道答案，没问题。我能。"

注意力被集中到最终的结果上，对危险的担忧被最小化。自我怀疑从来不是3号需要的。当你已经把目光集中在第10级台阶上时，你从第1级走到第9级的过程就被忽视了。快速向前的3号摆脱了自身的担忧。

"车到山前必有路。走吧！"

欺骗性

形象既是一种保护，也是一种欺骗。它让3号免遭拒绝。如果一段情感进展不顺，3号会继续前进，开始新的生活，选择新的个性，结交新的朋友，树立新的目标。3号的目光永远向前，憧憬未来和胜利。他们很少会关注过去的遗憾。那些具有自我意识的3号清楚他们的形象与自身真实情感的差异。他们知道一个领导者和一个吹牛者之间的区别。当3号发现他们是在角色中生活时，他们就发现了真相。他们感到自己是一个假冒的，感到自己背叛了自己。由于3号自身的表里不一，他们有时也很难相信他人。他们可以当场揭穿对方的骗术，因为他们不会被外表所迷惑。当实干者开始在公共场合做回自己时，这将是一个伟大的时刻。他们会发现这比选择一个合适的形象更容易。

效率

安全来自工作，因此3号看重的是数量和效率。目标和工作计划在不断增加，他们常常感到没有足够时间去完成所有事情，这让他们很着急。效率是一定要计算的。要有一定的程序让那些琐事尽快完成。3号不喜欢在一件事情上花太多时间，他们会在大脑中把一切都计划好。源源不断的工作压力让他们从来都是风风火火，很难坐下来说话。3号总觉得时光正在流逝，所以要抓紧手头的每一分每一秒。只要他们还有能量，他们就是第一个从床上蹦下来的，第一个到网球练习场的，并在最短时间内把所有的球打完。他们的午餐往往就是坐在汽车里或者电脑前吃一块三明治。如果食堂吃饭要排队的话，他们是肯定不会去的。

匆忙的习性

当一项任务需要快速完成时，3号的注意力会完全集中那些与完成工作有关的事务上，其他兴趣都被抛在了脑后。他们不会让自己分心。当工作在一点点完成时，目标变得越来越清楚。他们制定时间表，计算开支，给相关人员打电话。怀疑不见了，问题消失了。一切井然有序。

工作能主宰他们的生活。工作决定了哪些是需要优先考虑的，决定了3号的时间、金钱和思想，决定了谁能进入3号的生活，谁要离开。一旦投入到某项工作中，3号就不会放弃。即便他们手头还有其他工作需要完成，他们也不会把没做完的事情放下。他们在完成第一步时，已经开始关注第二步，在第二步还没完成时，就已经把注意力放到了第三步上，他们不会停顿。如果目标没有实现，他们会在短暂焦虑后迅速开始调整，让结果尽可能地符合既定目标。对于3号来说，改变的关键词就是"停止"。一旦他们忙起来，他们就会连轴转，很难停下来听听自己的感受。

安全和危险

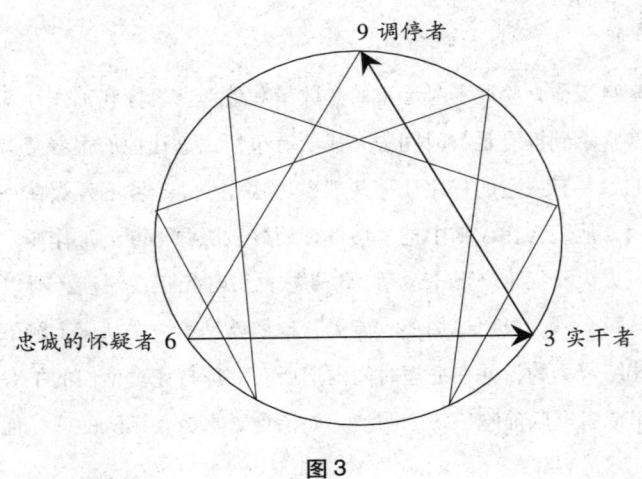

图3

安全

令人矛盾的是，当3号性格者进入一段稳定的情感关系时，他们反而会变得犹豫和不安。他们的力量来自于领导，他们关注的是工作而不是情感。让他们去做很简单，但是让他们去感觉却很难。放松的情感关系对他们来说是完全陌生的，他们更习惯连轴转的工作状态。一个安全的生活环境，比如一份满意的工作或者婚姻，能够让3号发现真正适合自己的工作节奏，但是他们可能对此并不在意。3号所倾向的工作节奏，在常人看来绝对是会让人筋疲力尽的。他们宁愿把约会放到加班之后，也不愿轻轻松松地享受生活。如果他们的性格特征开始向安全状态转移，情况只可能是两种：要么是他们的伴侣因为情感无法得到满足而提出了坚决的要求；要么是实干者突然反省，意识到情感生活也是非常重要的。

安全状态的积极作用在于能够发现真实的情感，这让3号能够体会他人的感觉，并忠贞于自己的情感。负面作用就是可能产生不安全感。3号可能会怀疑他们的情感。

"也许这些并不是真的。"他们感到被欺骗了。

"这就是我应该有的感觉吗？"他们突然变得不那么肯定，不那么自信了。注意力开始向6号性格者的关注点转移，但3号是通过自己的视角来看的。他们开始依靠伴侣来巩固自己的形象。他们渴望被崇拜，但现在又对他人的崇拜感到怀疑。

恋爱中的3号害怕被揭掉面具。但实际上如果他们能够抛下面具，这对于他们的身心健康和家庭幸福都是利大于弊的事情。怀疑能够帮助3号调整他们过度的自信。在学习重新考虑、沉思和等待的过程中，3号虽然会感受到压力，但是他们却能学会如何去爱，能够放弃以往的应急心理，去用心感受真挚的情感。

危险

3号全身心地投入到工作中，因此任何来自工作的威胁都会对他们造成高

很多3号性格者都说，正是在他们的工作陷入危机时，他们才感到要对自己的情感关系完全忠诚。当他们本以为无法获得爱时，他们反而被爱包围了。这种因为自己而被爱，而不是因为自己的所作所为才被爱的感觉，将成为他们对抗压力的强心剂。

度压力。失业或生病往往会给他们带来明显的心理压力；此外，如果一段重要的情感关系出现滑坡，3号也会感到危险。压力的最初表现是3号的防范心理加强。注意力集中到手头的任务上，借此来压制内心的焦虑感。如果焦虑感还在提升，3号会开始自我安慰。

"我做得很好。我每天都早出晚归，一心工作。"

本来3号应该跟随这种内心的冲动去发现自己真实的感觉，但是他们总是害怕失败，所以他们会朝着任何一个能够让他们保持动力的方向前进。如果内心的焦虑无法得到发泄，3号性格就会开始向自己的压力状态——9号性格转移，他们的注意力会从一些大事转移到周身的琐碎事务上。

处于危险状态下的3号会把大量的精力投入到琐事中。垃圾小说、无聊的电视节目和没完没了的家务。在外人看来，他们似乎已经麻木。焦虑感没有让他们找到内心的真实感情，反而让他们开始怀疑自身的价值。

"如果我做不了事，那我是谁？"

"你看我该做什么呢？"

每到清晨和夜晚，当他无所事事的时候，他们就是最脆弱的。这种危险状态下的负面情绪还会让他们开始抱怨自己的命运。

"没有我可以做的事情。"

"这不是我该做的。"

这种危险状态下向9号性格特征的转移对于3号来说也不是没有一点好处，最大的好处就是能够帮助他们在情感关系中建立信任感。找不到正常生活节奏的3号，不得不把自己的希望寄托在他人身上。这可能会改变他们从小就形成的观念，即只有胜利者才能获得爱。当你以为会因为失败而被拒绝时，如果有人向你敞开怀抱，你一定会接纳；当你感到自己一无所有时，如果有人主动出手相助，你一定会心存感激。很多3号性格者都说，正是在他们的工作陷入危机时，他们才感到要对自己的情感关系完全忠诚。当他们本以为无法获得爱时，他们反而被爱包围了。这种因为自己而被爱，而不是因为自己的所作所为才被爱的感觉，将成为他们对抗压力的强心剂。

3号习惯了用做去取代感觉。他们需要在做的时候看到对方的反应，并得到对方的认同。

恋爱中的3号

与3号在一起

★ 3号认为爱来自他们的成就，而不是他们自己。

★ 3号把情感关系视作一项"重要工作"，认为感情也是可以一步一步搭建出来的。

★ 3号期望因为自己的成功形象和作风而获得伴侣的欣赏。

★ 3号喜欢用"做"代替感觉的倾向，他们用行动代替爱，用背熟的甜言蜜语来把自己打扮成完美爱人。

★ 要帮助3号放慢亲密行动的速度，让他们有足够时间去感受亲密的感觉。

★ 3号对于情感的低潮很不耐烦。他们不愿接受负面的反馈。"让我们永远这么高兴下去！""让我们一起做点什么！""我们找点乐子吧。"

★ 如果3号开始为他人的消极情感承担责任（"我该怎么做才能让你高兴？"），就要做好长期的心理准备，解决痛苦可能不是一两天的事情。

★ 要知道你的3号伴侣很容易就会把对情感的想法与事实混为一谈。

★ 当3号伴侣的真实情感开始浮现时，他们可能会陷入困境。"我的选择正确吗？我的做法正确吗？告诉我，我该有什么感觉？"

★ 当行动被延迟，而情感开始浮现时，3号会变得焦虑不安。

★ 3号需要确定，对方爱的是他们真实的自己，而不是他们所扮演的完美爱人。

★ 3号的心思总是在他们的工作上。因此他们需要伴侣的推动，才能让他们从工作中抽出时间来。

亲密关系

3号习惯了用做去取代感觉。他们需要在做的时候看到对方的反应，并

3号拖着筋疲力尽的身体回到家中，他们不明白为什么他们的付出得不到欣赏。在3号看来，这是真正的两难处境：一方面，他们害怕碌碌无为而遭到拒绝，所以在努力行动；但是另一方面，他们恰恰又因为自己的行动而遭到拒绝。

得到对方的认同。当他们的另一半为爱而欣喜或者为爱而悲伤时，3号可能眼睛注视着对方，但心里却在想着其他一大堆要做的事情。当真实情感出现时，用做去取代感觉要比审视内心，发掘内心的空洞容易多了。

每一种性格特征的人都有自己的示爱方式。3号主张快乐、积极地去爱，他们不会认识到自己对爱的认识是有局限性的。他们相信自己这种乐观做事的方式和其他人追求爱情的方式是一样的，他们的自信让他们混淆了感情的角色和真实的事实。爱就是在一起做事，爱就是一起创造财富，一起快乐。爱不是压倒一切的，也不是令人痛苦的。一个从小就靠着自己的成就来获得爱的3号，对于爱的理解还能是什么呢？

负面的情感会立即引发行动。"垂头丧气有什么用？让我们行动起来克服痛苦。"行动切断了感觉，压制了焦虑，但因为他们是以感觉的名义行动的，他们看上去就好像是真的一样。

3号宁愿去做些有用的事情，也不愿去考虑自身的感受。哭哭啼啼、唉声叹气的伴侣让他们感到害怕。大部分3号会想："这可没什么好处。"即使是一点点的不满意也会导致焦虑。一个关心爱人的3号会想："我应该做得更快一点。是不是因为我做了什么，或者还有什么没做的？有什么做法可以弥补这个问题？我能赶快去做吗？"对于3号来说，坐下来讨论这些事情是令人疲惫的。让他们不去行动，只去感觉，会让他们产生压力。

3号总是想通过行动获得爱，所以他们甘愿为夫妻之间的相处做很多事情。他们愿意"为家庭"奉献。他们想要"为夫妻双方"争取地位。3号拖着筋疲力尽的身体回到家中，他们不明白为什么他们的付出得不到欣赏。在3号看来，这是真正的两难处境：一方面，他们害怕碌碌无为而遭到拒绝，所以在努力行动；但是另一方面，他们恰恰又因为自己的行动而遭到拒绝。

能够帮助3号的办法是为亲密关系制定一套行动计划：这不是随便的计划，而是为3号量身订制的。与亲密爱人出去毫无目的地闲逛。体会在没有拿出成绩时被爱的程度有多少。不带任何其他活动的漫步，不要穿跑鞋，仅仅是独自一人的漫步，唯一的任务就是让自己的情感表现出来。感觉自身的存在是

> 当逐渐成熟的实干者突然停止行动,把注意力转移到内心时,他们往往会大吃一惊。他们就像迷途的羔羊,找不到自己的感觉。

困难的。

在3号看来,亲密生活要有画册的品质:可爱的夫妻、理想的家庭、等着他们去学和去做的事情。发展家庭成员的兴趣,养育健康的后代,让生活过得有模有样,这是对他们极大的个人奖励。渴望收获的3号会把恋爱当作一项活动。爱情成了一种良好生活的表现。为房子要做的事情,为孩子要做的事情,为爱人和自己要做的事情,都会被安排在3号的活动表上。

伴侣会以为3号做这些事情都是发自内心的,实际上他们被3号的表现蒙骗了,他们不知道3号有变色龙的本领,能够在情感上玩角色扮演的游戏,并常常把角色与真实混淆。

当逐渐成熟的实干者突然停止行动,把注意力转移到内心时,他们往往会大吃一惊。他们就像迷途的羔羊,找不到自己的感觉。这时,他们的真实感情开始浮现,他们遭遇了情感生活的转折点,他们的情感关系就要面临考验。伴侣需要唤醒3号内心的某种东西,让他们感到变化是值得的。但是事情往往始料不及。过去那种变色龙般的生活方式被完全暴露,这深深刺痛了3号,他们感觉自己好像是个冒牌的。"抛开这些角色,我到底是谁?"

角色是具有欺骗性的,但同样会保护3号。比如,当3号确定自己的角色是恋人时,如果情感关系破裂了,他们会认为是角色被拒绝,而不是他们自己。那些能够自我观察的3号知道他们和他们身上所扮演的角色是不同的。当他们身处一个安全的环境中,能够从角色中走出来时,更秘密、更个人的自我形象就会表现出来。秘密的自我会感觉受到了欺骗,"我说的话对我自己是真的吗?"

3号发出的信号

积极信号

3号对世界抱着乐观的态度。"我们一定能够实现。"他们总是这样充满信能够帮助3号的办法就是要把情感关系也打造成3号的一项重要任务，让他们知道这项任务也是有目标和结果的。3号需要看到他们努力的结果。如果3号能够对自己的能力感到自信，能够从情感中"得到好处"，双方的情感关系就能得到很好发展。

心，积极向上。只要有行动，就有希望。他们是说干就干的人，会为了目标、为了团队、为了家庭、为了结果去努力。实干者可以成为非常敬业的领导者：他们有坚定的信念，敢于承担责任，愿意把大部分任务都揽到自己身上。

消极信号

你可能认为3号根本不关心你，尤其是你的感受。3号可能看上去非常假，因为他们为了迎合大众而改变了自己。对他们来说，事情和目标可能比人更重要。他们很难让自己放松，很难把事情放下来去轻松地度个假期。当3号把本应属于情感关系的时间都转移到工作上，你感觉好像被3号的成就操纵了。3号甚至可以把自己的朋友都赶走，仅让工作伙伴留在他们身边。

混合信号

当3号的工作卓有成效时，他们往往很少关注到自己。当他们从一个项目迅速转移到下一个项目时，他们完全处于一种自动状态，认为自己的价值就在于他们的所作所为。他们往往把快乐等同于他人的认可，以及让自己拥有大家都想要的东西。实质性的财富和社会奖励是第一位的。其他人可能会把这种物质性的快乐解读为人性情感的缺失，而3号则常常把物质快乐和情感满足混为一谈。不过，3号不会长久停留在自己的成就上，他们总是匆忙投入到下一个行动中，根本来不及享受他们的快乐。

能够帮助3号的办法就是要把情感关系也打造成3号的一项重要任务，让他们知道这项任务也是有目标和结果的。3号需要看到他们努力的结果。如果3号能够对自己的能力感到自信，能够从情感中"得到好处"，双方的情感关系就能得到很好发展。

内在信号

3号喜欢做了再说，细节问题以后再去考虑。但如果项目已经工期过半，再叫他们停下来改变计划，恐怕也是为时已晚。3号的想法是："我知道我在

> 拥有自我意识的 3 号能够把身体能量的上升视作对自己的一种提醒。他们会问自己："这个目标到底是服务于我，还是服务于我的形象？"

做什么，我们边做边说。"但实际上，当他们上路以后，就很难再注意到路上的警告和否定标志。他们没有在想法和行动之间留下足够的思考时间。没有时间反思。不同意的声音听起来就是一种干扰。"我们能处理，"3 号想，"这是消极思维。"批评的声音甚至会让 3 号更加急于行动。他们会认为："这些人都是在嫉妒我，我一定要比他们先完成。"

信心在暴涨，耐心却在骤降。3 号的感觉在说："这会成功的，让我们开始吧。"当他们的能量在聚集时，他们满脑子都在想着"当我站在顶峰"或者"当我大获全胜"的样子。大量的身体能量让他们感觉十分美好，当这些能量与某个具体形象联系在一起时，这个形象变得熠熠生辉，也不管其真实意义有几许。

3 号需要时刻注意，自己的内心什么时候被完成的目标和最终的结果所占据。等待对他们是有帮助的。拥有自我意识的 3 号能够把身体能量的上升视作对自己的一种提醒。他们会问自己："这个目标到底是服务于我，还是服务于我的形象？"

工作中的 3 号

在工作上

- ★ 确信自己的能力。速效专家。
- ★ 混淆真实自我和工作角色。"我就是我所做的。"
- ★ 表现出工作需要的形象和感觉。职业特征明显。
- ★ 首要的事情是效率和省时，哪怕要冒险抄近路。选择捷径。同时处理多件事情。"细节以后再说。"
- ★ 工作的摊子会越铺越大，直到出现阻碍，然后会通过商谈争取最大程度的胜利。
- ★ 当任务和目标受阻时，怒火就会上升。生气往往是某项具体工作引

3号可以像变色龙一样融入到任何环境中，所以他们的领导方式并不统一。如果社会流行的是参与式的管理，优秀的实干者就会让自己成为此类风格的领导人。如果人们需要的是一个斗士，3号就会义无反顾地冲进斗兽场。

起的。

★ 看重结果胜于过程。"我创造了多少产值？"
★ 希望因为自己的工作能力而受到他人尊敬。
★ 工作机器。期望他人也是如此。
★ 表现出高姿态——有名望，有社会地位，是名人。
★ 喜欢管制他人；竞争领导者的角色。
★ 要让成功的道路清楚明确。朝着明确的目标努力。要让自己的努力得到回报。难以接受不明确的答案。
★ 关注正面的反馈。要维持形象。讨厌批评。遭遇失败时，会把责任转移到别处。
★ 会为了避免失败而努力寻找可以解决问题的形象。
★ 难以区分因为领导地位而受到的尊敬和因为自身而受到的喜爱。

作为领导

领导是3号喜欢的岗位。当你要通过努力获得自尊时，你也会卷起你的袖子，充满干劲地说："开始吧，我能做。你怎么累了？"人们当然会追随，人们当然会加入。典型的3号美国人做起生意来，就像橄榄球场上的四分卫。他们会想方设法让球朝着正确的方向前进。这是商业进入迅速扩张期的一种典型领导方式，也是美国人的理想方式。但是不要忘记，3号可以像变色龙一样融入到任何环境中，所以他们的领导方式并不统一。一个3号性格的日本人可能会选择典型的戴明式管理方式（戴明：Deming，1900~1993年，美国质量管理专家。从1950年开始，多次到日本，向日本的工商界人士传授一套统计质量管理的思想），对过程予以高度重视。如果社会流行的是参与式的管理，优秀的实干者就会让自己成为此类风格的领导人。如果人们需要的是一个斗士，3号就会义无反顾地冲进斗兽场。

一旦开始行动，3号的视野变得狭窄，他们一心向前，对于反对意见置若罔闻。当你在全速前进时，你无法接受对自己的怀疑。动力驱使着你向前，向他们擅长的是把已知方法用于新的环境，并进行出色包装。对他们来说，创新思维需要花费大量时间在构思想法和解决问题上，他们没有这样的耐心去探索。他们喜欢复制成功，也就是从已经成功的项目中提取现成的解决方案，然后迅速运用于新的目标。如果你有坏消息要告诉一位只关注最终结果的3号领导者，那你最好选择一种委婉的方式。你应该首先强调最终结果，然后用尽量简短的语言来汇报问题。

前。你无法回头。关注于目标的3号领导者会不断前进，除非有强劲的反对力量挡在了他们的道路中。接下来，就是混战。3号领导者是实力强劲的竞争者，他们的眼中只有既定目标，任何危险在他们看来都是可以处理的。他们会牢牢控制一切，甚至不择手段，铤而走险。当他们面对压力时，他们不是放慢步伐，反而会加速扩张。只要能第一个到达目的地，冒任何风险都是值得的。

他们无法接受干扰，这让他们难以吸收新的信息或批评意见。他们给团队传达的信息是："Just do it!"（只管去做！）3号认为，任何人为了获得效率都会尽可能地寻找捷径去完成工作。这样的想法常常让他们忽略了质量控制的问题。他们关注的是数量，而不是质量。如果来自领导的最高指令是"做！"，那就不会有太多时间留给细节。

如果一家企业是按照3号的领导风格进行管理的，这家企业往往会格外强调规模扩张。3号会不断重复成功的模式，因为他们可以非常出色地执行已经熟悉的管理想法，但是他们并不善于创新，通常也不是拥有独创思维的人。他们擅长的是把已知方法用于新的环境，并进行出色包装。对他们来说，创新思维需要花费大量时间在构思想法和解决问题上，他们没有这样的耐心去探索。他们喜欢复制成功，也就是从已经成功的项目中提取现成的解决方案，然后迅速运用于新的目标。他们的成功在于他们能带来实用的结果。实干者因为他们的领导风格而得到肯定。世界喜欢胜利者，而我们大多数人都愿意跟随一个有冲劲的领导者。

典型冲突

3号期望所有人都和他们一样干劲十足，当工作受到干扰时，他们就会恼羞成怒。目标是关键，他们不在乎过程。当问题出现时，他们失去了耐心。工作被干扰的事实对3号是一种威胁，这足以让他们把麻烦制造者赶出团队，或者抽身离开，为自己找一个更好的地方。如果你有坏消息要告诉一位只关注最终结果的3号领导者，那你最好选择一种委婉的方式。你应该首先强调最终结果，然后用尽量简短的语言来汇报问题。比如："我们的每一步都在按部就班地进行，除了一个小地方还需要注意。"只要知道目标还可以实现，兴奋的3号就可能通过头脑风暴来寻找解决问题的途径。

根据3号的性格，他们很可能会和其他人产生权力冲突。如果只有一个领导岗位，3号会竭尽全力获得这个岗位。避免冲突的最好办法就是建立合作模式，既能保证有效完成工作，又能让大家知道，所有人都将因为同一个目标而获益。这种合作性的领导结构必须从一开始就有明确分工。任何领导权的真空都可能意味着战争。

解决冲突的方法

要化解3号性格者和其他性格者之间的矛盾，更多技巧请参考第三部分。

作为员工

作为员工，3号希望通过良好的工作表现而获得奖励。他们为了奖金工作，为了职位竞争。他们往往很在意地位的差异。他们最喜欢的工作环境是目标明确、奖惩分明、有发展前途的地方。得不到认可将导致竞争。如果他们没有被挑中，感觉如芒在背。"应该是我站在上面演讲。""那个工作该由我来做。"他们被有前途的工作环境所吸引，一旦遭遇了困难，他们会想方设法控制局势，比如绕道而行或者为自己的利益去四处游说。

3号关注他们自己的表现。他们想知道自己做得很好，自己看上去很能干。当一件事物只服务于一种功能时，他们学得最快，因为他们只关注立竿见影的用途。"我能用这个做什么？"只有那些能够为他们所用的东西，他们才感到兴奋。他们想要快节奏、有刺激性的活动。他们喜欢那些简单了解一下基本使用方法后，就能够立即上手，开始操作的工具。

3号在自己的摸索中学习。他们是行动快于思维的人，往往是先举手，然后才想该问什么问题。他们对于冗长的理论不感兴趣，主张从实践中学习。他们不喜欢犹豫，他们可以毫不尴尬地站在舞台上开始即兴表演。他们喜欢让一切动起来。

由于被即刻的目标和结果所吸引，3号可能会不成熟地拒绝其他可能。短期利益对他们诱惑巨大。迅速朝目标开始行动要比面对一大堆问题和反对意见容易得多。3号当然也能在长期项目中取得成功，但是他们需要把长期项目划分成若干个短期项目，并且在每完成一步后就得到相应的奖励和认可。一次奖励性的聚餐，一篇公司内刊上的文章，一次公开的表彰都是他们需要的。

在团队中

在团队中没有明确的权力划分时，3号会自愿承担起领导者的角色。他们需要有明确的证据来说明自己的价值，所以他们会自愿组织大家展开头脑风暴，自愿加班。他们的积极表现对整个团队都会产生影响。一些人会响应3号的号召，一些人感到压力，还有些人则会退出竞争。实际上，3号积极表现的主要目的往往是为了获得认可，而不是为了推动工作。当他人控制局势时，3号会感到格外无助，所以他们要抢占先机。

3号可以加入团队，但一定要让他们明白实现目标比他们的个人利益更重要。如果他们有了明确的奋斗目标，他们可以是非常能干的团队成员。通常，他们会成为专家式的人物，而不是通才。他们喜欢在某一方面超越他人，成为专家，而且会对这一方面的新发展、新技术充满兴趣。他们同样非常在意身份和地位，当他们在一个享有声望的公司工作时，他们对公司的在意程度会超过对自己的关心。3号是积极能干的人，他们能够实实在在地推动工作前进。当他们被一个团队认可时，他们会为了整体目标努力工作，而不是他们的私利。

实干者不注重细节。最好把他们和那些关注工作程序、产品质量控制的人分在一组，这样就形成了互补。3号常常会为了提高效率而修改工作方案，他们会去过分强调结果的价值。团队里的其他明星成员会激发他们的竞争心理。必须要让整个团队都具有明确合理的价值取向，3号的这些本性才可能成为团队的优势，因为3号选择团队看重的价值。如果整个团队看重的是吃苦耐劳，他们就能成为最吃苦耐劳的团员。

实干者可能会在一个想法上变来变去。他们想要让自己适应不同的人，对于那些习惯了从一而终的人来说，3号总是反复无常，立场不坚定。他们总是通过不断地改变去适应，在改变中寻求认可。3号需要坚定自己的选择，才能消除那些有关他们忠诚度的疑虑。

为了和他人相处，3号需要培养自己的耐心，允许其他人在工作上有表现不一致的时候，给予他人进行思考和讨论的时间。3号自己很少会因为生病请假耽误工作，他们也不喜欢那些因为自身情绪而影响工作的人。他们认为在工作的时候，情感应该被放到一边去。

"别偷懒！"

"别被感情纠缠不清。"

那些为细节斤斤计较的人，会让3号抓狂；同样，那些把爱情带到办公室来的人，也让3号反感。在3号看来，团队成员的情感只能通过团队精神来表达。在充分明确了目标和结果后，3号能够带动一个奄奄一息的企业。当困难出现时，他们会一头钻进去，工作得更加努力；当团队取得胜利时，他们会组织庆祝胜利的晚宴。

第四章 4号性格——浪漫主义者

	性格特征	本体特征
思想	忧郁	本原
情感	嫉妒	泰然（平衡）
基本性格分支		
两性关系：竞争		
社会关系：羞愧		
自我生存：无畏/不计后果		

4号的性格特征

世界观

有些东西其他人拥有，而我却失去了。我曾经被抛弃。

精神通道

忧郁在提醒着4号性格者，他们失去了一些东西。这是一种建立在遗失上的甜蜜悲伤。

从精神上来看，4号孩童为了生存而失去了与本我或者说他们的真实自我的联系。由于无法获得本原的支持，4号孩童对于他人的抛弃和亲人的远离变得极度敏感。

剧烈的情感波动打破了泰然的状态，因为他们渴望获得真实的联系。

嫉妒是在提醒4号，他人正享受着他们所缺失的快乐。

4号寻求真实联系的过程仿佛是在寻找本我。促使他们寻求的动机是因为他们相信，在平淡生活之外还有更多内容。如果我们认为自身已经圆满，我们就不会再去追寻。

4号的关注点

★ 被缺失的东西所吸引，那些遥远的，无法获得的。

★ 嫉妒是因为他们相信自身遗失的东西被他人占有了。"他们那么高兴。""他们那么相爱。""他们那么满意。"

★ 通过以下三个方面表现出嫉妒心（他人在享受，我却被剥夺了享受的权利）：

- 竞争：在一对一关系和情爱关系中。
- 羞愧：在社会关系中。
- 无畏（不计后果）：对个人生存的态度。

★ 忧郁是分离所产生的甜蜜痛苦。尽管感到缺失，忧郁依然是一种甜蜜的境界。

★ 被自己所爱的人抛弃，导致自信心受损。"如果我的价值更大些，我就不会被遗弃。"

★ 通过情绪、态度、奢侈品和良好品位等外在生活表现来提高自信。用独特的外在形象来掩盖内心的羞愧。

★ 与他人的感觉不同，强调自身情感的独特性。"我的情感是不一样的，我的遭遇让我和其他人不同。"让自己与众不同。

★ 渴望获得遗失的快乐元素：缺失的爱人、遥远的朋友、与上帝的沟通。

★ 不喜欢平庸的生活。平淡的感觉无法满足内心的激情。拒绝平庸。

★ 激烈的情感。通过遗失、幻想、艺术展示和戏剧性行为表现出来。戏他们在不断重复着这种追寻：从渴望到获得，到失望，到拒绝。4号就这样追逐着无法获得的东西，当他们真的得到时，他们又会拒绝。吸引，拒绝，再吸引，一切就这样周而复始。

剧里的国王和王后。

★ 在情感关系上推推拉拉。关注遗失的美好。"什么时候我们才能重新产生触电的感觉？"追求无法获得的，果真得到了又会推开。这种变化的关注点会导致：

- 感到被抛弃和缺失，同时也会
- 在情感上变得敏感、深入，能够对陷入困境的人给予帮助。

性格倾向

浪漫主义者沉浸在情感世界中。爱与失是他们最关注的。当两颗心相遇时，他们才会感到完整。忧郁对于4号来说，并不是消极的影响；相反，因为缺失而产生的忧郁具有强大的吸引力。他们用情感填补内心的空缺，并与他人建立联系。他们在快乐和悲伤中探寻世界。

当4号看到他人在享受他们渴望的快乐时，嫉妒之心就会油然而生，如同插在心口的一把尖刀。其他人看起来都很满足，他们为自己的工作和家庭感到高兴。他们享受着成就感，而你却被拒绝了。这并不是针对他人产生的妒嫉，而是因为他人的快乐提醒了4号，他们自己是不快乐的。嫉妒推动着4号去寻找他们认为可以让人快乐的事物——金钱、独特的生活方式、公众认可、伴侣。他们在不断重复着这种追寻：从渴望到获得，到失望，到拒绝。4号就这样追逐着无法获得的东西，当他们真的得到时，他们又会拒绝。吸引，拒绝，再吸引，一切就这样周而复始。

当这种推推拉拉的习惯成为自然时，4号的自我观察就停止了。他们不知道，当情感关系还处于遥不可及的状态时，他们只看到了这种关系的积极面；他们只知道与某人分离的感觉无法忍受，他们想成为对方情感生活的中心。相比之下，周围的人是缺乏深度的，只能让他们强颜欢笑。

如果这种关注继续下去，4号发现身边的一切和遥远的对象相比都变得苍白无力。他们发现自己犯了一个错误，原来幸福在别处。似乎唯一正确的办法就是脱离现在的生活，去追寻遥远的希望。

如果4号能够看到杯子中剩下的半杯水，而不是半个空杯子，他们就获得了成长。他们应该牢记"知足者常乐"，应该满足自己的所有。

在忽远忽近的情感关系中，能够保持冷静，能够看到眼前的美好，能够坚持不后退的伴侣将帮助4号获得幸福。

分支性格关注点

嫉妒将影响情感关系、社会关系和自我生存。

在一对一关系和情爱关系中表现出竞争性

嫉妒激发了情感关系中的竞争。这是一种精力充沛的能量，让他们脱离沮丧，追寻缺失。这是一种"我让你看看"的强劲冲动力。竞争集中表现在两个方面：一个是争取获得认可（"只要我得到关注，我的价值就会体现。"）；另一个是与那些获得认可的人对抗。这种与对手的对抗可以发展成憎恨。削减对手的价值就等于削弱对他们的嫉妒。4号埋伏在暗处，准备抓住机会让对手一棒出局。充满竞争心的4号就像追逐自身目标的3号一样好斗，但是他们的嫉妒心让他们既想赢得自身目标，又想狠狠地教训对手。竞争让他们充满能量和活力，还能保证让他们远离沮丧。

充满竞争心的4号渴望来自特殊对象的特殊关注。所谓特殊对象就是那些生活独特、品位高贵，并且具有天赋的少数人。如果能够得到皇室的青睐，还管什么平民老百姓呢？他们通过接触有价值的人来提升自信。贤明的导师和显著的榜样是极具吸引力的。这种关系的发展要么产生令人满意的互动关系，要么就会陷入"诱惑－拒绝"的怪圈。谁会被拒绝？谁是控制者？4号会通过降低他人的价值，率先拒绝他人，来降低自己遭到遗弃的风险。这种来来回回的拒绝和诱惑是一种控制手段。他们不会推得太远，以免失去对方；也不会拉得太近，完全依赖于他人。这种表现通常不会用于对待朋友，而是用于对待具有竞争力的同行或者可能抛弃自己的伴侣。如果伴侣在离开他们之后拥有了更成功的新感情，4号会特别嫉妒。

在社会交往中存在羞愧感

在社会交往中，缺乏自信的 4 号时常会有一种羞愧感。当他们不符合标准的时候，当他们拿自己与他人比较的时候，当他们看到别人具有自己没有的优点，并赢得社会尊敬的时候，他们的自信心就会下降，羞愧感就会上升。他们感到自己无法达到他人能够达到的标准，感到自己具有内在的缺陷。这种缺乏自信心的表现，通常是基于过去曾经发生的遗失。在幻想的催化下，自己的缺失仿佛被他人获得，生活的乐趣也因此被他人享受了。

羞愧的 4 号会深深地自责，认为自己一无是处。一个有价值的人怎么会被他人抛弃呢？

他们害怕被拒绝，害怕自身的缺陷被发现。他们想要躲避那些尖锐的目光，尽量避免社会接触，不让自己的缺陷曝光。他们对于他人的轻视异常敏感，并强烈渴望获得认同。落选的感觉很糟，听到其他入选人的名字感觉更糟。他们非常注重形象，通过形象来保护自己。精英会所的会员资格、吸引人的外表、超凡脱俗的气质和举止都是他们追求的。

在自我生存上的无畏

对当前状况感到失望的 4 号有可能选择铤而走险。与其在希望和失望中挣扎，为什么不把所有顾虑抛到脑后？这种不顾一切的表现具有一定的自杀倾向，是对命运的放弃。期望和遗失的反复循环导致内在的危机，由此产生的巨大能量被灌入到日常生活中。在悬崖边上跳舞的冒险生活反而让他们感到解脱，为平淡的人生注入意义和活力。

生存就是要不顾一切地获得让自己感到满意的事物。嫉妒心会在奢华的生活、有意义的对话和优雅的环境中消失殆尽。为了追逐一个梦想，浪漫主义者可以忽略基本的生存需要。渴望联系的感觉如此强烈，不顾一切的 4 号可以通过极度冒险的方式来实现梦想的生活。如果在实现梦想后，心中又产生了不满，他们还可能摧毁一切，重新再来。财富来了又去，去了又来。爱人被吸引过来，又被拒绝，然后又想再次相拥。对到手的东西失去兴趣，失去以后又重新产生兴趣。

马莎·格雷厄姆
(Martha Graham)

著名的 4 号性格者

美国舞蹈家马莎·格雷厄姆,现代舞蹈运动中最著名的名字,就是典型的 4 号性格者。她的舞蹈致力于研究虚幻主题和人类潜意识的表达。她创建了一个新的舞蹈派别,通过肢体语言来表达人的内心世界。

其他著名的 4 号性格者还包括:

★ 济慈(John Keats):1795－1821,英国著名诗人。

济慈
John Keats

★ 雪莱(Percy Bysshe Shelley):1792－1822,英国著名浪漫诗人。

雪莱
Percy Bysshe Shelley

★ 艾伦·沃茨(Alan Watts):1915－1973,上世纪美国研究东方哲学的大师。

艾伦·沃茨
Alan Watts

★ 乔尼·米歇尔（Joni Mitchell）：加拿大的著名民谣女歌手。

乔尼·米歇尔
Joni Mitchell

★ 奥森·威尔斯（Orson Welles）：1915–1985，美国电影制片人和演员。他自导自演了著名影片《公民凯恩》。

奥森·威尔斯
Orson Welles

★ 贝蒂·戴维斯（Bette Davis）：1908–1989，美国女演员，两获奥斯卡奖。

贝蒂·戴维斯
Bette Davis

★ 琼·贝茨（Joan Baez）：美国民歌歌手和政治活动家。

琼·贝茨
Joan Baez

Enneagram | 4号性格——浪漫主义者

4号经常出现在那些能够反映强烈情感纠结的地方。急救室、自杀救助热线、禅室和产生创造性突破的地方。

★ 马龙·白兰度（Marlon Brando）：1924-2004，美国著名男演员，主演影片包括《欲望号街车》、《教父》。

马龙·白兰度
Marlon Brando

焦点问题

情绪、态度和风格

惹眼的外表形象能够掩盖4号的"小灰鼠"心理。他们内心觉得自己十分渺小、不起眼，就像一只小老鼠一样，因此希望用美丽的羽毛，多样的外表来装扮自己。在他们耀眼的外表背后，实际上是强烈的不自信——"我不如他们。"4号是穿衣打扮的艺术家，尤其擅长装饰，对周围环境追求唯美的标准。外在生活可以成为一种艺术形式来弥补其他的缺失。这种艺术性的生活追求的是创新和独特性。4号厌恶肤浅的东西。他们觉得平庸的生活和商业化的取向是对自己的侮辱。优雅的举止、新颖的谈话和温柔的烛光可以让他们远离平淡和庸俗。

情感强度

4号经常出现在那些能够反映强烈情感纠结的地方。急救室、自杀救助热线、禅室和产生创造性突破的地方。他们喜欢把平淡撕裂的感觉，渴望发现生存的最深意义，渴望超越平庸。4号崇尚古老的遗迹、仪式和庆典。他们能够与他人产生共鸣，感受他人的痛苦。这种对人类永恒主题的关注帮助他们消除分离感和缺失感。

4号注重情感的真实性。"这是内心的真实感应，还是虚假的联系？""这

> 4号发现，当想要的东西到手后，他们就很难再保持他们的兴趣了。真实的事物和追逐的过程相比，毫无吸引力。在可望而不可及时，欲望就是他们的动力。当愿望实现时，他们会有一种完整感，但这种感觉很快就会消失。

是真实的感觉，还是过去的想法？"4号不喜欢那些要用思想代替感觉的人、那些脱离自身情感的人、那些沉溺于表面情感无法深入的人。这种对情感强度的坚持激化了他们与他人的关系。4号渴望被感动，被震撼，被带到更高层的境界中。他们想要投入其中，过一种激荡起伏的情感生活。过去、未来和远方都是他们关注的，但是他们的目光却很少放到眼前。

自我陶醉

分离的痛苦让4号产生了一种幻觉，认为他人正在享受的幸福就是他们失去的。他们渴望找回完整的情感联系，那种他们曾经拥有的记忆。"在我被抛弃之前。"他们用过去的眼镜来看待现在的关系。情感关系应该从头到尾充满活力、激情澎湃。他们总是坚信爱情会唤醒完美的感觉。完全沉浸在自身情感之中的4号无法客观地看待他人。他们只会注意到他人身上那些能够勾起他们过往回忆的特质。

4号发现，当想要的东西到手后，他们就很难再保持他们的兴趣了。真实的事物和追逐的过程相比，毫无吸引力。在可望而不可及时，欲望就是他们的动力。当愿望实现时，他们会有一种完整感，但这种感觉很快就会消失。追寻的过程是充满意义、令人振奋的，但是一旦实现了目标，这种快乐也就随即消失。

忧郁和抑郁

抑郁的感觉对于4号性格者来说，就像黑洞一样，让他们感到无助、无力。没有出路。生命好像停止了一样，他们躺在床上，盯着天花板发呆。

"如果不是这样就好了。"

"我犯了个大错误。"

4号在抑郁的冲击下感到痛苦无助。他们渴望有人倾听他们的痛苦，渴望向他人讲述他们的故事。但是对于那些避免接触负面情感的不同性格者来说，4号坚持要追寻深层情感的做法让他们无法接受。对于那些只寻求快速解决方法的人、那些想要帮助4号的人、那些设法让4号高兴起来的人，4号反而会为他们感到悲哀。

当4号的痛苦被他人忽视时，他们感到自己无法被人理解。他们的情绪可能大起大落。4号渴望体验人生的大悲大喜，而不仅仅是峰顶上的快乐。他们认为普通人只能享受普通的快乐，而无法感受人类的所有情感——从纯粹的快乐到极度的悲伤。比如，忧郁，就是一般人无法感受，而4号却十分喜欢的一种感觉。忧郁是对遗失事物的美好回忆。忧郁是与遥远的人和地方的情感联系。在4号看来，我们所有人都与本我有深层联系，他们从不放弃帮助他人找到这种联系。

从性格层面来说，4号可能是情绪化的，沉浸在他们自身的情感之中。行动能够让他们忘记抑郁。行动能够让他们的注意力从自我转移到周围环境上。有些4号在抑郁的初期会通过极度活跃来摆脱这种感觉。他们表现得像3号一样，他们在工作中忙个不停，成绩斐然，但他们行动的原因并不是喜欢工作，而是深层的情感。

有三种不同类型的4号性格者——长期低迷的4号、极度活跃的4号和摇摆不定的4号。摇摆不定的4号在情感的高潮和低谷之间波动。在九型人格中，4号被称为"两边靠的人"：低潮的时候受到5号性格的影响，活跃的时候受到3号性格的影响，摇摆不定的时候就会同时受到3号性格和5号性格的影响。

高雅的优越感

就像1号性格者会拿出完美主义者的标准一样，4号性格者秉持精英的标准。浪漫者是独一无二、别具一格的，讨他们的欢心可不容易。对平淡生活的轻视会与日递增。他们感到被平庸的人和乏味的生活包围，就好像身处在拥挤的超市中，到处都是廉价的处理品。他们不喜欢普通的关系。他们想要奇迹。难以忘怀的会见，优雅的陌生人。哪怕是大海捞针，他们也要找到那个能够理解他们的人。

当你对自己拥有的一切感到满意时，别人有什么或没有什么就变得无关紧要了。

4号常常觉得自己是与众不同的，感到自己的想法无法得到理解，这反而让他们更容易与那些身处困境的人产生共鸣。他们理解失望的感受，感觉自己与那些陷入困境的人同病相怜：同样遭到排挤和抛弃，同样无法得到认同，同样被他人剥夺了应有的利益。无法得到理解的痛苦很快会转变成对独特性的追求。敏感和痛苦反而练就了他们细腻、高雅的品位。4号感觉自己是超凡脱俗的，这种精英感让他们难以从平淡生活中获得简单快乐。

安全和危险

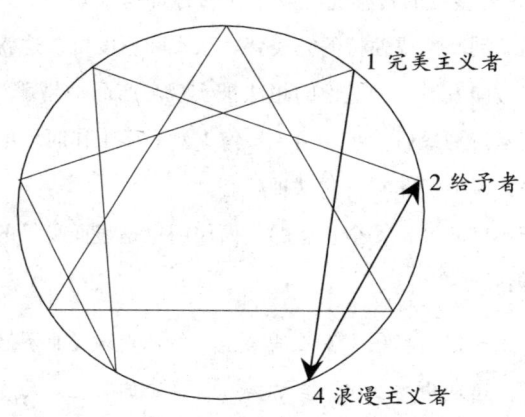

图4　4号性格点的动态变化

安全

当4号进入安全状态后，他们最初的反应就是放松，好像从自己长期关注的问题上解脱出来了。悲伤消失，压抑减轻。工作变得既有意义，又实际可行了。对情感关系的看法也变得更加实际，积极因素和消极因素都同时出现在眼前。他们的目光不再局限于生活中的缺失，因为他们开始看见了半杯水，而不是空了一半的杯子。

安全感对4号来说就是感到满足。当你对自己拥有的一切感到满意时，别人有什么或没有什么就变得无关紧要了。安全的4号会看到一份情感或者一份工作的优点，并愿意为此做出承诺，投入其中。他们的注意力从自己身上转移到他人和四周环境上。摆脱了自我陶醉，他们能够更加积极地与他人合作。

4号性格者的标志就是独特的风格和自我表达。这并不是说，4号就是全世界最有才干的人，也不是说他们所继承的天赋要比其他八种性格的人都多。但这的确意味着4号具有创新的能力，能够让自己的表现与众不同，能够为他们所从事的事业带来独创性。当4号在九型人格的原位上快乐生活、积极工作时，他们的这种创新性就会发挥作用。

4号性格向1号性格的转移通常发生在目标即将实现时。1号性格带来的能量会导致出色的创新性或独特的完美感。从实际角度讲，这就意味着让情感或工作朝着良好方向发展。创造性的想法被实现。产品被精雕细琢。4号会把精益求精的态度坚持到最后一步。当4号像1号一样工作时，他们心思变得仔细而清楚，浪漫者说他们非常喜欢这种状态。

当然，对于4号来说，安全状态的负面作用也是显而易见的。这就像豌豆公主的故事一样：

> 从前有一位王子想要娶一个真正的公主，但他走遍了世界也没有找到。有一天晚上，来了一个避雨的女孩，自称是一位真正的公主。为了辨别公主的身份，老皇后在女孩的床榻上放了一粒豌豆，然后又在上面压上了厚厚的床垫和被子。第二天早上，女孩抱怨说一夜都没睡好，总感觉有一粒很硬的东西弄得她全身发疼。大家都惊叹于女孩娇嫩的肌肤，认为她就是真正的公主。王子终于如愿以偿，娶到了"真正"的公主，那粒鉴别公主真假的豌豆则被送进了博物馆。

4号会把豌豆大的困难看作是巨大的干扰。他们的伴侣当然无法把每一件事情都做得无可挑剔。烦躁开始出现，坏脾气的公主或王子开始厌倦了平淡的生活。忽冷忽热、忽远忽近的状态在情感关系中出现。失望的浪漫者认为是对方"导致"自己缺乏自信，他们开始挖苦对方，出言不逊，以示报复。令人矛盾的是，4号常常在事情进入安全状态，已经十拿九稳时，变得紧张起来。对于曾经遭到抛弃的人来说，亲密反而有可能让他们感到紧张，而紧张则可能会让他们匆忙逃跑。正因为如此，处于1号安全状态中的4号，很有可能会破坏一段美妙的情感，导致一场危机。"我受到了伤害，是别人的错。"最好的办法就是及早脱身，免得再度遭到抛弃。

危险

4号总想让自己与众不同。他们是万里挑一的，不是那种芸芸众生。他们通常不会为了吸引他人而去迎合他人的品位。他们会孤芳自赏，并通过自己的独特性让你知道，你面对的是一个充满吸引力的外星人、一份意外的财富。

当缺失发生时，压力会让4号的防卫心理变得更强。悲伤感和被抛弃的感觉在加深。如果4号自身的抵抗系统无法发挥效力，他们就会向2号性格转移，表现出给予者的特征。4号开始向他人靠近，以此来对付自身的缺失。这种表现的积极作用是能够为4号带来真正的突破。注意力从自身转移到他人身上，让他们忘记抑郁。关注于他人的需求让他们不再沉浸在自身世界中。关键在于，这种对他人的给予必须是完全无条件的，而不是为了获得什么回报。

在受到威胁时，4号可以一反常态，为了讨好对方而靠近他人。他们看到了缺失事物的美好，开始重新拉近与对方的距离。这种拉近，或者说是诱惑，对于认为自己与众不同的4号来说是非常有压力的。

"我为什么要追求你？"

"如果我变得更有价值，你是不是会来找我呢？"

恋爱中的 4 号

与 4 号在一起

★ 记住4号总是感到有什么东西遗失了，而他们失去的东西又正好被别对于 4 号来说，生活的中心内容就是情感联系。当情感被激发时，其他一切都变得苍白无力。能够触动他们情感的因素很多——天气的突然变化、一个令人吃惊的形象、一次谈话或者一声婴儿的啼哭。

人拥有了。他们关注他人的情感关系，总是担心："他们有的，我没有。"

★ 4 号总是被那些遥远的、无法触及的、已经失去的事物所吸引，比如一个幽灵般的情人、一个远在天边的朋友或者一个没有实现的梦想。如果你是 4 号身边的人，你很容易因为无法获得他们的关注而心情沮丧。

★ 期望复杂的情感关系。没有什么是简单的。他们想要得到的是深度，而不是乐趣。

★ 他们厌倦日常生活的乏味。"一定不止这样。"他们通过戏剧性的行为，甚至破坏性的行为来增强情感关系的激烈度。

★ 在 4 号看来，现实是不真实的。所有的情感关系都是为了通过爱来发现那个"真实的"自我。他们追求的是终极的自我，是灵魂的复苏。

★ 一切都是表现：心情、态度、品位都是情感关系的布景。他们用独特的外表来弥补内心的缺失感，用艺术的表达来抑制内在的情感。一句话、一个眼神都是意味深长的。爱情在浪漫中实现。

★ 4 号在乎的是追求，而不是快乐，这是一种精致的、苦乐参半的情感体验，一种忧郁的心情。爱情是多层次、多阶段的。放弃的过程总是异常缓慢。

★ 4 号对过去的伴侣充满甜蜜的回忆，对未来的爱情满怀憧憬，但他们的注意力很少放在现实的机会上。

★ 4 号对情感关系的关注总是忽冷忽热。当你在他们眼前时，他们看到的是你的缺点；当你与他们保持安全距离时，他们又会发现你的优点。

★ 这种注意的方式会
- 强化 4 号的缺失感和被抛弃感，但同样也会让他们
- 对你的情感保持敏感，能够在你遭受痛苦时给予支持。

亲密关系

对于 4 号来说，生活的中心内容就是情感联系。当情感被激发时，其他一切都变得苍白无力。能够触动他们情感的因素很多——天气的突然变化、一

个令人吃惊的形象、一次谈话或者一声婴儿的啼哭。当心灵被触及时，4号会产生一种不顾一切追随感觉的冲动。这种做法让普通的谈情说爱变得困难。因为4号关注的是情感联系，他们希望获得伴侣绝对的情感投入。他们想要至死不渝的忠贞，会对遭到抛弃格外紧张。

4号就像那些把脸颊紧贴着窗户玻璃，期盼大人回家来的孩童，他们渴望能透过窗户看到某个熟悉的形象。这种期望会越来越高，每出现一个人，他们都希望会是他们心里想的那张面孔。当陌生人不断从窗外走过时，他们的希望变成失望，失望逐渐演变成怒火。错误的笑容、错误的眼神、陌生的步伐。4号开始沉浸于可望而不可及的爱情中。

"为什么你不来接我？难道我不值得你爱吗？你会回来吗？"

害怕像童年那样被抛弃，4号有时会选择远离亲密关系。他们不再关注眼前，而把注意力放在了那些难以获得的事物上。他们在亲密关系中最典型的态度就是忽远忽近的推拉式做法。当他们想要接近某人时，他们就会表现出暧昧；当他们不想靠近某人时，就会表现出厌恶感。他们一会儿要和伴侣分手，一会儿又要复合，这种抛弃实际上是一种考验。"直到我们分手后，我才知道我是爱你的。"双方的情感关系只有经历了这种分分合合的拉锯过程，才能最终建立起信任。4号会在对方追求他们时主动远离，当对方离开后又渴望获得对方的爱。

4号保护自己的武器是外表和距离。他们用外表去诱惑他人，然后拒绝他人。你越是拒绝他们，他们就越是想要得到你，但是当你愿意接纳他们时，你们的关系又不那么肯定了。这种分分合合的倾向也会让情感的真实性受到质疑。

"我们之间的情感到底是不是真实的？"

"我们的爱到底是天长地久的，还是过眼烟云？"

"这是玩笑，还是当真的？"4号生活在变化的情感之中。他们需要一只锚，一座堡垒、一根顶梁柱、一个坚强的依靠。他们与内心的联系是十分脆弱的。情绪多变。

伴侣要想帮助4号，就要成为他们的定心丸，帮助他们稳定情绪，走出害怕遭到抛弃的糟糕心情。最重要的是，在感情分分合合的拉锯阶段，4号的伴侣需要有耐心坚持到底。

"这些就能让我留下来吗？"

"这样的关系对我是最好的吗？"

伴侣要想帮助4号，就要成为他们的定心丸，帮助他们稳定情绪，走出害怕遭到抛弃的糟糕心情。最重要的是，在感情分分合合的拉锯阶段，4号的伴侣需要有耐心坚持到底。

4号发出的信号

积极信号

4号把自己的生活看成是一种艺术，他们通过艺术的手法来表现生活。追求激情的他们会把伴侣带入爱恨交加的世界中。他们想要知道你的感觉，想要带你进入情感的最深层面。他们会让你被丰富的情感所包围。

消极信号

4号可能会让你觉得自己还不够好，觉得你还不值得吸引他们的注意力。你做的一些事情让4号失望了。如果你没有那样做，他们本可以很高兴。都是你的错。当你想要提供帮助时，你却吃了闭门羹，你因为无法做更多的事情而感到内疚。4号对伴侣的态度总是忽冷忽热，他们的讽刺、拒绝让对方受到伤害。4号的伴侣必须能够在这种不断重复的危机中迅速恢复自己的心情。4号总是更关注自己的感受。

混合信号

爱与恨可以同时出现。当这种情况发生时，4号变得难以捉摸。他们在把一段情感理想化的同时，又非常害怕遭到抛弃。他们喜欢情感关系中符合理想的那一部分，同时拒绝其他不符合的内容。他们传达的信息是："我爱你，尽管这让我很不高兴。"对4号来说，最好的办法就是站在中间，既不会因为靠

> 4号需要转移自己的注意力，不要只去关注自己失去的，而要看到自己拥有的。要学会珍惜现在拥有的一切。

你太近而受到打击，也不会因为离你太远而失去你。

这种若即若离的情感表达让对方收到混合的信息。作为伴侣，你发现当你们分离时，4号会非常珍惜你；但是当你靠近时，亲密感又消失了。害怕遭到抛弃的4号会在对方拒绝自己之前首先提出分手。他们这种不负责任的做法常常会破坏双方之间的信任感。当危机过去后，他们可能又想重回你身边。

内在信号

4号渴望获得他们失去的东西，嫉妒由此而生。

"如果我能有她的发型、她的衣服、她的地位……"

"如果我能有他的财富、他的家庭、他的名誉……"

现实看上去太不公平，有些人什么都有，而其他人则忍受着一无所有的痛苦。4号的想法是："如果我的生活能够有所不同，如果我丈夫的表现能够有所改变，如果我的身体能够更好一点……我就会快乐起来。"他们的感觉会说："这没用。我的爱情在死亡。我的创造力在消失。"这种态度的盲点在于，4号只看到了让他人感到快乐的事情，却看不到让自己快乐的事情。

　4号需要转移自己的注意力，不要只去关注自己失去的，而要看到自己拥有的。要学会珍惜现在拥有的一切。当他们不再把视线集中在他人身上，开始投入到自己的生活中时，嫉妒就会消失。这时，4号的思想会说："别人拥有的快乐，我也能从自己的生活中找到。"而他们的感觉会说："我现在很满足。我什么都不缺。"

工作中的4号

在工作中

★ 喜欢与众不同的工作。能够发挥创造性，甚至需要天赋才能完成的工作。

★ 个人的观点和想法必须在工作环境中受到尊敬。

★ 工作效率和情绪紧密相连。当感情生活出现问题时，注意力也就不会放在工作上了。可能因为爱情而毁掉自己的职业生涯。

★ 希望与特殊的权威保持联系，这些权威在工作领域中代表的是品质而不是受欢迎程度。

★ 觉得平庸的工作贬低了自己的价值，对平庸工作的判断标准因人而异，可能是修剪园林，也可能是当 CEO。

★ 喜欢触及深层情感的工作，比如悲伤治疗师、动物权益保护者、自杀救助热线的接线员。

★ 对工作领域中的竞争对手保持敌对态度。对工作领域之外的成功人士保持关注。

★ 很难与比自己更能干、更有价值、薪水更高的人合作工作。

作为领导

在充满竞争的环境中，浪漫者的表现和 3 号性格者很像。实干者在工作中的典型形象就是我们都希望拥有的成功商人形象。为了在竞争中获胜，我们都希望能够在外表和感觉上像 3 号一样。潜意识中尤其喜欢竞争的 4 号，对于物质奖励和认可会格外在意。他们对此非常敏感，常常会因为他人的言语而心情沮丧。4 号能够区分工作上的表现与自身真实感受的差异。3 号为了目标和结果工作，他们的动机是成为超过他人的冠军。4 号同样是为了目标和结果工作，但是他们的动机是为了让自己与众不同。

当浪漫者要证明某件事情时，他们表现得干劲十足，充满竞争力。一位 4 号领导者可以为了一个目标全力以赴。他们往往在危机时刻表现得比日常工作更加出色。日常工作没有什么可以证明的，只有出现困难时，才能表现出他们的与众不同。一旦 4 号对工作感到了厌倦，他们可能会破坏自己之前的努力。灾难反而会激发他们的兴趣。成功越是遥不可及，越是具有吸引力。

4 号对与情感关系的矛盾态度同样会被用到工作中。当他们在追逐一个难以达到的目标时，他们表现得非常积极；当他们面对成功的现实时，他们反而会出问题。没有了戏剧性，就没有了意义。4号领导人希望能够保持强烈的情感投入。

　　4号会在那些需要独特表现的工作中脱颖而出。当他们的自我价值与工作成功联系在一起时，他们就会完全投入到工作之中；当他们的工作平淡无奇时，他们的注意力就会转移到别处。如果没有兴趣，4号就从工作中消失了，他们会寻找新的情感寄托。他们常常会把自己卖给一份高薪的工作，然后用挣的钱去做自己真正想做的事情。4号通常会区分"我谋生的工作"和"真正代表我的工作"。他们平日的工作可能和他们的兴趣爱好大不相同，比如银行家和诗人，科研工作者和舞蹈演员。

　　4号也能为工作找到一个有价值的目标。当他们心思在工作上时，他们是出色的领导者；当他们完成了挑战，工作的兴趣往往也就消失了。4号领导者能够把互相兼容的人组织在一起，通过让他们在情感上感到安全，来减少不必要的竞争。他们还有能力让他人的潜力得到最大程度的发挥，尤其是在商业扩张的戏剧性气氛中，他们总是会告诉大家："我们能成功！"

典型冲突

　　在4号身边的人常常会感到莫名其妙。刚刚自己还对4号充满吸引力，突然间就被抛弃了。本来一直很受重视，现在突然被批评说话不着边际。这种反复无常令周围的人很尴尬，不知所措，就好像说了太多的客气话，已经无话可说了。他们只能赶快后退到原位，对局势进行重新评估；但往往这时，4号领导者又笑容可掬地出现了。典型的工作冲突包含了在情感关系中的诱惑和拒绝模式。这种困境在工作中的表现是：4号不愿意重复走老路，他们想要寻找更新的、更刺激的线路。如果事业发展到巩固期，4号可能感觉受到限制，这种压抑感会随时发泄到周围的人身上。

　　4号欣赏其他领域中的杰出人士，但却会对自己行业内的竞争者进行攻击。如果4号是个发明家，他们可能会非常敬重其他发明家，但前提是这些发

他们能够让普通的事物变得特别，能够启发他人用不同的眼光去看待日常工作。他们能让平凡升值，让普通变得意义重大。

明家的研究领域与4号的专业无关。4号需要获得认可来提升自己的信心，他们常常会要求他们的朋友表明立场。

"你喜欢我的作品，还是我的竞争对手的作品？"

"你到底支持谁？"

解决冲突的办法

要调解4号和其他性格者的矛盾冲突，详细技巧参看本书第三部分内容。

作为员工

一位4号员工需要让自己感到与众不同。当他们受到业内重要人士的认可时，他们就会兴高采烈，积极表现。额外奖励和特殊对待非常重要。他们不喜欢被"同等对待"，他们不会高兴自己成为大众的一员。还要注意的是，要避免比较性的批评。

"你为什么没有张三做得好？"

"你可以比李四做得更好！"

其实不用你说，4号就已经在拿自己和他人作比较了。你这样一说，他们只会更加关注张三和李四的表现，而忘记了做好工作的乐趣。

4号需要被倾听，需要让他们的观点得到认可。只要他们认为工作是有价值的，即便是很普通的工作，他们也会兴趣盎然。他们能够让普通的事物变得特别，能够启发他人用不同的眼光去看待日常工作。他们能让平凡升值，让普通变得意义重大。只要他们认为有意义，哪怕是劈柴打水，他们也愿意。让4号积极投入的办法就是给他们一个挑战，要保持4号的工作积极性就要激发他们的灵感。对于一项有意义的事业，4号的忠贞是非常出名的。只要工作本身有价值，他们也会从工作中发现自己的价值。

在团队中

4号认为自己与众不同，因为他们没有把自己视作团队的一员。他们认为

> 当4号拥有属于自己的专业领域，同时又受到上层权威的高度认可时，他们的表现是最好的。

自己是整出戏的主角，不需要任何出色的配角。在这种情况下，工作的划分需要十分清晰，尽可能让4号成为某方面的专家。避免相似的岗位，避免与团队其他人的比较。重视整个团队，把明星放到一边。在需要他们发挥作用的项目中，浪漫者会挺身而出。只要是他们认为有价值的工作，4号表现出的能干程度丝毫不亚于3号，但是与3号不同的是，4号的情感需求必须得到满足。团队讨论是一个糟糕的主意。4号讨厌当众出丑，这可能让他们陷入人际关系的冲突中。

"如果我比张三更有才，就应该采纳我的想法，而不是他的。"

如果想法遭到质疑，4号很可能把这种质疑当作个人攻击。如果他们感到被忽视了，他们变得极具报复心。

当4号拥有属于自己的专业领域，同时又受到上层权威的高度认可时，他们的表现是最好的。权威的认可对他们来说和物质奖励一样重要。如果4号开始对权威表示不满，或者不再积极工作，他们可能只是想得到一个认可。4号希望得到理解。他们并不需要所有事情都按照他们的要求去做，但是他们一定要知道自己的感受有人理解。即便是在工作中，他们也需要寻找情感上的知音。

第五章 5号性格——观察者

	性格特征	本体特征
思想	吝啬	全知
情感	贪婪	无执
基本性格分支		
两性关系：分享隐私（私密）		
社会关系：图腾（象征）		
自我生存：堡垒（家）		

5号的性格特征

世界观

世界是具有侵略性的。我需要私人空间来思考，来为自己补充能量。

精神通道

性格类型的中心特征就是对本体的模仿。对于5号来说，本体的所有潜能都是"超常"的，因为它们的存在超过了思维可以达到的界限。

全知就是指这样一种不需要通过智慧或分析就能达到的意识空间。这是一种非常精准的通晓，不需要分析任何数据。它所传递的信息是任何逻辑性思维都无法理解的。5号一辈子都离不开信息和秘密的学习，这就是在模仿全知，或者说纯粹通晓的潜能。

对自己和他人的吝啬，能够保证让他们拥有某种程度的独立。无欲无求，因为一个人的需求越少，他与外在接触所获得的快乐也就越少。

贪心，或者说贪婪，可以帮他们获得独自生存的资源。保护性知识、金钱、能量和时间在心理上变得非常重要。

5号希望通过知识的力量来抓住现实。从孩童时代开始，他们就希望远离痛苦情感，但又想保护与内心无执的脆弱联系，因为无执能够把他们带回到本体的意识中。

5号的关注点

★ 渴望私密，想要一个人独处。在与他人接触后，必须一个人静下来充电。

★ 喜欢界限和限制。喜欢明确的协议。喜欢把时间、议程和责任仔细划分清楚。

★ 相信知识就是力量。特殊的信息是获得力量的关键。

★ 简单主义者。生活需求简单，越少越好。

★ 渴望得到极少数与精神存在有关的事物。私人空间、知识和少量必需品。

★ 对精神生活必需品的贪婪态度反映在三个主要方面：
- 私密，在一对一的感情关系或情爱关系中。
- 图腾，热衷于那些影响社会文化的人和想法。
- 城堡或私人空间，保护自己免受干扰。

★ 努力保持独立，不愿与外界接触。

★ 分区。把生活的不同内容分割开来，不同类型的朋友互不认识。

★ 对于那些不受限制的事情感到疲惫。喜欢会议结束就离开。

★ 不喜欢介入其中，这可能导致麻烦，因为不论是爱，还是恨，都需要想要帮助5号的人不能够把自己的情感要求强加于他们，相反应该尊重5号性格者对时间、空间和隐私的需求，需要指出他们过于理智的表现，同时让5号在自我反省时感到安全。

感情介入。
- ★ 脱离情感，常常把自身情感与精神上的独立混为一谈。
- ★ 对他人的期望和情感感到疲惫。
- ★ 注重情感控制。感受情感最好是在一个人的时候。
- ★ 喜欢思考：知识、信息、分析系统。
- ★ 从一个旁观者的角度来看待生活。这种关注方式会导致：
  - 自己的感觉与自己的生活脱离，或者
  - 形成一种脱离的观点，不受内心恐惧或欲望影响。

性格倾向

当我们面临物资紧缺的情况时，我们都会选择5号的世界观。当我们没有足够的能量来满足我们的需要，我们就会降低自身的期望。在短缺经济中，我们学会减少——减少活动，减少食品，减少情感联系。"少"带来"多"——更多的时间、更多的精力、更多的自律。"少"让一切事情简单化。更少的欲望、更少的需求、更少的规矩、更少的责任。当我们从情感负担中解脱出来，能够与我们的思想独处时，我们可能会像5号一样，在内心的平静中感到富足。

观察者的家就像一座城堡。他们很少外出，与外界保持有限的联系，要求私人时间不受打扰。他们与心灵做伴，从中获得无穷尽的欢乐。内心还是让他们免受外界侵犯的避难所。5号不需要与人分享他们的思想。生活在内心世界的他们表现得非常独立。除非他们被欲望侵蚀，否则他们不会感到任何缺失。

即便是隐居的生活，也需要一定的物质必需品和情感必需品做支持，如果缺少了某样必需的东西，5号会想方设法把这样东西弄到手。注重独立自主的5号不喜欢那种有需要的感觉，所以一旦他们产生欲望时，他们会很生气。但是对于那些与独处有关的物品，他们又十分渴望拥有，因此他们还是会去不顾一切地占有某个人、某些书籍或者其他物品。贪婪就是这样一种想要占有的愤怒欲望。贪念战胜了与世隔绝的想法。当你肚子饿得咕咕叫时，你就不得不

如果5号能够让内心与情感融合，他们就获得了成长。

伸手去要吃的。

如果这种习惯成自然，5号的自我观察就停止了。他们不喜欢被强迫着产生感觉。他们也不想让自己的生活产生需要。他们想放弃一切，但是他们又做不到。有些没有的东西他们一定要得到，要想得到他们就必须走出自己的城堡。但是一旦走了出去，他们又会陷入情感的空虚。因为害怕被人群吞没，他们只能迅速逃回自己的世界中。

如果5号能够让内心与情感融合，他们就获得了成长。他们需要找到生活中的激情。想要帮助5号的人不能够把自己的情感要求强加于他们，相反应该尊重5号性格者对时间、空间和隐私的需求，需要指出他们过于理智的表现，同时让5号在自我反省时感到安全。

分支性格关注点

贪婪将影响5号对情感关系、社会关系和自我生存的态度。

在一对一情感关系中表现出私密性

私下的理解是保持联系的秘密纽带。这种理解是不能与他人分享的。为了保护秘密，5号宁愿忍受分离。这种习惯让他们十分渴望短暂、激烈而极具意义的相遇。在一对一情感关系中的贪婪指的就是为了占有关键的秘密和情感联系而情愿忍受分离。知己是那些极少数能够分享他们的"理解"的人。他们喜欢的是私人顾问、个人空间、秘密爱情。

特殊的联系是他们的精神财富。他们会在私下里一遍又一遍地回顾和想象这种感觉。这种感觉是有意义的，不仅仅因为它们稀少又难以获得，更因为它们是埋藏在内心深处的。隐秘的5号说，那些难忘的友谊在他们的想象中是永恒的，他们能够随时在心中重建那种感觉。曾经刻骨铭心的爱情，观察者是不会忘记的，他们有能力让情感在私下里重现。

与外界的分离还会带来孤独。不管5号自身多么有趣，他们还是会对自己感到疲倦。尽管他们可以长时间一个人读书、思考和想象，他们还是会渴望表达。他们将不得不走出来。他们把秘密拿出来与他人交换，但是又不愿意让更

获悉智慧对生活在内心的人来说充满吸引力。正确的方法让你能够抓住事物的本质。5 号想要获得能够解释一切社会问题的真理，一种他们信仰的图腾。

多的人知道。

"天知，地知，你知，我知。"

"这个秘密不要告诉其他人。"

5 号会对秘密信息进行仔细检查。他们很害怕对方背叛他们的信任，把他们的隐私公之于众。

在社会关系中寻找图腾

一个部落的图腾象征着自然力量的神圣和人类力量的有限。它们是包含了远古信息的符号，还是能够把大众联系在一起的神秘焦点。

5 号性格者对内心动力的追寻会发展成对"力量信息"的强烈追求。在社会生活中，他们的贪婪主要表现在对能够影响文化的人和思想的高度关注上。5 号热衷于那些能够解释人类行为的系统，那些在某一领域的研究中具有重要意义的规则，以及那些启发人类思维的开创性导师。

与社会接触的 5 号喜欢出现在那些具有严肃学习气氛的地方。他们喜欢象棋俱乐部、数学系、瑜伽中心或者有音乐活动的地方。他们不会去争夺社会地位。他们喜欢加入私密的内部团体。他们喜欢与那些"知道的人"进行私下交谈。

获悉智慧对生活在内心的人来说充满吸引力。正确的方法让你能够抓住事物的本质。5 号想要获得能够解释一切社会问题的真理，一种他们信仰的图腾。因此，他们热衷于学习社会发展的宏观理论：政治预测、股市分析、心理分析以及九型人格等。他们喜欢通过内心的掌控来预测外界的发展。知识就是力量，提前预知就能提前准备。内部消息是具有保护作用的。

为自我生存建立城堡（家）

生活在这个到处都是干扰的世界中，却又想获得私人生活的快乐，5 号倾向于把他们的联系和财产削减到最低限度。微小的财富在他们看来都是奢侈。他们是九型人格中的简约主义者。饭后的甜点很诱人，但不能吃多了，一小勺就好。他们很骄傲自己能够占用如此少的资源，因此任何一件他们选择拥有的事物都一定是非常重要的。他们的独立就建立在一个私密的空间里，他们能在此休息、思考，周围都是他们熟悉的物品。家是他们的避难所，让他们远离外界的干扰。他们可以在一个充满记忆和象征性物品的天堂里整理自己的思绪。

缺失感是5号渴望获得独立空间的原因。他们会收集所有他们需要的东西来保证他们的自由。私人时间和个人空间对他们来说就像氧气一样重要。大多数观察者储备的是重要信息，而不是金钱或物质财富。他们认为节俭是自然的，尤其是对那些珍贵的资源。节约就等于独立。如果你现在节省了，你将来就不会发愁。如果你能自给自足，你就不会去依靠他人。5号可以对自己表现得十分小气，哪怕他们拥有很多。他们从节制中获得快乐，他们喜欢做一件事情耗费的资源越少越好，因为这样他们就不必担心要去请求他人。

著名的5号性格者

美国石油大亨、地产大亨和金融家让·保罗·格蒂就是著名的5号性格者。他的知名度来自于他不断扩张的财富，而不是他享受财富的本领。身为亿万富翁，格蒂的家中安装的是投币式公用电话，他为了搭别人的便车，宁愿干等一个小时，也不愿去花钱坐出租车。还有人说，每次他用完餐后，都会把双手放在口袋里，直到有人付账后，才重新把手拿出来。

让·保罗·格蒂
(J. Paul Getty)

其他著名的5号性格者包括：

埃米莉·迪金森
Emily Dickinson

★ 埃米莉·迪金森（Emily Dickinson）：1830－1886，美国女诗人，一直隐居在马萨诸塞州的家中，几乎从不出门。

★ 杰里米·艾恩斯（Jeremy Irons）：英国著名演员，曾获奥斯卡最佳男主角。

杰里米·艾恩斯
Jeremy Irons

★ 佛陀（The Buddha）：佛教创始人释迦牟尼。

★ 梅里尔·斯特里普（Meryl Streep）：美国著名女演员，曾获奥斯卡最佳女主角和女配角。

梅里尔·斯特里普
Meryl Streep

★ 弗朗兹·卡夫卡（Franz Kafka）：1883－1924，奥地利作家，其短篇小说《变形记》，长篇小说《判决》和《城堡》，都涉及到荒诞离奇的异化世界里忧心忡忡的个人。

弗朗兹·卡夫卡
Franz Kafka

焦点问题

承诺

退却很容易。坚持一段关系要比放弃一段关系困难得多。当5号与某个人同住在一个屋檐下时，他们需要得到更多的承诺。5号常常会这样衡量双方的关系："没有这些我也行。""我自己也能很高兴。"对他们而言，最大的困难

> **观察者有时候会把他们的生活划分成不同的部分，这些部分互相分离。这种分割是一种保持隐私的办法：你把自己分成若干部分投入到不同的领域中，但是没有人能够得到你的全部。**

就是决定留下来。留下来意味着让自己暴露在痛苦中。当他们感觉麻木时，一切还好说，一旦他们有了缺失感，内心的空虚就会非常明显。

当 5 号把自己投入到爱情中时，他们实际上是在冒险。他们放弃了没有烦恼、独自相处的安全，而选择了挣扎，选择了失去。正因为如此，当他们做出这个选择时，一定是经过精心思量的。这段爱情必须值得他们去面对理想与现实的可怕鸿沟。对于 5 号来说，爱情与浪漫无关，关键要看伴侣是否是一个值得他们付出痛苦代价的人。

舍弃

5 号的精神生活是非常独立的。他们可以让需求停留在想法上，而不需要得到实际满足。他们可以让情感停留在概念上，而不需要被表达出来。渴望占有某物的欲望也可以仅仅停留在脑海中，而不需要真正获得。一切都可以在思想中进行，而不用付出行动。

这种生活在内心的态度可以制造出一种无所求的假象。的确，5 号可能不会表现出深层的情感需求，或者想要得到某物的欲望，但是他们会把对于某人或某物的欲望深深埋在内心，在内心构建一个属于他们的现实。5 号可能在精神上是无所求的，因为他们的占有很少，情感需求也很少，但是真正的舍弃意味着要放弃某种切实的利益。

秘密生活

观察者通常很高兴接受人们赋予他们的角色和期望。一份工作、一个家庭、在社区中的一定地位。与外界保持一致可能是一种最简单的生活方式，但实际上 5 号常常会想要从现实中消失，去做一些所有人都想不到的事情。观察者有时候会把他们的生活划分成不同的部分，这些部分互相分离。这种分割是一种保持隐私的办法：你把自己分成若干部分投入到不同的领域中，但是没有人能够得到你的全部。

5 号有很多办法来保护他们的隐私。他们能够控制自己的感情，检查接收的信息，分隔思想与情感，发展情感关系中的私密联系，以及进行秘密的生活。他们的秘密很少有违法的，但是却能够给他们带来自由的快乐。秘密是一种财富，让他们知道自己是独立的。你可以随时离开，逃离到自己的私人空间中。

孤独

当5号自愿进入独处状态时，他们并不感到孤独。远离人群是一种保护自我的方法。只要他们知道门外并非空无一人，他们就会关起门享受隐私带来的快乐和安全感。当你面对侵犯，想要保护自己时，置身事外是一种有效的策略，一种很好的选择；但是当你切断了与生活的所有联系时，生命就会受到威胁。如果真的连一个敲门人都没有，私密的空间就好像监狱一样。

当5号并非出于自己的选择退缩到个人空间里时，私密变成了与世隔绝，他们很难与外界进行接触。要重新回到正常生活中，他们需要变得主动，要让自己曝光，这些对他们来说都是痛苦的。

节省政策

从5号的观点来看，大量的活动是毫无意义的。人们为什么要在琐事上忙来忙去，浪费时间？5号害怕被卷入到他人的安排中，他们会十分小心地安排自己的时间和精力。他们主张保留精力，而不是肆意消耗。

在没有明确需要消耗的时间和精力前，就让自己置身于多个活动和工作中是毫无用处的。5号性格者远离那些容易使人投身行动的欲望和快乐，他们在一旁静静观看，养精蓄锐，让自己去做重要的事情。

分离

即便是在公共场合中，5号也能远离他人。当思想从情感中分离出来时，他们就成了旁观者，他们不再需要关上房门，也不用去避免与外界的纠缠。他们可以去和他人交谈，但是他们的心并不在此。当他们置身人群中，在众目睽

> 分离可以成为一种心理疗法。对于受伤的感情来说，治疗的方法就是抛弃它们。伴侣们通常认为，分离让5号的"真实"情感难以表达出来。感觉应该是在现场表达出来的，而不是在一个人的时候通过思考去唤醒感觉。

睽之下时，他们同样可以让自己的内心远离，就像孙悟空的分身术一样。

分离，就好像是在看着你自己在进行演出前的排练一样。当你在扮演你的角色时，你的身体变得无关紧要。哪怕有成百上千的人在看着你，你也可以乐在其中。只要你没有被外界影响，你就不会感到焦虑。

这是一种内心的活动，是意识的分裂而不是外在的隔离。5号性格者对这种分离的感觉有很多有趣的描述。比如："感觉好像是从三面围在一起的镜子中看到自己。""我看到我自己，还从我自己身上又看到我自己。""自己的一部分没有和我在一起。"

分离可以成为一种心理疗法。对于受伤的感情来说，治疗的方法就是抛弃它们。如果还有伤害，就让自己想些别的事情。欲望会把你引入歧途，而且注定会无法控制。要学会在被控制之前，就与其分离开。

隐私

对于5号来说，隐私绝不仅仅意味着拥有自己的房间和关上房门。在公共场合常常会思想与感觉分离的5号，需要等到独处的时候来整理自己一天的感觉。他们需要时间来回顾自己的思想，让感觉重新浮现，然后预备一下第二天的事务。回顾的过程让他们的情感找到一个发泄的平台，而预览的过程则帮他们避免可能出现的情感纠结和尴尬。所有这些内在工作都是在紧闭的房门背后完成的。这种事前预览和事后回顾是令人疲惫的，因为你实际上是把同一件事情重复了三遍。

伴侣们通常认为，分离让5号的"真实"情感难以表达出来。感觉应该是在现场表达出来的，而不是在一个人的时候通过思考去唤醒感觉。对此，5号会反唇相讥，他们的标准例证就是缺少情感控制所产生的伤害。很明显，双方都是有道理的。

贪婪

贪婪是人类历史上的七宗罪之一，当然值得一提。你一定觉得奇怪，九型人格中最与世无争的性格类型怎么会被冠以贪心的特征呢?在九型人格研讨班上有关5号的讨论中,大家在说到贪婪时,大脑往往都一片空白。

"我?不会的,不会的。我的需求很少。"

要明确这种激情,我们可以检查5号性格的安全状态——8号性格。8号和5号一样,都不愿被控制。8号所表现出来的好斗性,实际上也是为了确定没有人能够管得了他们。8号通过进攻他人来避免自身遭到侵犯,5号也会抵制侵犯,他们的做法就是坚守自己的阵地。两种性格不愿意被控制的特制都是一样的,但是选择的防御方法不同。8号通过力量来控制,5号则通过为自己存储时间和空间。

安全和危险

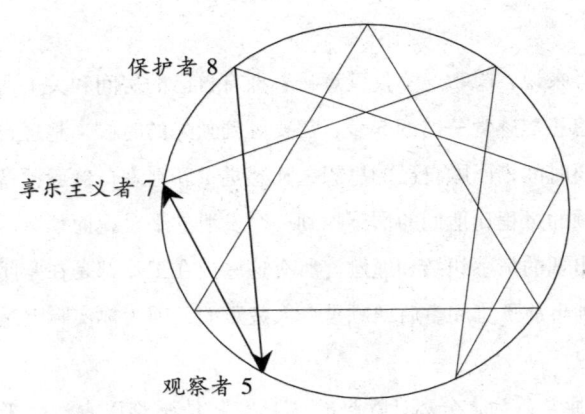

图5　5号性格点的动态变化

安全

5号性格者的家就像城堡一样,是他们感到安全的地方。他们会对自己的空间特别在意,甚至会对家庭事务进行过于苛刻的控制。当他们在家里的时候,5号可能会表现得像8号一样。当他们在感到安全的办公室里时,他们也会想要去控制一切。这并不是说5号就"变成了"8号,而是因为安全的环境让5号放松了基本的防御措施,表现出类似老板的另一面性格。

性爱也能为5号带来安全感,但并不持久。5号基本上是依靠精神存在,不过处于安全状态的5号也会喜欢身体的快感,运动、性爱、甚至偶尔的打架都是可以的。

这种安全状态能够丰富5号的生活。感到安全的5号会全身心地投入。他们会变得外向、热情。他们也会表达自己的怒火,会在冲突中坚守观点。这种感觉常常被形容为焕发活力,突然觉醒。他们和8号一样急于行动,乐于助人。他们用行动代替后退。

但是,8号性格的负面作用会把5号变成一个小暴君。一位对爱情十分忠贞的9号性格者已经与自己的5号丈夫一起生活了30多年。在描述她的5号丈夫时,她半开玩笑地说:"你该看看他在家里的样子,简直就是'化身博士'(注:英国作家史蒂文森笔下的著名人物,白天是受人尊敬的科学家吉柯博士,晚上就变成了邪恶的海德先生。比喻具有双重性格的人)的翻版。"

危险

当5号观察者的主要防御措施——撤退和分离——都没有效果时,他们就会表现出7号的性格特征。他们给自己带上一个能够被社会接受的外套,并主动与他人接触,但是他们这样做并非心甘情愿。从5号的角度来看,表现出7号性格者的外向和快乐可以掩盖他们内心不平常的紧张感。要过这一关可不容易。7号喜欢多种选择、多种可能,而5号常常觉得7号的方式对他们是一种折磨。当5号面临太多选择,要做太多事情时,他们就无法再用已知信息去进行预测和准备,他们最初的防御体系就消失了。他们根本没有时间思考。

尽管当他们表现出7号的开放和友好时,他们会受到欢迎,但这反而坚定了5号远离他人的感觉。

"是的,人们只看到表面。"

"看看他们多么肤浅。"

7号状态的负面作用会让5号感到自己像个无头苍蝇,面对一大堆信息无所适从,无法进行清晰的思考,也无法让自己放松。各种各样的活动反而让他们更加担心会陷入他人的安排。5号感到摊子铺得太大了。在负面作用的影响下,5号的注意力被四处分散去寻找急救方案,好让他们能够为自己买到时间,存储资源。

站在5号的立场上,7号性格的积极影响是能够让5号在一系列的活动中应付自如,不会惊讶得不知所措。在这种情况下,危险赶走了与社会接触的焦虑。处于7号状态的5号可以快速做出反应,甚至进行毫无准备的即兴表演。

恋爱中的5号

和5号在一起

★ 因为5号的反应相对滞后,他们的感受总是在他们独处的时候才表现出来。他们在独自的幻想中找到亲密感。他们不需要甜言蜜语或者亲密接触,就能感受到甜蜜。

★ 5号习惯躲在自己的世界中,他们可能因此产生被隔离的感觉,并希望有人把他们从自己的世界中拉出来。他们可能会陷入既想与他人接触,又想离开的困境。

★ 亲密可以导致分离。伴侣可能得到这样的信息:"没有你我还是可以。""我对爱情有投入,但是我不会和你住在一起。"

★ 身为伴侣的你可能感到5号对你有戒备,因为他们不让你接触到他们生活的其他方面。

★ 要适应5号通过非言语的方式来表达亲密。5号觉得如果他们不用说话,情感会更容易表达出来。

★ 一个被情感附着的5号可能会对伴侣表现出强烈的占有欲。对方会感到自己是5号情感生活的救生圈。

> 尽管与感情分离可以缓解负面事件的伤害,但是随着时间的流逝,5号也会发现他们似乎成了一个不健全的人,因为他们不再对外界做出反应。当他们拒绝让自己的情感流露时,他们也剥夺了自己的存在。

★ 当5号不用承担个人责任,也没有人强迫他们去应答时,他们会对伴侣给予大力支持。

★ 与世无争是5号习惯的情感立场。伴侣需要学会阅读5号的"负面"情感表现,比如生气、嫉妒和竞争,以及性感、温柔等"正面"情感表现,借此来增进双方的联系。

亲密关系

当一个人的主要自我生存措施是分离时,一旦他或她陷入爱情,或者参与到另一个人的生活中,那可能是非常危险的。让思想与情感分离会形成一种强大的自我生存。不去感觉,不去斗争。不让感情控制自我。8号通过对外施加强力来保护自己,5号的办法则是把自己隐遁起来,避免自己的存在。5号通过与自己分离,来停止付出能量和感情。

当5号与自己分离时,生活就像是从他们身边慢慢飘过,一切就好像从未发生。一件事情只有在情感介入后,才是有意义的,才会对人产生影响。如果一件事情是毫无感觉的,根本没有在记忆中留下痕迹,那它也不会存在于人的意识中。分离对5号具有保护作用。它能够把那些意料之外的情感结点软化掉,减弱那些不愉快的事情带来的影响。当一个人没有感情投入时,生活是平静愉悦的。为什么要拥有强烈的感情呢,它们明明就是痛苦之源?尽管与感情分离可以缓解负面事件的伤害,但是随着时间的流逝,5号也会发现他们似乎成了一个不健全的人,因为他们不再对外界做出反应。当他们拒绝让自己的情感流露时,他们也剥夺了自己的存在。

要承诺与他人维持长期的关系让5号觉得会破坏他们个体的独立。离开某人很容易,要想感受到某人的重要性却很难。当某5号开始看重某人的感情时,他们有时会觉得自己是"身不由己"。他们的隐私被曝光了。突然间,他们成了被他人触摸、被他人爱、被他人影响的对象。

5号说,那些令他们厌烦的感情让他们觉得自己在受人摆布。被陌生的欲望煎熬着,他们产生了8号的怒火。他们有欲望,但是他们又憎恨这些欲望。

一个有效的办法就是把你的意图告诉5号，然后给他们留下考虑的时间。如果他们愿意，就让他们来；如果他们不愿意，你也不要强求。

他们感到自己被人利用了。

"生活怎么能让我这样？"强烈的情感让他们觉得自己在纵容某种缺点。

"为什么要被缺点控制？"

"我不需要这些。"

5号的大部分抵抗行为都出现在情感关系的初期，当他们还没有对外界敞开大门，做好交流准备的时候。他们内心的大门往往只会打开一条缝隙，因为一旦情感侵入到他们的私人空间，分离的防御措施就难以见效了。

如果你要与5号谈情说爱，你就要做积极主动的一方。你可能要主动打电话，主动安排活动，主动给5号一些暗示。当你们两人度过了一个完美的夜晚后，你们的关系可能会面临一段很长时间的沉默。5号可能会有意无意地采取一些疏远措施。他们觉得你的情感可能太苛刻，你的需求会让他们陷入纠缠。他们害怕被控制，所以需要时间退出来静静思考。

有趣的是，在没有人告诉5号应该怎么做时，他们反而可以表现得非常有感情。他们只是不愿意被人强迫。"应该"让人有一种强迫感，于是5号选择退缩。"应该"好像是在索取，于是5号更不愿意付出。"应该"就像一面激怒5号的红色旗帜。他们可能很喜欢看你，但如果你对他们说："看我呀，看我呀！"他们就会扭头离开。

一个有效的办法就是把你的意图告诉5号，然后给他们留下考虑的时间。如果他们愿意，就让他们来；如果他们不愿意，你也不要强求。观察者对于他人的状况非常敏感。只要你不坚持让他们分享你的情感，他们可以成为很有同情心的倾听者和强有力的支持者。

喜欢收集信息的5号不喜欢被他人看见，也不喜欢被他人刨根问底。在亲密的情感关系中，不喜欢被看见意味着对方要尊重他们自己的独立空间，意味着他们会在毫无预兆的情况下去做一些事情。独立就是能够在不让任何人知道的情况下消失。5号时常会突然消失。你根本不知道他们的去向。一个小时后他们又回来了，没有任何解释。如果你需要他们一直在身边的话，这样的表现实在令人难以满意。

"你去哪儿了?"

"我出去了。"这就是他们的回答。

独立还包括了监控信息。5号习惯了用模糊不清的有限语言回答问题。而且,他们也不会主动提供问题之外的信息,就好像那些没有提及的信息根本不存在。当你想知道为什么他们没有告诉你某个决定时,回答很可能是:"你从没问过我呀!"

关注他人的需求会成为自己的包袱,5号希望在情感上独立。作为伴侣的你可以是充满感情,具有依赖性的,但5号自己则不想为情所困。他们对感情的投入只限于你想要的,他们会寻找有效途径来满足你的要求,把你要的给你,然后说:"好了。我做完了。我把你要的给了你,你现在可以走了。"

5号通过给予来获得他们自己的时间。"你得到了,那就赶快离开,好好享受吧。让我一个人呆会儿。"

观察者对于他们的内心世界,或者说"真正的自我",具有强烈的保护欲望。那些觉得自己有特权走近5号的内心世界的伴侣们常常发现5号的思想是聪明但又古怪无常的。5号的内心常常被一些深层问题的深层意义所占据,这种思考有时是令人痛苦的。

5号发出的信号

积极信号

喜欢无拘无束的生活方式,5号对于情感关系非常敏感。他们博学,而且喜欢深思,是内心世界的遨游者。5号对自己的品位很敏感。他们是节俭的,但同时也是唯美的。简约房间里的一个精致靠垫。一盘刀功精细的凉拌黄瓜丝。他们能在危机中保持镇定和冷静。他们是可以让他人放心倾诉的对象。

消极信号

伴侣可能会觉得5号态度冷淡。感觉与5号没有联系,被完全忽视了。5

号要保护隐私的需求好像是在对他人发出拒绝的信号。伴侣必须事事主动，这让他们感到负担。5号的自我控制让人感觉他们是在储藏自己的时间、空间和能量，他们只和自己接触。他们给伴侣的感觉也是神秘而且高高在上的——聪明而傲慢，好像他们凌驾于所有情感之上，无须为自己做任何解释。

混合信号

当5号转向自己的内心时，他们很难完全投入到情感中。这时，他们会清楚地向外界传达"别过来"的信息，就好像把"禁止打扰"的指示牌挂在脸上一样。但是当他们在扮演一个合适的社会角色，或者面对压力（进入7号性格的状态）时，伴侣就很难分辨他们对感情的态度。表面上充满活力，对双方关系非常积极的5号，很可能只是在扮演一个社会角色，或者已经与自己的身体分离，正站在第三方的位置来观看自己与伴侣的亲密关系。这可能会演变成一个不停猜测的游戏。5号到底是不是亲近的？谁知道呢？他们看起来很吸引你，实际上却可能只是逢场作戏。

内在信号

当5号不愿意合作时，他们的能量会迅速从现实中撤走。他们把自己收回，这种表现十分明显，让你觉得尽管你们还在面对面谈话，但却好像是相隔十万八千里。如果你想唤回他们的活力，他们只会把能量向其他地方转移，直到你感到自己已经筋疲力尽。

从5号的角度看，你的能量和兴趣好像是对他们注意力的一种命令。和自身情感分离的5号很难主动去做什么。他们的思想在说："我还没准备好。我不知道做什么。我需要时间想一想。"没有具体答案的要求让他们感到恐惧，因为他们没有办法准备。这就好像是在自取其辱。他们的想法是："不要反应。不要投入。如果你被卷进去，这些人还会提出更多要求。"他们的感觉也是："这样的要求我从没答应过。这是浪费时间。我没有那么多时间。"面对爆发的情感，5号往往不知所措。在没有准备好时，他们的大脑是一片空白。

情感的浮现让思考变得困难，这让他们失去了稳定的基础。他们亟需回到一个人的状态，找到一个安静的地方让自己冷静下来。

如果这样的压力继续增长，5号的思绪就会被打断。他们无法集中精力，一切都变成了零零散散的片断。有时候，时间好像凝固了。今天早上好像根本不存在，自己好像一直都在人群中，无处可躲。他们的思想说："我走不出去了。没有我的地方。我要回到自己的空间里。"他们的感觉也会让他们更确定自己想要摆脱。

这种情绪的盲点在于5号的注意力会被局限在那些可能会失去的事物上，而不是情感关系的其他方面。如果能够减少情感关系中的不确定因素，就能减少5号的紧张。5号在遇到突然性的提问、身体接触或拜访时，会主动退缩到他们自己的空间里。他们只有知道要发生什么时，才会放松下来。

工作中的5号

在工作中

★ 感到自己储备的能量有限。不愿意把时间和精力花在他人的安排中。

★ 会为了得到隐私和追求个人兴趣的自由而努力工作。工作是为了获得独立。

★ 需要让一切都在预料之中。希望有所预见，以便做好准备。想要得到上次会议的记录和下次会议的出席人员名单。

★ 注意力会向环境中的其他人转移。会感到他人对自己的侵略。常常感到因为他人的存在而无法集中精力。

★ 在遇到毫无准备的问题时，或者要求做出自发反应时，会突然僵住。需要退出来，才能把事情想清楚。

★ 严格避免冲突。避免情感介入。

★ 注重理性的决策制定。认为把感觉当作决策的方向标是一种失控。通常能一眼看穿阿谀奉承和做秀。

★ 能够成为出色的幕后决策者，避免直接的外界接触。

作为领导

5号从关闭的大门背后，通过一排电话来进行领导。通常，他们都会有一个更加积极主动的合作者，尤其以3号性格者为佳。5号的角色一般是思考者或者分析家，让更活跃的合作者到前面去冲锋陷阵。当他们要在公共场合露面时，5号会选择一个合适的姿态，恰当的外表和言论。如果情况需要，5号也可以站出来直接指挥，表现十分外向，甚至很吸引人。

我曾经采访过一位管理造船厂的5号领导者。他非常直接，非常有男子气，其表现甚至超过了8号性格者。这位5号领导者说自己在这个船厂基本上是"事必躬亲"。18年来，几乎每天当他从私人办公室的座椅上站起来时，他都会憎恶要走出办公室的事实。但是一旦他走出了办公室的大门，他就会"看到自己"大声地发号施令。

"你必须有一个领导人的样子。"他说。

5号常常会不知不觉地变成公共人物，并把这个人物形象当作自己的角色。当一切都在掌握之中时，这些5号领导者会表现得非常外向。他们可以主持工作、代表企业，或者处理紧急情况。但是当工作完成后，他们自己可能并不会得到什么好处。

观察者关注的是思想，他们通过自己的方式来表达这些思想，而不是通过与他人的交流。他们会毫不修饰地表达自己的信息。他们毫不留情地指出问题，然后等着大家自觉采取行动。5号领导者要的是实际行动，他们会把任务直接抛出来，等着其他人来接。每个人在接受任务之前，都想先知道领导是怎么想的，但5号领导肯定不会有任何表态。5号领导者最好能够配备一个善解人意的顾问，以缓和工作气氛，争取大家的合作和支持。

只要一个项目已经就位，5号能够立即进入领导状态。为了保护他们的隐私，他们会建立专门的联系渠道来与自己的下属们召开"秘密性"会议，而不是把大家都叫来开大会。他们会分别听取每个部门的意见，但是会避免各部门之间的信息传递。效仿老板的习惯，那些下属管理者也会开始隐藏信息，或者通过秘密交换信息来换取自身地位的提升。最糟糕的情况就是整个机构四分五裂，不同部门之间暗自较劲，大家都想要去影响那个身居幕后的 5 号领导者。

擅长高度抽象思维的 5 号可以把大量信息浓缩成一个核心思想。他们首先要在内心建构一个有效可行的计划，然后把这个计划原封不动地复制到外在世界中。在遇到困难时，5 号领导者可以耐心等待。只要基本必需品还能够保证，他们就不会在短时期内惊慌失措。总是坚持最初想法的他们，很难改变原有计划，补充新的内容。他们内心的核心想法往往非常牢固，不会受到外界干扰。

典型冲突

同事们总是抱怨 5 号难以接触。人们总是感觉不到他们的存在。可能他们正坐在椅子上回答着问题，但身上却不会散发出任何能够让人感知的气息。对于那些渴望个人接触，渴望与同事建立联系的人来说，5 号的风格令人难以接受。除非你属于他们秘密接触的圈内人之一，否则你会感到自己是在为观察者工作，而不是和他们一起工作。

人们很容易把自己的意见强加在 5 号身上。没什么反应很容易被理解为同意，没有提出反对意见会被当作是支持。5 号很少发表个人观点，这常常让人们以为他们是同意的，或者认为他们根本不感兴趣。遗憾的是，这样的看法会让 5 号更加远离外界。既然人们要误解自己的意图，为什么还要向外表示呢？有用的办法就是在会议结束前进行正规的总结，以明确每个人的立场。当然会出现"还没有决定"的时候，但重要的是观察者要处在能够明确表达思想的位置上。

不知道 5 号在想什么是经常会遇到的困难。原本毫无表示的 5 号会突然宣布一个最终决定，丝毫不考虑其他相关人员的想法。面对冲突和公开质问束手无策的观察者会选择一个人躲起来，静静地把一切都想好，等决定做完后再公布。当他们公布时，一个可能影响到很多人的决定往往就是简单的几句话。完了，就这样。没有解释。那些收到决定的人，一定会认为5号是个独断专行、冷酷无情的人。

解决冲突

要调解5号和其他性格者的冲突，具体方法参见第三部分内容。

作为员工

对于5号员工来说，摆满了办公桌、没有分隔的个人空间、同事们一起吃饭、一起讨论家长里短的工作环境简直就是地狱。5号想要清楚的界限。他们喜欢一个人完成自己的工作。他们认为个人空间和私人电话是必不可少的。容易受到打击的5号，需要知道自己还有多少时间和多少能力可以支配。

"我做什么？还有多少没做？要做多长时间？"

他们很害怕被打扰，在一个经常有干扰的环境里，他们的工作效率极低。

5号是不连贯的思考者，这是因为他们总是关注于单一的信息。一个问题想过了，放到一边，再想下一个问题。他们会独立思考收集到的每一个信息，他们的题板上会贴满各种信息，这些信息组合在一起构成一幅整体图画，但是每一个信息都是独立的。

这种不连贯的思考让他们很难迅速转移注意力。在受到干扰或者任务临时改变时，他们很难适应。如果某人突然走进屋来，注意力被转移到侵入者身上，5号就很难重新关注于自己的思想。5号一次只想一件事情。如果讨论的内容变化得太快，他们也会感到糊涂。当他们考虑的内容无法适应新出现的观点时，他们最常见的回答就是："我不明白这个问题。"5号的思维可以突然停止，如果他们的注意力转换过快。由于5号十分依赖于自己的内心，这种突然的内容转换也会让他们感到恐惧。

这种注意力的关注方式同样导致了他们喜欢分割生活的习惯。他们把生活

要想从一个 5 号的嘴里知道你想要的答案，你需要精心设计你的问题。

的不同内容划分成一个个独立的板块。5 号会高度投入到他们正在进行的活动中。早上 10 点到中午的这段时间可能是非常愉快的，但是到了晚上，他们就不再记得了。5 号会聚精会神、积极投入到某个生活的板块中，但是一旦注意力转移了，这个板块也就从脑海里消失了，他们开始进入下一个板块。

5 号雇员用工作来换取他们的独立。他们积累财富不是为了享受富裕的生活，他们认为把地位和利益作为工作的动机会让人陷入机构的圈套，成为工作的奴隶。5 号常常感到被他人的安排所控制。他们厌恶自己的能量被老板的利益所利用。他们衡量成功的标准是能否从一个充满利益、地位和等级划分的系统中获得独立和自治。5 号的理想工作状态是在一个独立的办公室里，有同事主动提供资料，而自己能够获得一份合适的报酬，去满足自己在知识上的兴趣爱好。

在团队中

开会是一种包袱，除非会议的内容是具体明确的。开放式的讨论越少越好。5 号的思想不适合参加快节奏的头脑风暴，内容变来变去的讨论让他们的注意力难以跟上。如果讨论的内容乱七八糟，5 号会感到厌倦，干脆不再关注。最好的办法是提前公布会议安排，让每个参与者有时间去准备。如果要进行头脑风暴，应该在会议安排中标出具体的时间。

观察者喜欢负责小范围的、有清楚界限的工作。他们喜欢具体的问题，最好是他们感兴趣的，他们不愿涉及边界模糊不清、没有经过仔细思考的领域。要想完全了解一个 5 号的想法几乎是不可能的。你只能了解他们愿意表达的想法，而且他们的回答绝对不会超过你的问题。主动回答不是他们的习惯。

"我没有告诉你是因为你没有问我。"

"你问的就是这些。"

5 号的这种回答常常遭到团队其他成员的抱怨。5 号总是检查他们掌握的信息，而且会无意识地隐藏他们知道的内容。要想从一个 5 号的嘴里知道你想要的答案，你需要精心设计你的问题。

帮助5号成员的办法就是让他们在团队成员面前说出自己的真实想法。

一旦投入到工作中，5号会干个不停。在面对一个既有难度、又有意义的项目时，他们的表现最为出色。他们工作的动力来自于面对的问题，而不是奖赏和利益。他们可以花几年的精力去研究一个细微的科学领域，而且不需要得到公众的认可。这种投入有时也会成为他们与外界交流的障碍。5号一旦遇到自己感兴趣的问题，就会全身心投入其中，把自己与外界脱离开。他们只在必需的时候才会联系同伴，他们打电话可能仅仅是为了获得他们想要的资料。保护自己的隐私，不愿意与外界沟通的5号看上去更像是一个索取者，而不是给予者，因为他们与他人的联系永远都是一样的：打电话、提要求、得到、离开，没有任何解释。

帮助5号成员的办法就是让他们在团队成员面前说出自己的真实想法。如果他们在开始的时候感到拘谨，可以让他们在会议结束的时候进行总结发言。不要以为5号自己知道他们脱离了集体，或者感到与他人缺乏联系。不，他们不知道。在与5号交流时，最好选择与工作有关的信息。

第六章　6号性格——怀疑论者

	性格特征	本体特征
思想	胆怯/猜疑	信念
情感	害怕	勇气
基本性格分支		
两性关系：力量/美丽		
社会关系：责任感		
自我生存：温暖/关爱		

6号的性格特征

世界观

世界是危险的。我质疑权威。

精神通道

怀疑是因为失去了信念。

6号在童年时代内心就失去了安全感，这让他们感到害怕，也让他们一生都在追求勇气。害怕让他们依赖于规则和能够保护自己的权威，这似乎给他们找到了另一种信念。在九型人格中，6号属于害怕类型，他们不再关注自己的信念，内心被强烈的质疑占据，这很像佛教修行中的疑心。成功和好意看上去尤其值得怀疑。

内心的胆怯和猜疑是信念的自然始发地。对于心理成熟的人来说，信念最初都表现为坚定的信心，但就和本体的其他品质一样，信念也可以改变个人意识。

6号的关注点

★ 用思想代替行为。延迟行动。像一个冻僵的兔子。

★ 行动缓慢加剧焦虑感。想象最糟糕的情况。要么斗争，要么逃跑。反恐惧症型的6号——直接对抗，大胆——指责；恐惧症型的6号——鬼鬼祟祟，害怕——溜走。

★ 在生活的三个关键领域用下列方式表现内心的害怕：

- 力量/美丽，在情感关系中。
- 责任和遵纪守法的社会行为。
- 用关爱（温暖）确保自身安全。

★ 有远大的目标，但往往都无法实现。

★ 越成功，越担心。成功意味着暴露在敌对势力面前。

★ 对成功和快乐患有健忘症。常常在逆境中成功。是困难时期的可靠伴侣，能够帮助企业扭亏为盈。

★ 质疑他人的动机，尤其是权威。

★ 认同被压迫者的事业。是反对党的领导人。

★ 害怕承认自身的愤怒。也害怕他人的怒火。

★ 喜欢问尖锐的问题。想要消除疑虑。想要得到解释。

★ 多疑。是佛教中的疑心者。老是想着："是的，但是……""这可能不行。"能够看到漏洞，是解决麻烦问题的能手。

★ 检查环境中的安全信息和危险信息。身上好像随时带了一个扫描雷达。这种注意力的关注方式会让他们更坚信：

6号总是做好了被反对的准备，他们对于支持总是抱以怀疑。6号要获得成长，就需要重新建立对他人的信任。他们在学习信任的过程中成长。帮助6号的人是那些能让6号放心的人，那些在未来模糊不清时，依然站在6号身边的人，那些忠实于他们的世界的人。

- 世界很危险，但同样也会让他们：
- 认清他人的动机、需求和内心世界。

性格倾向

当我们感到自己身处危险之中时，我们都会表现出6号的性格特征。在交战地区，在黑暗的街道上，在悬崖边的山路上。我们会高度紧张。肾上腺素促使我们坚决斗争或者赶快溜走。要么振作起来抵抗，要么找个掩体躲起来。这两种反应都是可能的。具有恐惧症的6号会躲起来，当他们感到被逼到墙角时，他们会投降。反恐惧症型的6号虽然也感到害怕，但是他们会选择激烈的方式来挑战自己的害怕。

6号性格者从小就学会了保持警惕，学会了质疑权威，学会了去弄清楚"你到底是什么意思"。小心而多疑，他们仔细寻找所有潜藏的意图，就像3号会去寻找形象和成功一样。6号怀疑权威，而3号则让自己扮演权威。

令人费解的是，成功也让6号感到恐惧，就如同受到袭击一样。"你值得信任吗？"6号会到处寻找答案，不放过任何迹象。因为他们心里在想："万一……？"如果这种想法成为自然习惯，他们的自我观察就停止了。6号总是做好了被反对的准备，他们对于支持总是抱以怀疑。充满了担忧的6号用思想取代行动。当他们想到的都是最糟糕的情况时，他们根本不可能行动。

6号要获得成长，就需要重新建立对他人的信任。他们在学习信任的过程中成长。他们应该学会把思想中的害怕与现实的危险区分开，学会看到希望，而不仅仅是疑虑。帮助6号的人是那些能让6号放心的人，那些在未来模糊不清时，依然站在6号身边的人，那些忠实于他们的世界的人。

分支性格关注点

害怕将影响6号对情感关系、社会关系和自我生存的态度。

在一对一情感关系中表现出力量和美丽

当你害怕他人时，同情心会让你感到更加无助。你感到被自己的感情所操纵了。你被他人的力量所控制。

"要是他们不爱我怎么办？"

"他们变心了怎么办？"

你疯狂地寻找肯定答案，这让你感到羞辱。你有一种被抛弃的感觉，这让你感到脆弱。你不停地往后退缩，开始怀疑他人的诚意，尽管你可能并没有意识到。

"他们那样说只是客气话。"

"他们不过是在假装亲切。"

相信他人，然后却遭到背叛的感觉太糟了。怀疑看上去是一种更现实的选择。

力量和美丽是权力的表现，是为了掩盖内心的疑虑。表现的动机是为了吸引对方，赢得对方的忠心。6号热衷于表现出力量和美丽，希望借此来控制他人。

这种性格特征具有强制性，一个特别明显的表现就是6号会想要证实自己能够影响同伴或伴侣。令人敬畏的聪明、强劲的反对者、迷人的美女、引人注目的男子，这些都是他们想要表现出来的。这种对权力的追求尤其表现在：注重身体力量和外貌的塑造，他们想要同时拥有一打情人或者拥有超越他人的聪慧。如果大家都认为他或她是强壮、美丽、性感和聪明的，即便是个胆小鬼也会立刻挺直了腰杆。

这种对力量或者美丽的追求在其他性格类型中也能看到，不同的是，6号追求力量或美丽的动机是为了缓解内心忧虑。当我们受到重要人物的重视时，当我们赢得同事或伴侣的尊敬时，内心的害怕就蒸发了。这种对权力的渴望常常伴随着冒险的反恐惧症式行为，这同样也是对内心担忧的掩盖；而情感的关注点则会集中在对同伴或伴侣的吸引上。在一对一的关系中，对力量或美丽的专注在恐惧症型的6号身上会反映得更加明显，因为这会和他们胆怯的行为形成鲜明对比。

害怕会在朋友的陪伴下消失。当你和理解你、包容你的人在一起时，你会很放松。6号在与那些喜欢他们的人在一起时，会感到安全；遇到不喜欢他们的人时，则感到危险。

在社会生活中表现出责任感

6号通过承担多种责任和义务来压制内心的恐惧。群体的需要会控制我们的行为，我们知道该如何表现。当个人观点得到群体权威力量的支持和确认时，对自我的怀疑就会降低。只要我们不是一个人，我们就不会受到攻击。

6号可以完全投入到他们的家庭或者集体性的事业中。社区、政治团体、提供自我帮助的群体以及教会都是他们愿意加入的组织。他们常常与社会团体或者社会利益紧密相连。他们强迫自己承担多种社会责任，是因为他们害怕遭到抛弃。遵循原则会确保他们在群体中的地位。

具有责任感的6号能够为了事业、家庭和理想做出极大牺牲。和其他6号一样，他们在获得成功之前，会具有一股反抗力量，这时他们的表现是最出色的。当他们感受到责任的呼唤时，他们的表现尤其优秀。他们可以鼓励身处困境的其他人，并为扭转局势做出英雄之举。责任的呼唤产生行动。朝着一个目标奋斗并不难，但成功反而令他们害怕。

通过关爱（温暖）获得自我生存

害怕会在朋友的陪伴下消失。当你和理解你、包容你的人在一起时，你会很放松。你们有共同的历史，你熟悉一切，于是你放下自己的防卫体系。6号在与那些喜欢他们的人在一起时，会感到安全；遇到不喜欢他们的人时，则感到危险。他们会向外界寻求证实。

"你还爱我吗？"

距离和沉默更让他们感到怀疑："我们之间已经变了吗？""你现在怎么想的？"他们不再去理会事实，而是完全陷入自己的想象中。

"为什么没人打电话给我？"

"也许已经结束了。"

他们甚至会在没有电话时感到一种解脱。不用再担心了，反正也挽救不了了。

在不知不觉中，6号的注意力从怀疑转移到想象，又从想象转移到事实，直到他们确定一切已经结束。6号不会发现他们是在自己吓唬自己，他们失去

6号的生存技巧和2号很像。温和的6号和2号都想接近他人，愉悦他人。这两种人都依靠他人获得安全感。不同的是，2号为了讨好他人而改变自身特征，6号不会改变自我。6号只是通过取悦他人来感到安全。

了信念。当电话最终打来时，他们感到震惊。电话另一端是一个兴高采烈的声音，根本不知道情况已经变了。6号就这样轻易地失去了对他人的信任。

如果能够得到鼓励和温暖，6号会十分重视与他人的友谊。当你的安全与他人联系在一起时，你就会想要理解他人。你靠近他人，与他人站在一起，对他人给予支持，赢得他人的友谊。

"我们一起参加。"

"我为你而参加。"

"我们并不孤独。"

当你看到有人喜欢你，你就不再害怕。人们会保护他们喜欢的人。

因为安全与友谊紧密相连，友情的变化会非常可怕。这就好像被重新扔回到那个充满敌意的世界中。6号的生存技巧和2号很像。温和的6号和2号都想接近他人，愉悦他人。这两种人都依靠他人获得安全感。不同的是，2号为了讨好他人而改变自身特征，6号不会改变自我。6号只是通过取悦他人来感到安全。

著名的6号性格者

美国著名导演伍迪·艾伦，他把自己扮演成典型的恐惧症型6号，是一个非常著名的怀疑论者。"水门事件"（美国历史上最不光彩的政治丑闻之一，最终导致总统尼克松于1974年被迫辞职。）中的一个重要人物——戈登·利迪（Gordon Liddy）是典型的反恐惧症型6号。这位曾担任美国联邦调查局探员的6号性格者自己透露说，他曾经强迫自己吃掉一只老鼠，为了克服自己对老鼠的恐惧感。

伍迪·艾伦
（Woody Allen）

戈登·利迪
（Gordon Liddy）

其他著名的6号性格者包括：

★ 克里希那穆提（Krishnamurti）：1895-1986，印度著名哲学家。在西方有着广泛而深远的影响。他主张真理纯属个人了悟，一定要用自己的光来照亮自己。

克里希那穆提
Krishnamurti

简·方达
Jane Fonda

★ 简·方达（Jane Fonda）：美国著名女演员。

★ 吉姆·琼斯（Rev. Jim Jones）：1931-1978，邪教人民圣殿教（The People's Temple）创立人，宣称世界将要毁灭。

★ 福尔摩斯（Sherlock Holmes）：侦探小说中的虚构主人公，一位理性又博学的英国绅士，一位具有高度科学头脑的私家侦探，精通侦探业务所需的多种专长。

福尔摩斯
Sherlock Holmes

★ 希特勒（Adolph Hitler）：典型的反恐惧症型6号。1889-1945，纳粹德国独裁者。

希特勒
Adolph Hitler

★ 哈姆雷特（Hamlet）：恐惧症型的 6 号。莎士比亚悲剧中的主人公，后专指优柔寡断的人。

哈姆雷特
Hamlet

焦点问题

投影

6 号的警惕性很高。他们的注意力高度集中，而且当他们感到危险时，他们会从外界寻找能够解释他们内在担忧的线索。环境突然变得很重要。所有的表情和手势似乎都在回答着一个个毫无关联的问题：

"你喜欢我吗？我安全吗？"

"我看到你动摇了。我看到你迟疑了。"

九型人格中的所有类型都会做出某种程度的投影表现，为了保护自己，他们会把一些潜藏在内心的信息投射在他人身上。但是对 6 号来说，投影完全就是一种害怕的倾向。危险似乎"就在那里"，除非你能得到反馈的信息来消除担忧。就如同下面这位 6 号工程师一样，他明显是把自己的感觉投影到了妻子身上：

参加完聚会已经很晚了，我们一家人驾车回家。我的女儿艾米在开车，她还不到二十岁，刚刚拿到驾照。艾米选了一条很宽的公路，她开得很快。我开始手脚发凉。我不愿做容易生气的父母，我想我的妻子，她是 1 号性格者，应该知道发生了什么。1 号性格者不是总能察觉到他人的异常吗？她怎么不说点什么呢？我的手紧紧抓着车内的扶手，心想："1 号想要你先说，然后他们跟着批评。"我感到妻子明明知道，却故意不吭声，想让我先说出来。"她在等

> 6号容易受到那些具有吸引力，愿意带头的人的影响。成为一个跟随者要比一马当先安全得多。持续一致是非常重要的。他们要不断地被说服，每天都要检查真相。

着我来阻止艾米，然后她再出来附和一下。"我知道她在抱怨我。

等我们到了家，我已经满头大汗。我讨厌她的态度，最近这种事情经常发生。她不是1号吗，1号不是有什么不对劲的地方都会立刻发现吗？我知道她是故意的。下车的时候，我回头瞪了她一眼，脱口而出："你干嘛要这样？"

在我说话的同时我发现她刚刚睁开眼睛。

"怎么了，亨利？上车我就睡着了。"

肯定

如果有其他人愿意打头阵，怀疑就会降低。6号容易受到那些具有吸引力，愿意带头的人的影响。成为一个跟随者要比一马当先安全得多。持续一致是非常重要的。他们要不断地被说服，每天都要检查真相。一旦发现了不实的迹象，就会立即产生怀疑，而且很难原谅。

6号想知道你想要什么，你是怎么想的，只有这样才能消除他们的疑虑。他们可以很友好，但同时格外注意对方的意图和情感变化。他们会把他人的情感变化放大，会害怕是针对他们的。他们可能头一天还与某人相处得很好，第二天就完全变了。最坏的情况占据了他们的思想。整个关系被怀疑包围。

"你为什么对我着迷？"

"我做了什么呢？"

6号会不断要求得到答案。糟糕的是，当他们提出要求时，往往是他们的伴侣最不想回答的时候。

怀疑论者需得到肯定。如果听到好消息，他们会很惊讶，很高兴。如果消息不好，他们至少知道自己的处境。他们在内心早已想到了最坏的情况，所以坏消息并不会让他们感到吃惊。如果有困难，他们会积极应对；但是如果什么都不知道，就会让他们无所适从。什么都有可能，这种感觉最糟糕。你无法去做准备。当消息无法确定时，6号陷入自己的想象中。一个减压的好办法就是有备无患，确保基本的保障。

"如果事情严重了，我需要有钱、有车，还要有一个可以住的地方。"

最好的办法就是让他们去验证事实。怀疑会在诚实的请求面前消失。他们还可以把积极的想法和消极的想法都说出来，直接从怀疑对象那里得到回答。这些想法到底是错误、直觉、投影，还是怀疑？说出来就知道了。

好了，先把钱、车和居住的地方准备好。有了这些基本的准备，就不会害怕到时候不知所措了。

还有一种办法，就是让6号去想象最好的可能，然后大声说出来。

怀疑

6号的怀疑表现在内心的疑问上。外在的信息需要被检查。他们在乎的不是外表，而是外表背后掩藏的内心。下意识流露出来的动机比一个迷人的微笑更值得关注。他们总是寻找现实世界的深层含义，希望能够透过表面看到本质。可爱的外表、优雅的着装、礼貌的态度——还有呢？

"藏了什么？"

"他们在想什么？"

"动机是什么？"

"有什么能让我们相信？"

这些咄咄逼人的问题很容易变成一种负面思维，尤其是当6号忽略明显答案去寻找深层意义的时候。6号很容易撞到电线杆上，因为他们过于专注，对眼前的现象视而不见。

"什么？地震了吗？我怎么不知道？你看那个表情多有趣！"

在6号看来，忽视表面并不等于怀疑。假设隐藏的意图是非常现实的。怀疑也并不是不信任他人。

最好的办法就是让他们去验证事实。怀疑会在诚实的请求面前消失。他们还可以把积极的想法和消极的想法都说出来，直接从怀疑对象那里得到回答。这些想法到底是错误、直觉、投影，还是怀疑？说出来就知道了。

唱反调

怀疑能够产生非同寻常的洞察力。6号的脑海里充满质疑，他们对那些显而易见的现象视而不见，一定要唱反调去揭示表面现象所隐含的模糊意义。有个笑话说，一般打招呼说的问候："你好！你怎么样？"也会被6号近乎神经

> 6号会高估他人的能力，却总是怀疑自己的能力。这让他们无法坚持自身的立场。6号应该去了解他们自己，他们需要的是自身权威的引导，而不是从外界寻找权威。

质地关注发掘出秘密含义。"我好吗？我怎么样？你为什么想知道？"要了解他人动机才能感到安全的6号会想："是不是有什么对我不利？""你为什么想知道我的情况？"怀疑通常是想知道对方的意图。背后到底有什么企图？

这种负面的质疑会导致一种异常精密的思想。6号的内心在不断地怀疑，消除怀疑，再怀疑，直到所有的疑虑都消失。他们的内心总是处于侦探的工作状态。他们因此成为解决问题的高手，能够发现那些欺骗的假象和掩盖的错误。他们能够看到争论中的漏洞，并会坚持通过论证来证实自己的疑虑。他们能够看到影响讨论的核心问题。最重要的是，他们能够看穿他人的意图。动机是什么？他们是敌对的，还是友善的？

行动

怀疑还会让人失去信心，感到沮丧。你相信一切都是徒劳，既然完成不了，为什么还要做呢？这种因为怀疑而产生的沮丧会让人放弃行动。要让6号行动起来，就要避免让他们看到强制性的权威，不要让他们感到是在警察的监督下干活。最好的办法就是给他们树立一个好榜样。把你自己的工作完成，不要去管6号的工作。只要你的工作见效，他们就会去把自己的工作完成。6号很少会去带头做什么事情，尤其是在面临成功的时候，这让他们感到自己正在走进陷阱。他们害怕一个人，害怕被曝光，害怕成功，鼓励看上去就像是个圈套。6号可能把他人的恭维看作别有用心，而他人的支持反而会让他们感到敌对。

要消除他们的疑虑，就要尽可能消除所有不确定的因素。根据情况做出反应要比提前行动容易得多，因为你知道自己面对的状况。

权威

6号会高估他人的能力，却总是怀疑自己的能力。6号需要向权威汇报，向权威解释，获得权威的许可，以确保权威是站在他们这边的。他们倾向于生活在受保护的地方。很多6号选择受保护的婚姻和安全的机构，比如部队或者教堂。不论是恐惧症型的6号，还是非恐惧症型的6号，都倾向于高估他人，这让他们无法坚持自身的立场。从6号的观点来看，站在自己的立场上就意味着反对权威，这种冲突会逐渐升级。他们反复想象最糟糕的结果。那些厉害的人生气了，该怎么办？对权威的屈服也会导致反抗。6号应该去了解他们自己，他们需要的是自身权威的引导，而不是从外界寻找权威。他们有能力处理好自身的恐惧心理。

安全和危险

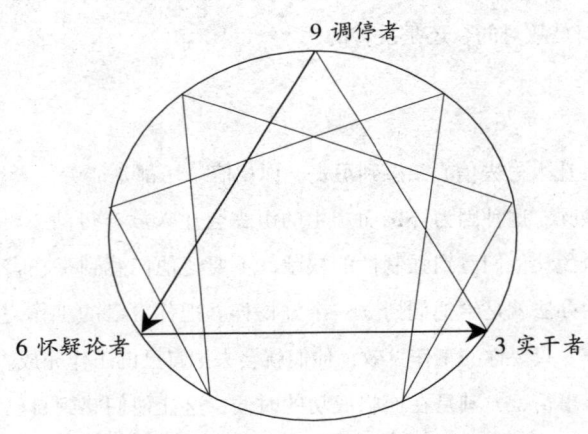

图6　6号性格点的动态变化

安全

一个安全的6号会表现出9号的特征，他们会感到放松。内心被解放，思想平静下来，身体意识重新回来。感觉就好像返回自己的理性中。作为一种与外界疏远的性格类型，害怕虽然是6号的内心缺陷，但这种激情与其他性格的激情相比，却有一种奇怪的优点，因为害怕并不像其他几种激情那样具有强大的吸引力。害怕不会带来自我膨胀，也不会带来自我安慰，所以一旦人们意识到了它的存在，就会很主动地去改变。不过对于6号来说，最大的好处还不在

> 9号性格的正面影响在于，它能让6号敞开胸怀，走出去，面对他人。
> 在放下警惕心后，爱情、友谊和快乐变得更加容易获得。

于此，而是能获得即刻的释怀。当痛苦远离时，你才知道你受到了多大的伤害。怀疑论者可能并不知道自己想象了最糟糕的结果，但是一旦这种想象消失了，他们会如释重负。

一个放松的6号可能会担心失去自己的优势。我曾经采访过一位放射学家，他认为当自己处于轻微的妄想状态时，他的研究水平反而提高了。我们开玩笑说，这位处在妄想状态的物理学家一定会用X光扫描他人的意图，不过这里的关键问题是，当他感到放松和快乐时，他认为自己的警觉也减弱了。6号性格者尖锐的注意力很可能让他们在无意中发现危险信号。当这种思想状态松懈时，注意力从外界转移到自己身上。感官的灵敏度增强了，但是原本的关注却受到了干扰。6号性格者所说的"失去优势"，实际上就是因为自己失去了关注的焦点，感觉整个人好像漂浮起来了。

对6号来说，9号特征的负面影响在于当他们失去警觉时，好像也失去了动力。肾上腺素降低了，干劲没了，兴趣也没了。生活松弛下来。焦虑没有了，感觉时间有的是。什么都不在乎了。没什么问题。外表看上去很平静，内心里也没有什么内容。

9号性格的正面影响在于，它能让6号敞开胸怀，走出去，面对他人。在放下警惕心后，爱情、友谊和快乐变得更加容易获得。处于9号状态的6号能够摆脱思想，从行动中体察到他人的优点。但是，让一个受思想控制的人生活在情感和知觉的世界中，会令其坐立不安。他们感到有点恐慌，想要回到自己的思想中，弄清楚到底发生了什么。怀疑论者需要一种安全的方式来放松。体育运动是一个很好的选择，能够帮他们区别用思想生活和用身体生活的不同。

危险

当6号遇到压力时，最初反应就是加紧防御。他们感到很恐惧，好像某些可怕的事情将要发生，但实际上可能毫无事实根据。恐惧症型的6号可以长期处于这种状态。放松可以帮助他们，但总的倾向还是提高警惕。6号想要被拯救，想要摆脱这样的局面，想让其他人来帮他们完成没有做完的事情。这种内

要让压力状态的正面影响得到发挥，就要把注意力集中在要做的事情上，让自己放松下来，而不是更加紧张。

心的紧张达到高峰时，就会引发两种结果——奋起反抗或者溜之大吉。

6号性格者在压力状态下向3号性格靠近，这种变化既可能给他们带来动力，也可能令他们更加害怕。反恐惧症型的6号不愿再等下去，他们主动开始行动。行动会让他们感觉好起来，就好像你在跑步的时候，只要向前迈出一步，就是离终点又近了一步。当然，你也可能是在充满恐惧的状态下奔跑。如果6号能把注意力放到自己要做的事情上，这种能量的释放就具有积极性。感觉就像是在迎难而上，考试一定要过，孩子一定要生，困难一定要克服。如果肾上腺素的激增让满脑子都是最坏的情况，情况就不妙了。这就好像身处一部恐怖电影中，而你自己就是导演。这种压力状态的负面影响可能让6号陷入困境，刚刚振作精神，很快又泄了气，最终垮在起跑线上。要让压力状态的正面影响得到发挥，就要把注意力集中在要做的事情上，让自己放松下来，而不是更加紧张。

恋爱中的6号

和6号在一起

★ 6号会质疑你的企图。他们怀疑你好心的问候，猜测你的真实想法，不看重浪漫的爱情。

★ 6号可以成为忠诚的盟友。他们强烈支持处于逆境的关系，是非常投入的支持者。

★ 6号需要得到肯定信息来消除疑虑。"你会一直爱我吗？"对于这样的问题没有正确答案。即便你的回答是肯定的，他们也会怀疑你是否诚心。你需要不断地肯定。

★ 6号会把自己的感受投影到他人身上。比如，他们可能认为你不够专一，实际上是他们自己在东张西望。

★ 6号会发现双方关系中的问题，这些问题会成为他们关注的焦点。

> 6号想要保持双方的关系，但又害怕不长久。他们愿意试一试，但是又害怕。

★ 6号希望能够影响你（比如通过温暖的关怀、坚定的支持或者性吸引力），但是他们不想被你影响。6号觉得自己的欲望被唤醒是一件可怕的事情，这会让他们意识到自己也有脆弱的地方。他们喜欢通过帮助他人实现目标来体现自己的力量，他们非常愿意自我牺牲。

★ 不要指望6号能够对他们的紧张做出解释。

★ 6号会从你的行为中寻找线索。"表面迹象下掩盖了什么？你对其他人是什么态度？你到底是怎么想我的？"他们需要确定。

亲密关系

6号具有很强的想象力和思考能力，但是他们很难坚持到底。浪漫的爱情最初是充满吸引力的，但可能突然就变得令人怀疑了。这是种约束，如果再继续下去，可能要受到伤害；如果退出，就错过了一切。当人想要得到什么时，欲望是可怕的。6号想要保持双方的关系，但又害怕不长久。他们愿意试一试，但是又害怕。当思想取代了行动后，美好的想法渐渐变成了模糊不清的可能。虽然他们很想，但又担心会出问题。在你可能根本无法得到的情况下，最安全的做法就是别想了。

在外人看来，6号是个矛盾体，因为他们总是在信任和怀疑之间摇摆不定。在6号自己看来，他们很清楚自己想要什么，但又害怕得不到。他们不知道是否会有一个积极的结果。怀疑同样也算是一种安全的后退。虽然他们有感觉，但他们会怀疑自己的感觉。6号可以从各个方面完全投入到一段情感中——身体上、经济上和情感上——但是依然心怀疑虑。这种状态的好处在于，他们可以在完全投入到恋情中时依然清楚所有负面的可能。如果你具有透过现象看到本质的洞察力，你会很骄傲，你一定不会轻易听信谣言。

爱是怀疑。时常出现的怀疑并不意味着6号要脱离这段情感关系。正相反，怀疑可能是一种让他们留下来的方法，因为怀疑能够减弱他们因为想要得到某人而产生的恐惧。怀疑是一种克制焦虑的方法。怀疑减轻了恐惧。他们还不是完全肯定，还可以看到缺陷，这就不可怕。问题是6号熟悉的，他们喜欢作为伴侣，要想帮助6号，就应该表明立场，向6号重申对他们的承诺。不要有夸张的成分，不要刻意讨好，也不要虚情假意。在信念发生危机时，6号需要一个前后一致的故事。

去质疑，然后修正。

长期的情感关系很多时候都会带有疑虑。这些担忧一定要表达出来，否则就会成为6号的心病。表达疑虑也是赢得信任的一种方式，尽管它可能为伴侣带来痛苦。比如，当6号问："你会永远爱我吗？"这听起来就像是对伴侣忠诚度的质疑。同样，6号还可能说："我现在很爱你，但这安全吗？"他们发现了自己产生了爱的冲动，并因此感到害怕。对于6号这些没完没了的问题，伴侣最好不要厌烦，最简单的做法就是向他们重复对爱情的承诺。当他们问："你会永远爱我吗？"他们可能只是想知道"从今天早上到现在，你有没有变心呢？"

当怀疑来临时，6号的伴侣可以扮演夫妻双方的记忆库。受到爱的威胁，6号怀疑情况是否能够变好。

"我无法相信你。你难道不会让我失望？"

作为伴侣，要想帮助6号，就应该表明立场，向6号重申对他们的承诺。不要有夸张的成分，不要刻意讨好，也不要虚情假意。在信念发生危机时，6号需要一个前后一致的故事。

不安全感有时也能带来坚固、长久的婚姻。只要6号确信婚姻是可以维持的，他们往往就会主动承担更多责任。他们的需要其实很少。他们不需要得到太多关注，并且会十分忠心于他们所信任的人。他们会把自己的安全和忠心交给一个特定的对象。

"一个像家人一样的人。"

"我们中的一员。"

6号会依恋于某人，不是因为外表、地位，或者对方能够提供什么样的物质生活。这种投入的最高境界就是自我牺牲。忠贞的6号会把自己的爱人放在第一位。

一旦感到害怕，6号会立即采取行动。当妄想达到高峰时，他们不是斗争，就是逃跑。任何斗争都包含着6号自身对遭到袭击的畏惧。人们看上去是令人恐惧的。别人说的话似乎都别有企图。选择斗争的6号因为受到愚弄而愤怒。

"我那么相信你。"

"你看，我根本就不该相信你！"

愤怒让他们急于显示出自己的力量。

"我很强大。我不怕。"

6号在受到威胁时，可以表现得非常霸道。进攻掩盖了内在的怀疑。他们的想象把对方的力量夸大了。他们为最坏的情况做好准备。他们还可能为了探测问题的严重度，有意去折磨对方，想知道"你到底会有多生气？"

6号根本不会意识到，他们是在把双方的关系往火坑里推。他们为对方提供了分手的借口。伴侣如果要想维持关系，就应该冷静重申他们的承诺。

"上周我很爱你。现在我也没变。我依然爱你。等我们冷战结束后，我还会这样爱你。"

听到这样的表白，6号就放心了，伴侣不再令他们感到害怕，他们想象中的糟糕结果就不会发生。

6号发出的信号

积极信号

6号会对他们信任的少数对象表现出极度的忠诚，这可能是他们的事业，他们的朋友，或者他们的保护人。他们还会信任那些软弱无力的人，那些感到害怕的人。6号有时会扮演反对者的角色，他们敢于唱反调。你会发现6号是非常具有创意的思考者，他们具有细微的洞察力和强大的想象力。6号可以在深爱对方的同时，依然十分清楚对方的缺点。他们爱的是你这个人，而不是你的形象。

消极信号

6号有时候会牵强附会——把不相干的事情联系在一起；他们还会用过度

6号应该关注于对方的原话，而不要去杜撰其他的内容。

的保护来控制局势——加强防御，让自己安全；他们不告诉对方自己在思想上的变化，把疑虑藏在心里。当情况在往好的方向发展时，他们的思想却很矛盾，这让他们犹豫不决，闪烁其词，常常半途而废。他们对权威既表现出屈服，又带有反抗。"是的，但是……"他们常常会表达矛盾的观点。

混合信号

隐藏在内心的疑虑让6号传递的信号前后不一。你有时候弄不清楚6号是不是喜欢你。6号对双方的关系感到怀疑，但是又不愿意脱身而出。他们开始的态度很好，但很快就转变了。怀疑论者往往是在情感关系的酝酿阶段和初始阶段充满兴趣。当他们应该采取进一步行动时，他们的心思却飞走了，然后一切都变得不确定了。

"你确定这有用吗？你怎么想的？我们怎么能确定？"

内在信号

要讨好6号可不是件容易的事情。对他们真心的赞许也不会被完全接受。他们的思想在说："你听到了一些赞美你的话。记住。"但他们的感觉会背道而驰。他们一会儿在想："这听起来很真诚。可能是真的。"一会儿又突然开始怀疑了。怀疑阻碍了他们的感觉。他们可能听见你说的话，但是他们并不完全相信，因为他们并没有完全感觉到。他们在想："这不过是客气话。"这并不是说6号认为你在撒谎，而是他们觉得你话里有话。

"还有什么没说的？"

"整个情况是什么样的？"

"你为什么不把你的疑虑说出来？"

6号热衷于追问和澄清。6号应该关注于对方的原话，而不要去杜撰其他的内容。检验现实能够帮他们消除怀疑。他们应该在谈话中把自己的疑虑大声说出来，让对方予以解释。

"你刚才那话到底什么意思？"

工作中的 6 号

在工作中

★ 有很强的分析能力。注意力会转移到问题上，站在反对者的立场上思考。对显而易见的事情表示怀疑。

★ 高估权威的力量。会把精力投入到那些看上去很权威，但实际可能并没有那么厉害的人身上。害怕被比较，这让他们感到自己很弱小。

★ 面对自己的软弱，要么向权威寻求保护（依赖者），要么战胜它（反叛者）。

★ 为了掩盖内在焦虑而把自己打造成超级英雄。要向他人证明自己。自我克制。强硬到底，战胜恐惧。

★ 在处于劣势时，更能够全力以赴。保护失败者。让企业扭亏为盈。

★ 对任何弱点都很敏感。喜欢唱反调。"是的，但是……"会全面考虑。"让我们看看另一方的立场。"

★ 行动会突然瘫痪掉。当成功已经清晰可见时，反而无法有效前进；找不到反对力量就无法集中精力。怀疑开始浮现。

★ 有破坏成功的倾向。把工作搞砸，忘记时间，遗失重要的文件。在处于成功的位置时，反而感到危险。认为没有人会喜欢权威。自己后退。

★ 不知道与成功有关的紧张感来自何处。"是不是我的下属们不喜欢权威？""是不是我感到某种背地里的威胁？是不是有可能发生动荡？""我为什么感觉不到成功的快乐呢？"

作为领导

非常奇怪的是，6 号在处于逆境中时反而会迸发活力。在公司濒临破产时，看看 6 号主管的表现。在比赛结束两分钟前，比分落后 14 分时，看看 6

当你在与一个真实的困难而不是一个虚构的情景较量时，你就不会再怀疑。集中注意力开始行动，这需要6号投入比平常更多的力量和智慧。当他们完全投入到行动中时，害怕就消失了，因为害怕只能存在于心中，而此时他们心中只有他们要做的事情，根本没空儿害怕。

号四分卫的表现。6号领导往往是在企业遇到危机时，表现得更清楚、更有力。当你在与一个真实的困难而不是一个虚构的情景较量时，你就不会再怀疑。集中注意力开始行动，这需要6号投入比平常更多的力量和智慧。当他们完全投入到行动中时，害怕就消失了，因为害怕只能存在于心中，而此时他们心中只有他们要做的事情，根本没空儿害怕。

当胜利的时机已经成熟时，内在心境发生了变化。6号不再充满活力，他们的兴趣也大不如前。在找不到斗争的对象时，行动变得迟疑。处理事务的程序变得重复而繁琐，不再像危机状态下那么简单利落。决策的制定开始滞后。很多计划都在考虑之中，无法实施。领导者想要得到肯定答案后再前进。

6号需要在成功后直接获得诚实的反馈。"诚实的反馈"对于6号来说包括恰当的、言之有理的反对意见。这次成功中有哪些不足？有谁在午餐时提出了批评？夸张的恭维听上去并不真实。要想在6号面前表现出自己的聪明，就要提出有建设性的意见。

6号对于唾手可得的成功感到矛盾。在长征的途中，他们会是出色的领导者。他们会号召大家团结一心，克服困难，因为困难就是他们关注的。当他们战胜了艰难险阻后，他们突然发现自己变成了众人关注的对象。

失去了斗争对象的掩护，6号惊讶地发现自己成了众人瞩目的领导者。要继续发挥领导作用，他们就需要继续获得因为受到压迫而产生的动力。在失去了对抗力量后，坚持一项行动变得格外困难。6号关注的是那些给他们带来麻烦的问题，而不是那些积极的信息。他们要想获得成功，就需要坚持到底，需要动力支持。如果能够从令人尊敬的长者或者行业公认的智者那里获得肯定的反馈，将大大帮助6号抵抗内心疑虑的攻击。

6号必须在消除了所有不好的可能性后，才会去关注积极的选择。他们在开始扩张规模之前，会确保整个运作结构是成功的，而且不会遭到破坏。一旦他们进入了新的项目，他们又会全力以赴，成为出色的问题解决者。

心存疑虑的积极作用在于能够让领导人脚踏实地。即便获得了成功，6号也不会飘飘然。他们依然会有很多的远虑和近忧，会立即着手解决下一阶段面

> *心存疑虑的积极作用在于能够让领导人脚踏实地。即便获得了成功，6号也不会飘飘然。他们依然会有很多的远虑和近忧，会立即着手解决下一阶段面临的问题。*

临的问题。就像九型人格中的完美主义者1号一样，6号关注的是问题和缺陷。他们不断修改，精益求精，能够长期专注于一项工作。他们不需要即刻的满意。

典型冲突

典型的冲突还是与6号的怀疑心有关。他们总是站在"是的，但是……"的立场上。如果大家都很积极，6号更会提高警惕。

"是的，但是……"

"你考虑过……？"

"要不是怎么办？"

就像完美的1号性格者一样，6号的思想中充满了负面意见，他们常常令人扫兴。当大家都兴致勃勃时，有谁会去考虑那些难题呢？最好的办法就是在展开讨论前把基本要求说清楚。可以有头脑风暴的时间，让大家畅所欲言，但同样要留下时间来解决具体问题。

6号内在的反权威心理也是潜在的冲突源。有些6号就是讨厌让别人告诉他们该做什么。6号愿意在一个没有压迫感的团队中，一个可以表达不同意见的地方。当6号感到安全，并已经积累了几次成功的业绩后，他们的反权威心理就会逐渐消失。

解决冲突

要调解6号和其他性格者的冲突，具体方法参见第三部分内容。

作为员工

6号员工要么是"我们中的一员"，要么就是反叛者。忠诚的6号通过承担责任、讨好团队来保护自己。反叛者则让进攻来决定谁能获得安全。反叛性的6号喜欢挑衅。他们质疑现状，只是为了弄清楚每个人的立场。任何接纳他们的表示都有助于消除他们的焦虑。任何象征友好的接近，6号都是欢迎的。

> 安全感来自于掌握全部信息。他们宁愿获得坏消息,也不愿被蒙在鼓里。当他们知道错误时,错误就是可以被原谅的。秘密让他们感到被操纵,让他们想要反抗。

6号需要知道你的想法,当他们心里有底时,就会感到安全。

安全是关键。

"将来会发生什么?"这是他们经常思考的问题。

任何可以确定未来的方法都是一种解脱。6号喜欢清晰的指示,明确的惩罚和权责分明的工作关系。如果他们的想法和努力得到认可,他们会表现出极高的创造性和合作性,尤其是在他们的工作可以确保自己未来的安全时。当他们感到安全时,他们很愿意帮助他人。只要领导对他们诚心,他们也会忠心耿耿。

安全感来自于掌握全部信息。他们宁愿获得坏消息,也不愿被蒙在鼓里。当他们知道错误时,错误就是可以被原谅的。秘密让他们感到被操纵,让他们想要反抗。任何不平等的权力分配都会引发他们内心的担忧。当他们的安全依赖于权威的善意时,6号想要知道所有细节信息。

当6号必须和他们每天都要相见的人展开竞争时,他们会十分难受。这是一个双输的结果,令人头痛。如果他们赢了,他们会很内疚;如果他们没有全力以赴,他们的感觉也很糟。不论是哪种情况,他们都很清楚,有人的利益和他们是相对的。常常有6号放弃前途一片光明的工作机会,因为他们无法在一个充满竞争的环境中出色发挥。

不过有限的竞争对于喜欢疑心的6号是有好处的。当他们知道有一个明确的对手存在时,他们会认真研究规则,好好准备工作。法庭就是一个很好的例子。律师们在法庭上唇枪舌战,斗智斗勇,但是一旦审判结束,他们就返回各自的生活,互不相干。

在团队中

6号非常关注办公环境中的人际关系。他们的安全感在很大程度上取决于他们是否被他人接受,因此和什么人在一起工作可能和工作本身同样重要。受大家欢迎说明能够融到团体中,自己的贡献能够被认可,能够与大家达成一致,和大家站在一起。良好的团队关系能够提高安全感。

> 怀疑论者关注权力关系。他们适合的环境是一个反抗管理层的团队，一个与其他团队竞争的团队，或者一个没有竞争、团结一心的团队。最不适合他们的环境就是一个要与自己的竞争对手天天共处的团队。

6号需要学会正确对待公众的认可。如果6号是团队中的明星，他们需要在自己表现出色的领域得到大家的赞赏；如果不是，他们就不应该享受特殊待遇。但是，面对身陷困境的6号，领导最好给予私下的鼓励，而不是"公开奚落"。如果团队中有咄咄逼人的明星，6号有可能向他们挑战，要求获得平等对待，也有可能感到被控制了，煽动其他成员一起"反对强权"。

怀疑论者关注权力关系。他们适合的环境是一个反抗管理层的团队，一个与其他团队竞争的团队，或者一个没有竞争、团结一心的团队。最不适合他们的环境就是一个要与自己的竞争对手天天共处的团队。

只要是在安全的环境中，6号可以是出色的团队成员。虽然他们有不能善始善终的缺点，但是他们非常活跃，有创新的思维，还是解决问题的能手。如果是在不确定的环境中，6号的才能就无法发挥。他们会怀疑他人的好意。模糊的信息、私下的勾结、激烈的竞争会让他们选择放弃。

"何必把好主意拿出来给他们破坏呢？"

"干什么让自己受剥削呢？"

"我该相信谁？"

关注与他人的安全关系，6号有可能成为忠诚的工作伴侣；如果他们感到失望，就可能成为破坏性的力量。

第七章 7号性格——享乐主义者

	性格特征	本体特征
思想	计划	工作
情感	贪食	清醒
基本性格分支		
两性关系：魅力		
社会关系：牺牲		
自我生存：归属感		

7号的性格特征

世界观

世界充满了机会和选择。我憧憬未来。

精神通道

工作是九型人格中的常用词汇，它可以用来形容人的本体中，注意力高度集中的一种状态。

精神上的工作需要个人有能力把注意力转移到内心，能够区分外在现实和内在现实的差异。如果心思被外在生活的快乐所吸引，精神工作就降低为对快乐的计划，对生活体验的贪食。

清醒是另一个经常使用的词汇，它是指通过节制、专注和投入而回归到本体。

7号的关注点

★ 寻找刺激，巅峰体验。避免受约束。

★ 希望保持能量。在晚会还没结束的时候就提前离开。

★ 能体验到心灵的快乐。选择、计划和可能。形象和思想。

★ 用积极的选择来代替深层感受或痛苦。喜欢说话、计划和想象。

★ 贪食的品性表现在生活的三个关键领域：

- 在一对一情感关系中显现魅力。
- 在社会关系中接受对他人的责任所带来的限制，能够做出社会牺牲。
- 在自我生存上，寻找归属感，要找到与自己志同道合的人，在同类中才感到安全。

★ 把现实与思想混淆。在思想中认为事情已经做了。

★ 关注于自己。无法察觉他人的需要或痛苦。

★ 高估自己的能力。自我感觉良好。"我能做任何事情。""人们都认为我很不错。"自恋狂。

★ 把自己与权威画等号。"我和权威一样。"期望得到认可。

★ 在等级关系中，要么感到自己高人一等，要么感到自己低人一等。"我们都是平等的。"这句话的实际含义是："你做你的，我做我的。"如果没有遭遇挑战，就会被自我的良好感觉包围；如果遭到了挑战，就会因为遭受打击而产生自卑。会使用自己的魅力来重新获得高高在上的地位。

★ 避免与权威发生冲突。仔细检查有没有裂缝。

★ 要把内心的害怕释放出来。施展魅力，缓和关系。通过不停地说话来忘记烦恼。

★ 把魅力视为保护自己的第一道防线。7号也属于害怕的性格类型，但是贪食是形容7号对各种体验的胃口，他们总是想尝试新的体验。

他们会主动与他人建立友好关系。

★ 欺骗。造假。躲避困难，蒙混过关。

★ 用厌烦来掩盖害怕。"这让人感到拘束。"厌烦还会掩盖内心的不情愿。"这些人真是目光短浅。"

★ 在能力受到质疑时，会非常生气。魅力不灵了，就会害怕。

★ 重视自发性。

★ 喜欢自由的协议和多样的工作。

★ 喜欢计划阶段和开始阶段。对于坚持到底，圆满完成感到犹豫。

★ 会把信息相互关联，系统处理。这种注意力方式让他们的承诺含有漏洞，会有给自己留一手的想法。这还会让他们

- 从困难或痛苦的事件中理性地逃脱，或者
- 找到事物之间的异常联系。分析思维独特，能够把表面不相关的现象联系在一起。

性格倾向

7号的世界里充满了选择。各种想法、计划让他们的未来一片光明。生活在呼唤他们，但真正的快乐来自内心。7号的内心渴望获得体验，想要预测未来。他们渴望获得伴侣，拥有大量的时间和空间。

7号常常会回忆起他们童年的美好时光。他们的脑海中都是美好的回忆，那些不愉快的事情好像没有留下痕迹。只要他们的内心可以自由探索和想象，进入快乐的境界就能让他们远离痛苦。感觉会延伸到生活和实际行动中。7号是九型人格中的乐天派。当你展望美好前程时，一切都会很好。冲出起跑线的那一刻，感觉好极了。

贪食是形容7号对各种体验的胃口，他们总是想尝试新的体验。每天的生活都被安排得满满当当，心里装着各种计划。他们很少会感到失望。总是会有吸引他们的选择。突然，新的主意又出现了。充满自信的7号会追随他们自己的兴趣。他们会去那些欢迎他们的地方，接近那些喜欢他们的人。他们很少

> 他们不会意识到自己的想法过于乐观了。他们把可能与事实混为一谈。他们只知道：让别人告诉自己该做什么是令人厌烦的；只有思想放不开的人才会感到限制；规矩都是令人讨厌的、而且根本不重要；如果失去了选择，生活就濒临死亡。

能体会到他人的痛苦。每个人都很迷人，每一天都充满魅力。注意力转移到下一件事情上，生活在不断继续。

如果习惯成自然，7号的自我观察就停止了。他们不会意识到自己的想法过于乐观了。他们把可能与事实混为一谈。他们只知道：让别人告诉自己该做什么是令人厌烦的；只有思想放不开的人才会感到限制；规矩都是令人讨厌的、而且根本不重要；如果失去了选择，生活就濒临死亡。

帮助7号的人需要能够同时感知快乐和痛苦，需要能够注意到朋友的价值和需求，需要能够注意到7号兴趣的扩散，还要能够为他们进入深层情感搭建一个框架。

分支性格关注点

贪食的性质将影响7号对情感关系、社会关系和自我生存的态度。

在一对一情感关系中表现出魅力

渴望进行一对一的接触，会让7号主动施展魅力。对7号来说，人具有无限吸引力。最初的火花是最美好的。他们急于得到亲密的吸引。想着这会是多么美好呀！

7号会被偶然的相遇和他人的故事所吸引。发现总是令人兴奋。新鲜的个性和新鲜的故事。外向的7号很容易和他人打交道。他们喜欢新的信息，而且不会随意评判。他们十分讨人喜欢。很多人都想向他们倾诉自己的内心世界，把自己做的梦都告诉他们。

充满魅力的7号能成为很多人的意中人。他们会为你描绘美好的生活，与你分享他们的想象，就好像你已经置身其中。他们的提议好像完全是可能的。

"你去过夏威夷吗？我知道你很喜欢那里。还想去吗？我刚去过。"他们描述的可能看上去美极了。

"这个地球上你最喜欢的地方是哪里？我一定要去。"他们说的就像真的一样。

7号是九型人格中的唐璜（Don Juan，西班牙传说中的风流人物，许多文学作品的男主角)。他们能够把你的梦想物化。但实际上，7号关注的是自己的机会，以及你的故事如何能够满足他们的机会，他们往往无法意识到自己对他人的影响。他们认定自己是受欢迎的。他们一开始会显得非常感兴趣，但很快就会转移注意力。容易受到影响的7号说，为了维持婚姻的长久，他们常常要克制自己的情感。承诺通常都伴随着痛苦。

"难道一切就是这样吗？"

在社会生活中愿意牺牲

7号的兴趣安排常常反映了一种理想化的社会秩序。他们会牺牲眼前的快乐去实现未来的梦想。他们会为了宗教信仰，为了公共利益，为了某项事业而树立长期的兴趣。在社会层面，他们的贪食性是通过与同类群体在一起表现出来的。7号喜欢那些能够反映出他们内在价值的人，那些和他们拥有相同思想观念的人，那些和他们兴趣相投的人。和与自己相像的人在一起，感觉很好。他们的目的是寻找能够激发自己的同伴。他们会和同伴一起，为了同样的追求各自奋斗。

置身社会的7号能够看到群体的力量，但他们也很清楚群体活动的局限性。当他人犯了错误，痛苦挣扎时，你很难视而不见。这是多么浪费时间啊！在一个群体事业中，你很难有单独表演的机会，但是你又很想。牺牲自我的7号会对同伴怀有敌意。

权力均衡是一个重要的社会问题。没有谁是领导，也没有谁是随从。没有人高高在上，也没有人低低在下。7号讨厌规则的限制。他们让每个人都成为领导，借此来消灭权威。他们喜欢权力均衡的结构，因为这能保证他们的个人自由，还因为他们无法体会他人的不同需求。7号不愿意被他人的想法和困难所控制。他们讨厌被拖入到别人的好主意中。

通过与类似的人在一起来保护自我

7号通过与相近的人在一起，来缓解自己对生存的担忧。他们喜欢和他们想法相同的人，喜欢能够一起分享梦想的朋友。这些人就像一个大家庭一样保护着他们。7号愿意自己的积极想法得到肯定，而那些与他们分享同样价值观和快乐感的人恰恰满足了这一要求。性情相投的人不一定是亲戚,而是少数值得他们相信,能够让他们的美好未来成为现实的人。当7号的梦想受到打击时,这些朋友会帮助他们,鼓励他们。这些人是他们梦想的捍卫者。

自我生存的7号就像那些在各地教堂间巡回的牧师一样。他们会定期拜访自己的朋友,获悉相关的消息,了解各方面的进展情况。7号可以从普通的友谊中发展相似性,他们能够看到这些朋友的集体价值。每个朋友都是他们感兴趣的,每个朋友都可能给他们的生活带来不同的内容。花匠、游客、医生、舞蹈家、牧师、有孩子的夫妻,这些不同的对象都可以成为7号的朋友,因为这些不同的对象构成了完整生活的不同部分。7号从他们身上看来了自己的未来生活计划正在发展,并因此感到安全。7号能够在分别数月再次相见时,依然继续上次谈话的内容,就好像不存在时间间隔一样。7号喜欢头脑风暴,喜欢思考新的问题,渴望看到积极的前景,也渴望获得他人的陪伴。

著名的7号性格者

美国四格漫画家杜鲁多创作的连环讽刺漫画《杜尼斯伯里》就有一位典型的7号性格者。他就是宗克,他在耶鲁大学的学习是断断续续的,他相信对自己真诚要胜过辛劳的工作。

其他著名的7号性格者包括:

梭罗
Thoreau

★ 梭罗(Thoreau):1817–1862,美国诗人、作家、自然学者,是超越主义运动的领导者。

★ 小飞侠（Peter Pan）：同名童话故事的主人公。

小飞侠
Peter Pan

★ 库尔特·冯内古特（Kurt Vonnegut）：美国当代作家。作品在现代生活的暴力和变异中显示同情和幽默。

库尔特·冯内古特
Kurt Vonnegut

★ 格劳乔·马克思（Groucho Marx）：美国喜剧演员。

格劳乔·马克思
Groucho Marx

★ 奥修（Osho）：1931－1990，印度哲学家、世界古宗教研究者、神秘学家、梵文研究者、瑜珈研究者。

奥修
Osho

多样的选择让他们不至于无所适从。他们会做每一件他们能做的事情，以保证自己的思想不受约束，并能让自己拥有多种可能。

汤姆·罗宾斯
Tom Robbins

★ 汤姆·罗宾斯（Tom Robbins）：美国畅销书作家。

焦点问题

选择

7号的想法就是要保持快乐和兴奋。他们总是有很多事情可做，有很多事情要思考。他们很少会感到无聊。享乐主义者一般都有长期的爱好，比如音乐、跑步、保龄球或者象棋。他们会用这些活动来填补空闲时光。但是拉小提琴、慢跑、下象棋，这些活动可能只存在于他们的心里，并不会真正去做。7号只是把这些活动列在自己的计划安排中，好让自己拥有多种选择。

多样的选择让他们不至于无所适从。他们会做每一件他们能做的事情，以保证自己的思想不受约束，并能让自己拥有多种可能。如果必须要做某件不愉快的事情，他们会确保有另一件愉快的事情在等着他们。这样他们就能一直保持乐观。

积极想象

想象是如此强大的工具，能够让人们走出失望的困境。在心灵的世界中，任何事情都是可能的：最美丽的女人，最体贴的男人。一个简单的幻想就能勾起7号无限美好的回忆——温馨的家庭、可爱的孩童、柔和的音乐，就像电影一样。在比较之后，现实变得令人无比失望。身体的存在完全无法与心灵的快乐相比。因此当思想变成明显的事实时，7号会注意到理想和现实的差异。他延迟行动的原因是因为7号更喜欢一个充满多种可能的明媚世界,而不是只有一种可能的严酷事实。一个完成的项目会引来评论和批评,而没有实施的想法则可以自由的存在。

们可能并不喜欢真实的成就,因为一切并不像他们想象的那么令人感兴趣。

"就这样吗,下面还有什么?"

延迟

5号、6号、7号都是九型人格中的害怕类型。害怕类型的一个显著特征就是对权威感到矛盾,延迟行动。7号延迟行动的原因是因为他们要做的事情太多了。一个好的想法会激发出一长串的其他想法。有无数的可能存在。放弃哪一个计划都是一种挣扎。最主要的想法反而被忽视了。

"开这个会的目的是什么?"

"我们好像又回到了原地。"

"我忘记了。"

延迟行动的原因是因为7号更喜欢一个充满多种可能的明媚世界,而不是只有一种可能的严酷事实。一个完成的项目会引来评论和批评,而没有实施的想法则可以自由的存在。他们强大的想象力会让这一问题变得更加严重。想象力会让他们的想法变得天花乱坠,但是在现实中,要实现他们的想法远比想象中复杂、更漫长,这让他们汗流浃背。损坏的器械、生气的竞争对手、背后的指责,这些都是他们计划中没有想到的。

自我参考

7号是九型人格中具有自恋倾向的人。在九型人格体系中,有自恋倾向的还不只是7号,8号也是。不过,8号可以被看作是强硬的自恋者——"不听我的就滚蛋!"7号是温柔的自恋者——他们会去那些可以随心所欲的地方。这两种人都是自我参考的人,他们知道自己想要什么,但是对于他人的需求却很少注意。7号认为,只要是能让他们感到高兴的,同样也会让其他人感到高兴。怎么可能不是这样呢?这很有趣。任何人在这种情况下都会这样想的。

"他们一定会和我一样,至少他们在听了我的解释后,会同意我的观点。"

7号的这种想法常常会在现实中碰壁。当他们的行动遭到他人质疑时,他

> 重建指的是为一个静止的事件重新建构一个框架或场景。这种技巧能够发现老问题中的新元素，为行动提供全新的方向。重建帮助你发现事物的漏洞，获得摆脱的借口。

们会大吃一惊。

"你不了解，你不在场。你要是在那里也会和我一样。"

7号常常自以为对他人的感受十分敏感，但实际上他们并不了解那些反对他们的人。任何能够引发兴趣的事物，都会让7号着迷。从一种积极体验进入另一种体验让他们更加相信身边的人都和他们看法一致。

"爱我的人会和我有一样的想法。"如果不是的，那是因为还没跟他们说清楚。

要让7号知道快乐有时也会具有破坏性，这在一开始会相当困难。快乐就是应该像田园诗一样美丽，两人亲密无间、相互支持。如果不是这样，那就还会有别的正确做法。他们很少会感到内疚。好心就会有好报。只要心里有爱，就不会有错。

重建

重建指的是为一个静止的事件重新建构一个框架或场景。这种技巧能够发现老问题中的新元素，为行动提供全新的方向。重建帮助你发现事物的漏洞，获得摆脱的借口。享乐主义者的生活观让他们习惯对事物进行积极重建，因为他们对生活总是抱以乐观态度。我曾经和一位7号性格者讨论过旧金山湾区（San Francisco Bay Area，美国加利福尼亚州北部的一个住宅区）的污染问题，下面是他的回答：

我看到的是垃圾堆上飞舞的蝴蝶，而不仅仅是垃圾堆。把垃圾堆在那里不是一个长久的方法，所以我开始计划该如何处理这些垃圾。垃圾堆本身成了一个有建设性的信号，它让我很感兴趣。它可以成为混合肥料。它在事物生存和毁灭的循环中也是一个组成部分。它让我们看到了蝴蝶，想到了人性和生活的其他方面。堆制肥料能够帮助他人，这是一个值得整个社区关注的事情。垃圾并没有突然减少，但是在我看来，它成了一种把人们联系在一起的原因。

7号有一些避免痛苦的常用技巧：对痛苦的经历进行重新建构，将其视为学习的过程；为自己制定另一个计划；把注意力转移到高兴的事情上；或者把痛苦当作一件"趣事"来看，用事情的教育意义来娱乐自己。

权利

7号随心所欲。他们认为这是一种权利。

生活就应该是一种冒险——"活着不就该享受生活吗？""我来这里是为了成长。""我们不是都应该去学习吗？"

7号关注的是快乐的体验和生活的给予，因此他们喜欢接受挑战，期望从新的体验中有所收获。对于那些能够让他们有所得的人，他们会格外感兴趣，而且他们会通过寻找与他人的共同兴趣来淡化自己的权威角色。

"你去过哪些地方旅游？"

"你喜欢什么运动？"

"看来你对艺术很感兴趣。"

当你把自己置身于一个和蔼友善的环境中时，世界就会变得很大方。这种态度看上去很好，但是也有一个问题，就是7号想要得到积极回报。他们拥抱生活，乐于学习，敢于挑战，但是牺牲和痛苦则完全不在他们的兴趣范围内。

避免痛苦

7号有一些避免痛苦的常用技巧：对痛苦的经历进行重新建构，将其视为学习的过程；为自己制定另一个计划；把注意力转移到高兴的事情上；或者把痛苦当作一件"趣事"来看，用事情的教育意义来娱乐自己。

"这种痛苦是一种成长经历。"

类似的重建让7号把痛苦看作是学习，而不是一种感受。

在7号看来，搁置痛苦不是在逃避。先别想了，以后再说。他们把那些负面的体验放在一边，这种做法有好处，也有坏处。从好的方面来说，他们能够看到事物的积极面，能够带动大家的精神和劲头；而且他们比大部分人都更容易原谅他人，因为他们不会把不愉快放在心上，只会记得那些快乐的时光。但是另一方面，7号往往不愿承认错误，也不愿面对困难。

当他们不得不面对痛苦时，他们会就事论事，不会提及导致问题的前因后

> 如果感到了自卑，7号可能选择施展魅力来迷惑对方，选择对事情进行重建并寻找合理解释。

果。让7号承认错误几乎是不可能的。你可以指出来，但是别指望他们会低头认错。

骗局

对自己感觉良好很重要，因为任何对于自身价值的怀疑都可能开启痛苦的大门。7号愿意生活在未来的憧憬和无限的可能中，这更容易让他们保持一个理想的自我形象。人们对于自我价值的感觉可以通过勤奋的努力获得，也可以通过自己的想象来获得。7号就属于后者，他们会对自己说："要是我试了，我也能做到。""我已经差不多了。"

7号应该让自己脚踏实地，这对他们很重要。他们那么惹人喜爱，以至于他们的生活可以轻而易举地充满快乐和光亮。表面的关系似乎比真心诚意地投入更加有趣。深入的情感投入虽然能够让他们成长，但也会给他们带来痛苦。他们宁愿认为自己已经"投入"了，这样他们就不用再去质疑自己，也不用再去付出心灵成长的代价。成长可以被轻松地定义为掌握新的技能，或者在某方面超越自己，比如体育运动。尽管7号喜欢学习，也会被新的体验所吸引，但是他们要想真正走向成熟，他们就需要知道成长的过程可能包括了对自身形象的质疑。

质疑一个积极的现象看起来没什么好处。7号选择他们喜欢做的事情，接触那些喜欢他们的人。这样做能够让他们的自我价值得到肯定，让他们得到积极的反馈。自卑感是对自我形象的严重打击。如果7号陷入了中年危机，或者发现幸运之神眷顾了他人，这种打击就会产生。继续游戏的办法就是继续维护对自我的良好感觉。如果感到了自卑，7号可能选择施展魅力来迷惑对方，选择对事情进行重建并寻找合理解释。当他们发现自我形象遭到质疑时，他们就可能把游戏变成一场骗局。

安全和危险

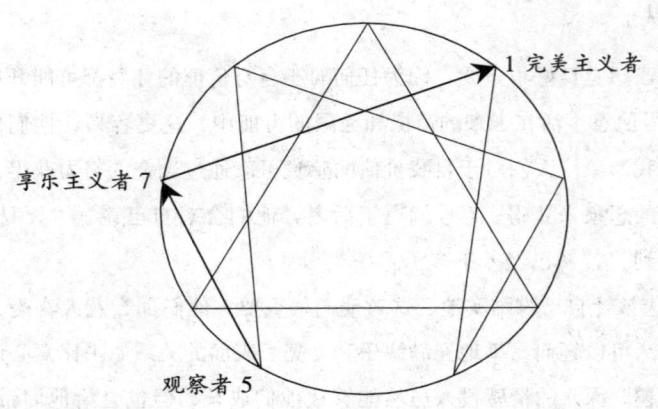

图7　7号性格点的动态变化

安全

安全的生活环境反而会让7号陷入选择的危机。在安全状态下，7号会向5号靠近，但是他们永远不会"变成5号"。他们只会以7号的方式退缩。即便面对一个安全的选择，7号也很可能表现得很小气，甚至吝啬。再好的选择也会变得黯淡无光，因为现实的选择永远无法和想象中的所有可能相比。当7号面临要付出承诺的压力时，他们就表现出了5号的特征——退缩到自己的世界中，寻找其他选择。当7号不得不做出一个战略性的选择时，他们是最生气，最沮丧的。

承诺似乎就意味着放弃其他选择。为了一棵树木，放弃一整片森林，这感觉太糟了。7号需要为自己做出选择，而不是迫于他人的需求做出选择。这样的时刻往往是安静的，是一种深入的自我评估。7号往往是在步入中年，人生的选择开始逐渐减少时，才会发现自己真正的选择。

> 7号说，大自然或者其他一些能够感染他们的环境可以帮助他们调整心情，不再心猿意马，而是进入一个相对安静、平和的5号状态。

安全状态的积极作用在于能够让7号从过多的感官负荷和高度自信中脱离出来，重新调整注意力，关注自己应该优先考虑的事情。7号说，大自然或者其他一些能够感染他们的环境可以帮助他们调整心情，不再心猿意马，而是进入一个相对安静、平和的5号状态。

危险

在压力状态下，7号的性格向1号靠近，开始关注于自身与他人的比较。

"我比其他人强还是弱？"

这种比较总是集中在自己或他人缺失的事物上。

"张三的妻子允许他在全国各地到处跑，我老婆就不让。"

"不过，我老婆挣钱养家，张三的老婆就不行。"

7号关注的是快乐，是有或者没有，而不是像1号那样去强调事情的对与错。任何限制都可能让他们产生比较，但是当7号感到满意后，这种比较就会迅速消失。所以7号的比较关注的是快乐是否减少，而不是道义上的考量。

这种危险状态的积极作用是能够让7号明确自己的目的，然后全身心投入其中。当他们完全投入到一项困难工作中时，他们不会把精力花在闲聊或者挑三拣四上。这实际上是最适合7号的一种状态。要把事情做完，而且要完美地做完，丝毫不差，这样他们就能从出色完成的工作中找到快乐。

恋爱中的7号

和7号在一起

★ 最大的问题就是如何让7号认识到问题的存在。

★ 理想的伴侣是那些爱慕7号，并且能让7号相伴，分享快乐的人。

★ 7号渴望充满刺激、冒险和多种选择的活动。他们很难面对负面情绪，所以他们总想淡化异议，缓和气氛。"我们为什么不一起吃顿饭，然后看场演出呢？"

★ 7号希望在同伴身上反射出自己的高大形象，他们愿意和这样的伴侣在一起。

★ 当伴侣对他们充满崇拜时，7号会非常高兴。但当他们面对质疑或者感到自己低人一等时，他们就会对你嗤之以鼻，对眼前的情况毫不在乎。他们要么对你很好，要么把你当成玩笑。

★ 7号对情感关系中的重复和厌烦非常敏感，他们会为了保持自己对生活的兴趣而不断尝试新的内容。

★ 7号喜欢顺其自然。他们喜欢不断地与他人接触，然后离开。当他们出现时，他们要得到高度关注；当他们离开时，要给所有人留下美好回忆。然后等待命运安排，让他们再次出现在你身边。

★ 当这种自然的状态被破坏时，7号会很生气。他们不想被一个没什么想法的人控制。

★ 当你要求他们做出承诺时，7号会变得非常敏感，感到自己受到了限制。他们可以在一段感情关系中生活几十年，但依然觉得不舒服。长期的承诺是一项"过程"，一种冒险。

★ 7号会选择多种方法来保持亲密。他们会着迷于伴侣的不同特质。他们想要和伴侣一起做很多不同的事情，并且会支持伴侣的梦想和行动。

亲密关系

7号对情感关系的态度很乐观。他们非常独立，追求各种不同的兴趣，喜欢把想法付诸实施。

"那是个有趣的可能，让我们试试。"

7号的选择是在不断变化的，优先权在随时调整。如果一项活动失败了，他们会马上投入到下一项活动中。当他们对一项活动感到厌倦时，他们知道一定是自己的选择有误。他们会迅速调整，快乐的方向就是他们摆脱困难的路线。

7号不愿面对负面情感。让他们坐下来感受悲伤简直是不可能的。他们的心思会立即转移到积极的选择上——能给他们带来快乐，让他们继续前进的有趣选择。是否真的去做并不重要，他们只要从选择的可能性中感到快乐就够了。当伴侣坚持要讨论负面影响时，7号会觉得是伴侣要强迫他们面对不高兴的事情。如果他们无法摆脱，他们就会很生气。

"就好像我在和我的生活打架，我的自由被剥夺了。有人能控制我，让我留下来，不让我去我想去的地方，把我的时间都浪费了。"7号说。

在7号真正动怒之前，他们往往会去寻找多种解决途径，想方设法逃走。当他们在四处张望，寻找出口时，你很难把他们堵在角落里。他们想要积极的结果，他们自我感觉良好，而且他们能言善辩。

7号可以把你说得晕头转向，让你改变想法。你并没有做错——你只不过是不明白。你在束缚你自己。当你发现他们在偷吃饼干时，他们反而会指责你太小气，对几块饼干那么在意。你应该眼光放开一些，去关注那些大问题，去感受生活的甜蜜。他们把讨论的焦点从偷吃饼干扩大到生活的意义，一旦内容被扩大了，几块饼干就无足轻重了。

年轻的7号为自己的现实下定义。他们让自己投入到某个过程中，但不会去关注过程的具体细节。他们可以把想象建构成一个令人动心的事实。他们可以给一些词语重新定义，让它们不再代表真实的含义。对于7号来说，权威可能意味着"知道某件事"，而不是"精通"。在这个重新定义的框架中，哪怕是初学者也可以被称为权威，只要他们比身边的人稍微多知道一点。喜欢快乐和兴奋的享乐主义者会给现实强加上一件乐观的外套。

冲动是他们的本质表现。他们在见到新鲜事物的第一瞬间，就愿意去尝试，去冒险。他们会拖到最后一分钟才做出决定，这不是不负责任，而是他们喜欢那种能够改变想法的可能。亲密常常包括了与他人分享想法的冲动。我们属于彼此的未来，让我们赶快想象一下一起生活的各种可能吧。

决定性的选择让他们感到为难。这意味着放弃其他选择。选择说明他们无要让7号一心一意投入到深层情感关系中，伴侣就需要能够理解他们发出的逃避信号，能够及时把他们的注意力带回到现实中来，能够帮助7号适时接受那些所谓的负面情绪。

法拥有全部，危害到了他们未来的快乐。享乐主义者的思想会关注消失的选择。

"想想那会是什么样的结果呀。"

"我刚刚失去了我的一片梦想。"

陷入选择的困境会让它们不知所措。7号常常推迟做出最后决定的时间。他们可能到了飞机场，还没想好要去什么地方。

限制性的选择会让7号很生气，闷闷不乐。他们会把怒火发泄到他人身上。

"我不高兴都是因为你的错。"

"你让我陷入这样的困境。"

受到限制让他们感觉地位降低，好像中了圈套。当7号感到困难时，他们就会看到限制。

"有人在背后拉我。"

抱怨是一种挣扎的表示。7号陷入了痛苦。再过一分钟，他们就可能向失败打开大门。这样的选择可能导致长期的压力。

年轻的7号渴望尝试所有事情。但很多人都没有能力做到。不满其实也是有用的信号。

"我在重复我自己。"

"我已经做过了。"

"我知道这个故事的结果。"

要让7号一心一意投入到深层情感关系中，伴侣就需要能够理解他们发出的逃避信号，能够及时把他们的注意力带回到现实中来，能够帮助7号适时接受那些所谓的负面情绪。

> 7号的选择可能前后矛盾，但是他们的内心思想是一致的，他们关注的是这些选择中隐藏的相似意图。

7号发出的信号

积极信号

7号好玩，态度积极。他们充满想象力和创新力。日常工作会被他们注入快乐的元素。他们用痴迷的态度面对生活。对未来的乐观态度能够鼓舞他人，让人们接受他们的所有潜能。7号能够化腐朽为神奇，把平淡变为美妙。公园里的简单散步可以变成与自然和季节的亲密接触。他们走到哪里都会带来欢声笑语。

消极信号

7号的自恋倾向让他们看上去对他人漠不关心，不能依靠。他们只关心自己的安排和自己的快乐。当你站在7号面前时，你觉得自己十分渺小。7号表现得心胸开阔、热情主动，但是你却好像心胸狭窄，充满依赖性。愤怒、忧郁和其他各种所谓的负面情绪让你好像根本无法和7号相比。实际情况并非如此，7号只有在感受到威胁时，才会摆出一副高人一等的姿态。

混合信号

多种选择的生活方式会表达出很多信息，有时也令人费解。7号的选择可能前后矛盾，但是他们的内心思想是一致的，他们关注的是这些选择中隐藏的相似意图。如果年轻的7号在一阵热恋后又失去了兴趣，当他们选择离开时，他们不会感到内疚。下一段恋情也是他们学习爱的过程，所以这两段爱情都是出于同样的目的，他们不会因此感到矛盾。在他们看来，这两段恋情都是服务于同一个目的，所以是一样的。没有人被抛弃，也没有人被选中，因为这一切都是源于同样的善意；而且因为没有人被选中，也没有人被抛弃，所以起身离开和坐下来的选择依然存在，所以他们还很有可能返回到第一段恋情中，如果他们重新找到兴趣的话。

他们传达给伴侣的信息是:"我在这里是因为我想要这样,我离开也并非因为我感觉不好。"摆脱这种想法的途径就是关注于夫妻双方的长期需要,比如抚养家庭,或者分享某个共同的爱好。尽管他们的注意力会时有时无,但7号将会忠诚于真心的承诺。

内在信号

7号说他们很难分辨哪些是他们真心想要的,哪些是一时兴起。他们常会陷入选择的困境中,不知道该选择哪条道路。注意力总是会立即转移到为一个选择而放弃其他选择所做出的牺牲上。他们无法决定,因为思想老是关注于那些被放弃的可能。当他们放弃了自己的部分梦想,未来似乎也变得黯然。他们担心因为自己的不成熟而错过正确的选择。他们的思想在说:"我是被推到这份上的。这是为了他人的利益。我被人拦住了。"在外人看来,7号行动僵硬,无法向前。他们的感觉在说:"我可能会失去一生的机会。想想我的牺牲。我得三思。"当他人认为7号太优柔寡断时,他们却会对他人的反应感到困惑。难道他们看不到情况有可能改变吗?让7号放弃任何可行的选择都是困难的。7号总在想:"人们应该关注自身的成长过程。你必须对自己真诚。人总是在不断成长和变化的。过程中的具体细节并不重要。"

工作中的7号

在工作中

★ 希望权力均衡。这可能导致公正、公平的安排,也可能产生一个不允许发号施令的环境。如果没有人指挥,那人们就能随心所欲。

★ 顽固坚持不切实际的想法和没有用的方法。认为想法和理论比实际执行更重要。宁愿冒险选择新的方法,也不愿遵循常规。

他们能在不同的系统中看到合作的基础，用非常新颖的方式把各种力量组合在一起。成功的7号常常出现在具有创新性、展望性的行业中。

★ 用寻找漏洞代替直接对抗。站在反权威的立场上，通过给规则重新定义，来逃避约束。

★ 越是自由的项目，越能够出色发挥。不走寻常路。能够把各种想法和途径综合联系在一起。把手头项目和其他兴趣相联系。

★ 自我评估很高。通过把自己与他人比较，来保持良好的自我感觉。"我是高人一筹，还是低人一等？""这个项目会让我更上一步，还是会拉我后腿？"负面的反馈会打击到他们正面的自我形象。

★ 喜欢说服他人，让他们成为自己的支持者。对于他人的异议进行重新解释。提出的建议听起来总是充满希望。他们吹嘘各种可能性。拿出一个明确的计划却根本不考虑后备方案。提供的方案看似令人信服，其实却漏洞百出。

★ 乐于与他人合作。是办公室里最受欢迎的人。

作为领导

他们的作用在于能够把不同的信息联系在一起，组成一个连贯的体系。7号领导者对于未来的积极景象非常坚定。他们能在不同的系统中看到合作的基础，用非常新颖的方式把各种力量组合在一起。成功的7号常常出现在具有创新性、展望性的行业中。

能说会道又令人信服的7号能够调动大家的热情，让大家鼓足干劲为他们的目标服务。在那些快节奏、快变化，需要数据收集和计划的环境中，7号最能发挥自己的作用。他们往往在项目的起步期表现出色，能够在压力下快速思考和行动。他们更适合成为计划者，而不是实施者。他们是容易改变主意的艺术家和创意丰富的人。他们往往同时有好几个项目在进行中。7号是那种不喜欢一段时期内只读一本书的人。他们的每个房间里都摆着没看完的书。

决策制定可以是一个非常混乱的过程。7号领导在任务的计划阶段工作最有效。尽管计划开始执行后，他们也会表现得很好，但是7号很容易对重复性的工作感到厌烦。如果他们面对这样的工作，他们很容易改变心意或者开小差。他们可能突然改变关注点，把剩余的工作交给下属去负责。如果你为一位面对失败时,7号不是看到自己的问题,而是把失败合理化,重新解释,重新建构。经过他们加工过的版本绝对要比真相好听很多。

7号领导服务,就要随时准备好接受工作安排的变化,这些变化可能与工作需要无关。7号的工作指令可能是模糊不清,甚至互相矛盾的,而且他们在工作中缺乏监督。可能危机已经发生了,而7号老板还在享受自己的假期。

除非有人告诉7号,否则他们总是认为事情都在向前发展。他们还很有可能让那些向他们传递坏消息的人感到内疚。7号很难发现自己的错误。他们总是把自我形象理想化,总是感到被他人的约束所阻挡。计划看上去是完美无缺的。如果它在实施中出现了偏差,那一定是那个负责执行计划的人犯了错误。面对失败时,7号不是看到自己的问题,而是把失败合理化,重新解释,重新建构。经过他们加工过的版本绝对要比真相好听很多。

管理人员可能不得不即兴发挥。企业成功依赖于稳定的发展和明确的指示,但是这恰恰是7号领导很难满足的。在这种情况下,管理人员本身的性格特征会相当重要,他们需要替难以捉摸的7号领导稳住阵脚。在无法从领导那里获得清晰指示时,一位1号性格的管理者会变得更加严格,2号性格的管理者会去寻找更多参考,3号性格的管理者则会变得独断专行。

典型冲突

为了逃避限制而获得的短期利益将可能导致因为错失机会而产生的长期痛苦——没有痛苦付出,哪里来的收获呢?7号渴望权力均衡,不愿承认他们的实际能力,这也可能让他们与他人产生冲突。他们倾向于避免冲突,尤其是避免破坏自己形象的批评。

典型的冲突包括:被7号吹得天花乱坠的计划,难以贯彻到底,结果半途而废。然后他们会把结果合理化。

"这是可以接受的,是我们早就应该料到的。"

遇到麻烦时,7号会去挑剔细节问题,而不会认为他们的指导方针有误。很多人都指责7号不愿意承担他们应负的责任。

解决冲突

要调解7号和其他性格者的冲突,具体方法参见第三部分内容。

作为员工

和7号工作可以是一件很有趣的事情。他们喜欢工作的过程,喜欢在一项工作中大家相互尊敬、用心投入的感觉。过程比结果更重要,因为他们大部分的快乐来自于由一个想法带出的各种可能。领导说了什么,或者没说什么,并不是他们最关注的事情。7号希望听到自己的同事说:"太棒了!你做得很出色,我真高兴和你在一起工作。"他们真正在乎的是同事的认可。

7号是在自己身上寻找认可的人。他们能够自我激励,尤其是在项目的初期和兴奋期。他们倾向于均衡的权力,这可能让他们难以服从机构的各种规章制度。当他们受到规则约束时,他们很可能会对规则挑三拣四,满腹牢骚,或者想办法逃避。

均衡权力是7号为了获得无限自由而做出的自然表达。

"和我一样的人不应该指挥我该做什么。"

"和我一样的人也会和我有一样的想法。"

和7号相似的人会成为他们表现自我独立、情感自由的镜子,这些人不会阻止7号的行为。

7号还是学习的快手。他们喜欢快节奏的有趣工作,能够让他们有多种行动的可能。他们喜欢领导只给出一个总体安排,具体细节可以自己在实践中学习。在按部就班、毫无新鲜感的工作环境中,他们往往无法出色发挥自己的才能。

在团队中

在团队中的7号成员能够确保为团队提供新颖的想法和有关领域的最新发展。他们不断接纳新的知识和信息。他们会是新技术的最先掌握者,在他们感兴趣的领域,他们会是领头人。他们喜欢与进行相似工作的团体保持联系。他们是很好的团队代表。他们可以为自己的产品卖力宣传。

他们能够迅速把想法付诸行动,可以成为敢于冒险的典型。他们喜欢新的当7号开始抱怨时,当他们开始为自己相信的某件事情据理力争时,当他们不再是团队中最活跃的人时,他们实际上是开始专注于某件事情了。

选择,新的方向,新的方案。他们可以看到大部分人都无法看到的潜在可能性,而且他们愿意为所有的可能性去进行试验。他们还能与项目的其他部门进行出色沟通和咨询,寻找到解决困难的独特方法。麻烦会出现在7号坚持要打破常规,推出某个站不住脚的方案时。在他们看来,自己的计划总是充满无限可能。

7号"不切实际"的坚持和他们常常分散的注意力会让其他团队成员无法认同。7号应该让自己放松下来,然后把困难说出来,要求大家的支持。

当7号开始抱怨时,当他们开始为自己相信的某件事情据理力争时,当他们不再是团队中最活跃的人时,他们实际上是开始专注于某件事情了。

第八章 8号性格——保护者

	性格特征	本体特征
思想	复仇	真相
情感	欲望（过度）	无知
基本性格分支		
两性关系：占有/投降		
社会关系：寻找友谊		
自我生存：满意生存		

8号的性格特征

世界观

世界是不公正的，我要保护那些无辜的人。

精神通道

8号性格者对正义的关注就是要寻求真相。如果真相大白，控制就没有必要了。

在纯真无邪的孩童眼中，他们会看到真相被扭曲了，无辜遭到了背叛。8号曾经就是这样纯真无邪的孩童，他们是脆弱的，毫无戒备。8号孩童会渐渐发现，无知是软弱的象征，这是一个弱肉强食的世界，具有控制权的人将获得生活中最美好的事物。

不可避免的冲突引发复仇的心态，他们的能量和欲望被激发，他们要满足自己的需求。

8号会混淆主观需求和客观真相。他们不知道自己是在维护个人的权力，还是在保护客观真相。他们既希望获得公平的待遇，又希望保护与本体真相的联系，这是孩童的天真企图。

8号的关注点

★ 关注正义和权力使用是否公平。避免软弱。

★ 控制个人占有的物品和空间。

★ 过度是生活的常态。很容易积聚能量或产生愤怒。

★ 对生活充满欲望。很喜欢获得满足感，"如果是好东西，我当然得搞到手。"

★ 对生活的欲望主要表现在三个方面：
- 在一对一的关系中，要么占有要么投降；
- 在社会关系中寻找友谊；
- 在自我生存上注重生存的满意感。

★ 唯我独尊，很难接受其他观点。

★ 无法容忍差异是因为害怕看到自己的不足。

★ 过度的生活方式——太多，太吵……

★ 设定界线。把他人视为控制者，然后采取自卫行动。

★ 把规则也视为一种控制。挑战极限和后果。

★ 把为我所用的"真相"当作客观事实。

★ 在感觉安全时，也会表现出温柔，也会寻求依靠。

★ "要么全有要么全无"的关注方式，喜欢把一切极端化。要么是公平的，要么是不公平的；要么是勇士，要么是懦夫。没有中间地带。

★ 这种关注方式使其无法认识自身的弱点，但也可能

● 对他人给予适当的支持和帮助。

性格倾向

如果我们把真理视为绝对肯定的事物，并以此作为行动根据，那么我们都将进入 8 号的精神世界。充满力量和勇气，决不妥协。思想停止了质疑。在匆忙行动中，情感也被抛开了。在我们还不知道要做什么时，我们发现自己已经开始行动了；在我们还不清楚要说些什么时，我们已经开始说话。这不是勇气的问题。如果真理受到威胁，我们不能撤退，也无路可退。

8 号在童年时代，因为强大而受到尊重。他们发现，坚持己见比委曲求全更受欢迎；人们更需要领导者而不是规则。对于 8 号而言，站出来捍卫真理，保护弱者，反对压迫弱者的权威，是再自然不过的事了。

当尊重可以通过力量获得时，8 号学会了控制自己的情绪。一个人不可能既是脆弱的，又是强大的。如果他人总想拒绝你的需求，你当然也不太可能去关心他人的需求。如果你身处火线，你的情感自然不能流露出温柔、恐惧或后悔。首要目标是获得特定领域的控制权。

好斗的思维让欲望更加强烈。8 号知道自己代表了什么，也知道谁在反对自己，他们学会了积聚能量以保卫自己的位置。他们坚信个人事业的正义性，他们会考验同伴的忠诚度，捍卫自己的领土、物资和信息。如果他们面临的是一场漫长的战役，他们会固守在一个狭小、安全的地方，保存实力，然后等待时机再次出击。他们的能量开关要么是开，要么是关。如果生活很有意思，他们的能量就会源源不断。过度的欲望开始出现。对于好的东西、重要的东西，他们似乎永远不会知足。

如果欲望继续扩大，8 号就忘记了自己对他人产生的影响。他们忘了咨询，忘了告知，忘了寻求赞同。他们只知道自己的需求，并且不择手段地去满足这些需求。他们不会发现自己已经变得令人难以忍受。8 号只知道，自己讨厌被剥夺，那些反对的声音听起来是那么愚蠢，任何的阻碍都不值一提。一旦

8号要想获得成长，就需要重新思考他们对于正义的看法，了解故事的另一面，并学会等待。那些坚持信念、处事公平、并能用权力服务他人的人将极大地帮助8号性格者。

他们认定自己是受害者，他们的能量就会递增。这样的能量会为他们带来速度、智慧和意志力。如果习惯成自然，8号的自省就停止了。结果是可想而知的，战争结束后，8号发现自己是唯一的幸存者。

8号要想获得成长，就需要重新思考他们对于正义的看法，了解故事的另一面，并学会等待。那些坚持信念、处事公平、并能用权力服务他人的人将极大地帮助8号性格者。

分支性格关注点

欲望（过度）的性质将影响8号对情感关系、社会关系和自我生存的态度。

在一对一情感关系中表现出占有/投降

在一对一的关系中，8号的欲望主要表现为对亲密爱人或朋友的占有欲。那些和自己关系亲密的人，他们的所有秘密都应该拿出来分享。8号希望知道一切。他们想提供建议，希望对方向他们咨询，希望能参与决策。他们常常会控制爱人的生活。在九型人格中，8号常常被认为是在情爱方面能量最高的人。他们充满热情，又倾向于掌握全局，这使他们在爱情中充满占有欲，在工作中则非常喜欢发号施令。一旦他们认定有人要侵犯自己的私人领地，他们会迅速采取行动。因此，很多人把8号视为永不停息的竞争者。

在一对一的人际关系中，争夺控制权在一定程度上会给8号带来快感。竞争本身充满乐趣，而胜利反而会让乐趣减少。控制权之争为双方关系带来活力，同时也为8号提供了一种测试对方力量、忠诚度和本能保护手段的方法，所有这一切对于建立稳定的关系都是至关重要的。占有意味着一旦时机成熟便能"进入"对方的身体、心灵和精神世界。一旦8号肯定了对方的绝对忠诚，不会对自己造成威胁，他们就会"投降"。这很容易理解，当你终于发现了一个对自己绝对忠诚的人时，你一定会松口气，如释重负地把一切事情交给对方处理。

在社会关系中寻找友谊

好朋友会带来好时光。8号眼中的好朋友是那些能坚持个人立场和主张的人。友谊是通过考验之后建立起来的联盟关系。如果某人的立场和你一样,你就可以放心地向他或她倾诉。朋友是一个非常安全的信息渠道。即使他们指出你的缺点,你也不会有被控制的感觉;他们不会利用你的弱点,也不会利用或滥用你的隐私。8号只在非常亲近的朋友圈内释放自己的个人情感。他们会从朋友的观点中,提取各种不同的观点。友谊是建立在共识和共同追求的基础上的。在你信任的人面前,你不用设防。

8号通常都是孤身一人,而且往往表现得很暴躁和富有攻击性。因此,社交邀请和关系亲密的团体对他们来说很需要。他们会从各个方面表现出对友谊的渴望。他们的日程表全都排满了;他们或者活跃于排球场上,或者在连续的狂欢中表现出惊人的能量。他们谈起话来滔滔不绝,喜欢对"重要事情"进行深入探讨。所谓的"重要事情"可能是垒球,也可能是禅宗,这要视其口味而定。他们渴望友谊,是因为他们看重朋友之间的坦诚和互助。朋友之间是毫无保留的。你相信你会得到朋友的保护,同样的,你也想回报你的朋友,这正是友谊的意义所在。和朋友在一起时,8号毫不吝啬自己的时间和精力,因为和朋友在一起,无论说什么、做什么都是安全的。他们完全可以打开自己的控制阀门,让能量持续上升。

自我生存要确保让自己满意

8号性格者非常在意对空间、个人所有物和舒适生活的控制。对8号来说,为住宅设置良好的保安系统很重要,比如建立对邻居的监察体系,睡觉前检查每扇门窗。他们是典型的生存主义者:他们希望保障个人空间不受侵犯,希望拥有一个他人无法到达、无法触碰的空间来储藏自己的私人物品。一旦这些简单的、最低的生活要求得到了满足,他们就会知足。只要"够了"就满意。安全感来自于熟悉周围的一切,你知道你的晚餐,你的猫和你正在读的书就在身旁。这就是安全感。一旦感到身体愉悦,8号就会完全放松下来。

生存主义者盘坐在被隐藏的狭小空间里。他们害怕一无所有,害怕失去生活的必需品，害怕独自流落在雨中。因此他们要建立一个完备的供应系统，以满足自己的各种需求：食品店、洗衣间和无所不包的杂货店。虽然不必囤积食物，但如果有需要，他们能准确说出在什么地方可以买到十种不同口味的比萨饼，什么地方能找到朋友聊天，什么地方可以观看联场电影。当然了，如果有朋友登门拜访，并顺便在来的路上去一趟影碟出租屋，就更完美了。这样，8号就可以一边和朋友聊天，一边欣赏影碟，一边等着送上门的比萨饼。

害怕被剥夺的恐惧让8号非常在意舒适的生活。

"我的笔在哪儿？"

"我最喜欢的平底锅呢？"

"我最喜欢的那双鞋搁哪儿啦？"

一双到处乱放的鞋子令8号不快，不满意的感觉可能增加。如果是其他人动了那双鞋，8号会感觉自己的领地受到了侵犯，而一个细小错误会带来多米诺效应，导致更多未知的麻烦。现在是鞋子的问题，接下来会是什么？8号不喜欢把鞋子收进储藏室，也不喜欢别人去给自己的邮件分类，因为他们担心会遗失重要的信息。为了保证生活的舒适，8号会准备好几套衣服以应对天气的变化，每到一个新地方，他们总会注意搜集当地的餐馆信息。他们会收集各种旅行指南和地图，反复检查自己的车票和预定的旅馆，确认自己的旅行将一路畅通。

著名的8号性格者

著名的8号性格者包括英国都铎王朝的第二代国王亨利八世（Henry Ⅷ，1509－1547年在位），这位独断专行的国王为了自己的婚姻问题，不顾强烈的反对声，与罗马教廷决裂，自封为英格兰教会的最高首领，让自己的欲望合法化。

亨利八世
（Henry Ⅷ）

其他著名的 8 号性格者包括：

★ 弗里茨·珀尔（Fritz Perls）：1893－1970，美国心理学家，完形治疗法创始人。

弗里茨·珀尔
Fritz Perls

★ 葛吉夫（Gurdjieff）：1866－1949，俄罗斯神秘学家。最初把"九型人格"引入西方的人。被称为"20 世纪的达摩"。

葛吉夫
Gurdjieff

★ 布拉瓦茨基夫人（Madame Blavatsky）：1831－1891，19 世纪的俄国预言家、神秘学家，"通神论协会"的创立者。

布拉瓦茨基夫人
Madame Blavatsky

★ 毕加索（Pablo Picasso）：1881－1973，西班牙画家，是 20 世纪最多产和最有影响的画家之一，也是立体主义画派的创始人之一。

毕加索
Pablo Picasso

★ 肖恩·潘（Sean Penn）：美国著名男演员，人称"坏小子"。

肖恩·潘
Sean Penn

★ 尼采（Nietzsche）：1844－1900，德国著名哲学家、诗人。他坚持认为理想化的人类，超人哲学能够创造性地引导情感而不被它们所压制。

尼采
Nietzsche

★ 埃尔德里奇·克里弗（Eldridge Cleaver）：20世纪美国黑人运动领袖。

埃尔德里奇
Eldridge Cleaver

★ 加菲猫（Garfield the Cat）：美国漫画家吉姆·戴维斯（Jim Davis）于1978年创造的风靡全球的动画形象。

加菲猫
Garfield the Cat

对8号来说，重要的是必须把问题摆到桌面上来，而胜负则并不重要，因为他们觉得如果有些事不说出来，就危及了真理。

焦点问题

无知

无知是人在进入高层境界后拥有的一种特质。它指的是一种开放的，毫无戒备的心理状态，超越了性格的边界。孩童在接触外界时，总是坦然地走向自己喜欢的事物，他们知道自己需要什么，需要多少，他们也知道什么时候就已经足够了。

像所有孩子一样，8号也曾处于无知的状态。他们毫无防备，也没有控制权。不过现实生活让他们很快发现：必须要让自己变得更聪明、更有攻击性，要变成一个强大的对手，学会反对。

愤怒

愤怒是一种情绪的选择。8号很容易产生怒火，也很容易发泄出来。8号交友的方式往往是不打不相识，他们经常会把怒火发泄到他们感兴趣的人身上，因为只要能量积聚起来，任何一件小事都可能引发一种全方位的反应。8号要经过很多年才会逐步发现自己的影响力，认识到自己的愤怒对别人意味着什么。在8号自己看来，他们只是如实表达自己的想法——他们相信是真理的东西；但对别人来说则是灾难。表达愤怒让8号感觉到轻松不少，也很舒服，但却可能把他们的人际关系弄得一团糟。

如果无法说出自己的想法，8号会感觉好像被打败了。那些念头会在8号的脑海里挥之不去，直到他们终于可以直抒胸臆。对8号来说，重要的是必须把问题摆到桌面上来，而胜负则并不重要，因为他们觉得如果有些事不说出来，就危及了真理。当8号受到攻击或遭到利用时，他们会奋起反击。如果有人开车在高速公路上挡了他们的道，或者在生意场的价格战中击败了他们，8号会把这些看作对他们个人的攻击。情况还可能恶化，所以他们必须在一切失

对于8号来说，预测他人在斗争中的表现远比赢得一场争论更加有趣。

控之前马上解决问题。一旦表达出来了，怒气也就消了。该说的都说了，8号的注意力就转移到其他方面了。8号很可能在争吵结束后，立即重拾友谊。

"人都到哪儿去了？"他们可能还很纳闷。

控制

如果你相信真理越斗越明，你一定会关注人们应对侵犯的方式。他们狡猾么？他们是否有所保留？他们在背后搞小动作么？他们公平么？他们会不会惩罚人？他们会不会操纵别人？他们崩溃了么？对于那些想要知道交出控制权的后果的人来说，所有这些与个性相关的信息都很重要。如果你认为这世界是不公平的，那你在放弃防备之前，一定要清楚知道放弃的后果。因此，对于8号来说，预测他人在斗争中的表现远比赢得一场争论更加有趣。有时候，他们会来个小小的"压力测试"，看看他人在压力下如何反应。要是对方通过了测试，就可以成为8号的朋友。

边界

8号对攻击企图怀有戒心。在他们看来，背地操纵、被动进攻、保留信息这些做法和直接攻击没有区别。8号选择用直接对峙的方式对待敌意。这种做法往往会吓坏其他人，让他们误以为8号是暴力人物。而对于大多数8号来说，如果他们意识到自己被他人视为危险人物，也会十分沮丧。当8号大声咆哮而其他人相继退缩时，8号显得很茫然。

"为什么会这样，我可从来没有伤害过任何人啊？"

如果他们能了解个人情绪对他人的影响，学会控制自己的行为，8号就能与他人建立信任。他们可以用一种更温和、更平静的方式处事，这将带来好的结果，因为这表明愤怒是可以控制的。同伴可以主动提醒8号注意自己的处事技巧：

"要公平。"

"别惩罚。"

要为其设定一定的界限："这伤害了我。"

最重要的是，要公开表达与 8 号探讨问题的意愿，并可以商定一个讨论的时间。

"一小时后我会回来和你讨论这件事。"

过度

欲望是一种对满足感的渴求。当 8 号想要得到某物时，他们不会太在意自己说了什么或者做了什么，也不会关注他人的反应。他们满脑子想的就是如何满足自己的需求，如何避免失败。一旦他们明确了目标，任何困难都不值一提。他们的任务就是用最简便的方法得到他们想要的。

事实上，如果身体受到太多刺激，真正的快感就很难产生。麻木的感觉总是伴随过度的欲望出现。8 号因为过度而著名，他们对痛苦的忍耐程度常常是惊人的，他们对兴奋剂的效力常常毫无感觉，直至倒在桌下。

一旦寻求满足感的胃口被吊了起来，其他事情都显得乏味不堪。如果你想要什么东西，那为什么不去寻找呢？一旦被欲望控制，8 号没有什么不能做的，直到他们超过极限为止——当他们清醒过来时，他们会发现自己已经酩酊大醉。8 号经常说，自己从一些过度行为中，比如开快车或酗酒，学会控制。他们过度的目的常常是想看看自己的极限到底在哪里。

自我遗忘

保护者很少采取主动。你可能以为，8 号能量充沛，又自认为是正义和真理的代表，所以他们一定很愿意先发制人。但事实并非如此，很多时候 8 号的进攻是非常被动的。他们常常是在对某项既定规则提出质疑，对现行的观念提出改变。在九型人格当中，8 号、9 号和 1 号这三种类型都有着自我遗忘的特质。8 号的过度行为和愤怒表达，让他们忘记了对自己真正重要的事情。9 号把自己融入到他人的观点中，从而忘记了自己的观点，只能间接地表达愤怒；1 号则一心关注"需要做的正确事情"，除非他们相信自己是对的，否则他们不会意识到自己的愤怒。

8号的情感需求通常来自内心深处服从的天性。为了生存，8号会掩盖自己的柔情，这让他们很难发现自己的需求。对8号来说，无论是表达观点，还是提供保护，或者为正义而战，都很容易，但要记住那些真正重要的事情却很困难。

正义

"8号是否会操纵'正义'呢？"

在九型人格的研讨班上，这是学员们常问的一个问题。

"他们会报复么？"

对于8号来说，报复的动机就是为了拉平比分，让自己不再被欺负，或者被利用。输掉第一局不要紧，只要8号开始盘算如何追回比分，比赛就没有结束。有时候，计划并不会付诸实施，但只要一想到自己可以那样做，8号的感觉就会好很多。妥协就等于示弱，这无异于把自己的咽喉暴露在敌人面前。妥协将招致更多的不公正。不过，8号可以接受那些体面的解决方案，让双方都不失颜面。如果8号被逼到墙角，他们当然会反击，但是一个值得尊敬的对手不会让8号产生报复的念头。关键是要有清楚的规则和明确的结论。不能侮辱失败者。公平竞争。

报复有积极的，也有消极的。采取消极报复手段的8号，可能向对手伪造信息或隐瞒有用信息。对手无需知道8号已经采取了报复行动。8号不过想要"扳平"而已。如果8号采取积极的报复，他们会为自己的行为披上正义的外衣。

"他们利用了我。他们的做法不公平，应该受到惩罚。"

愤怒的真实感觉是快乐、强大和清楚。

安全和危险

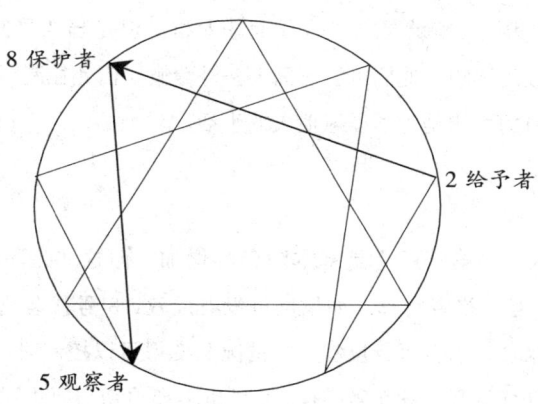

图8　8号性格点的动态变化

安全

信任通常是在面对面的冲突中建立起来的。一旦建立起信任，8号就会放下戒心。走向自己相信的人是安全的，向他们展现自己顺从的一面也是安全的。8号会被那些乐于伸出援手的人深深打动。8号已经习惯于做一个独行者，但如果有人走到他们身边，对他们予以关注，他们心里会十分感激。在安全状态下，8号的性格会向2号转变。此时，他们很乐意提供帮助。他们可以非常慷慨、浪漫和专注；但是他们也可能非常突然地撤回所有帮助。这种强制性的给予和索取清楚说明了谁才是控制者。

8号表面上占有欲很强，实际上却喜欢感情用事。他们会和情敌争风吃醋，但往往却在真正重要的事情面前选择退缩。愤怒和欲望其实有着紧密联系。愤怒的真实感觉是快乐、强大和清楚。因为一切都已经说了，他们明白自己身处何地，知道自己心里想的是什么，感觉非常可信。这是一个亲密的时刻。8号喜欢斗争、性爱给他们带来的接触感，他们还喜欢和自己爱的人一起冒险。和8号相处的技巧就是留出足够大的空间来包容他们广泛的注意力。如果双方拥有共同的关注点，8号对抗式的生存策略就会慢慢软化，转而变成合作。8号会和亲密的人交朋友。通常，友谊远比最初的性吸引力要持久。

2号性格的积极影响就是与人合作而非对抗。但是当8号向2号靠近时，也可能产生消极的影响。他们可能表面上格外慷慨，借此控制对方的情感。他们给予的真正目的可能是为了操纵他人的生活。

危险

8号面临压力的第一反应是基本防备的增加。但这些是不够的，久而久之，8号会向5号性格者转移。如果反抗没有成效，8号就会退缩。他们关上门，不再与人来往，独自进行反省。当情况又变得可以控制时，8号会重新出现，通常没有任何解释。和5号一样，8号也不会迫切想要去讨论那些个人思考的内容。许多8号说他们喜欢5号的状态——长时间的独处，专注于精神层面的求索。有些8号很容易被误认为5号，因为他们完全不像人们想象中的保护者那样外向和狂妄。他们看上去更像是个喜欢独处的智者。

5号性格的积极面在于能够自省，而8号在观察自己的过程中，也观察他人，并从他们的行动中寻找潜藏的动机和意图。认识了自我的8号会非常强大，他们可以在现实生活中验证自己的想法。此外，和5号相比，8号更乐于与人接触，他们能从与他人的互动中获益。5号性格的消极作用是缺乏行动，停止不前，只能望着墙发呆，坐等风险降低，危机消除。

恋爱中的8号

和8号在一起

★ 8号喜欢独立、坚强的伴侣。他们喜欢用斗争、性爱和冒险的方式与之交往。

★ 8号拥有强烈的欲望，追求刺激的生活。熬夜、狂欢和酗酒是他们的家常便饭。一切都太多、太吵、过量。对于好的东西，他们总是想要更多。

★ 8号不喜欢节制，他们倾向于要么全有要么全无。有时候是只有工作没有休闲，有时候是除了玩乐什么也不干。这样的生活方式会加重伴侣的负担，使他们很难在生活的不同方面保持平衡。

★ 一会儿制定严格的规则，一会儿又打破规则，这是8号展现权力的方式。他们会先制定规则，如果感到厌烦，就打破规则以获得快感。

★ 8号希望取得控制权，所以他们很想预测伴侣的意图。

★ 他们害怕被控制，这种情绪转而表现为一种对"领地"——包括日程安排、私人物品和个人空间——的控制。

★ 8号不能忍受含糊不清或信息缺乏，你对他们的轻微忽视也可能被理解为背叛。他们可能认为伴侣无视自己的选择，或者把他们排除在决策过程之外。

★ 当柔情涌起时，8号会通过退缩，抱怨无聊，或责备自己以往的过错等方式来否定自己的情感。

★ 8号不愿自己受到别人的伤害。如果他们的感情受伤，他们将开始报复。报复的念头能遏制内心的脆弱。

★ 8号的伴侣将发现，8号是能在困难中力挽狂澜的人；在危险的时刻，他们是强有力的依靠。

亲密关系

8号非常注重个人的自由，他们讨厌被控制的感觉。他们已经被太多规则局限，被太多死抠教条的官僚们约束，被太多死脑筋的司机们阻挡在路上了。从驾驶上就可看出8号的内在矛盾。当精力旺盛时，他们希望能横扫其他车辆，在路上自由驰骋；可事实上，他们却只能被安全带绑在座位上，困在茫茫车流之中。

8号的许多控制性行为实际上是为了先发制人，确保自己不被人控制。他们害怕被拥有权力的人所利用，因此他们不甘受到漠视，也不愿屈从。在人际关系中，他们最看重的就是独立。只要8号愿意，他们完全可以玩命地工作，条件是没有人要求他们非这样做不可。一旦有人要求他们这样做，或者以爱作为交换条件，8号就会断然拒绝。在他们心中，规则就是用来被打破的，即使这些规则符合他们自己的利益，他们也难以遵守，因为他们受不了被控制的感觉。

8号相信依赖会使他们变得软弱无力，因此拒绝承认自己内心柔弱的情感。他们误以为温柔就是依赖。对于8号来说，性与爱是可以脱离的。妥协是软弱的表现，而接受则意味着害怕。柔软的情感是危险的，因为它会使人毫无防备地暴露于他人面前，很容易失去控制权并受到操纵。

8号非常直率，他们会告诉你他们想要什么，会邀请你与他们一起分享他们喜欢的事物。快乐的8号很喜欢组织聚会。他们不在乎时间，他们聊起天来滔滔不绝，精力充沛，聚会的时间常常会拖得很久。他们天真地以为其他人也和他们一样精力旺盛，也和他们一样喜欢追求快感。

"这看起来真棒，让我们去试试吧。"

"这感觉真好，我们再来一次吧。"

这种对满足感的好"胃口"会带来一种控制一切的错觉。当8号在追求某些美好的事物时，会觉得自己可以一往无前，忘却其他事情。

8号根据自身利益进行判断，采取行动，他们经常不考虑后果。他们根据自己的需要做出反应。

"人人都是按照自己的利益行动的，难道不是这样吗？"

"人就是应该观照自己。"

你必须直截了当地质问8号，因为他们很少扪心自问动机何在。当他们专注于个人目标时，他们可能不会关心你的感受。他们一不留神就会成为自私自利的人，因为他们的思想总是关注于自己的目标，难以理会别人的反应。

无聊的8号会成为一个麻烦。在乏味的夜晚，他们躁动不安，他们对合作毫无兴趣，也不会被别人收买而变得听话。伴侣要做好心理准备。他们可能开解决矛盾的办法是独立。不要强迫8号和你在一起,但可以把门敞开,如果他们想加入,他们自己就会进来,而你只要做好自己的事情就行了。

始异常地沉默,然后突然爆发,让你当众难堪。8号会公然拍着伴侣的肩膀,懒洋洋地打着呵欠,指着自己的手表,大声说:"我们还不能走么?"解决矛盾的办法是独立。不要强迫8号和你在一起,但可以把门敞开,如果他们想加入,他们自己就会进来,而你只要做好自己的事情就行了。

要和8号相处就要学会应对冲突。他们一定会试探伴侣的底线,确认向对方交出控制权是安全的。有时候他会因为一件小事而怒不可遏,这只是因为冲突是验证权力的一种方式。争斗反而会拉近人与人之间的距离。你公平吗?诚实吗?你会崩溃还是会坚持自我?对于像8号这种害怕情感依赖的人来说,这些问题都非常有意思。强硬的8号对于柔情毫无经验。像2号性格者一样,恋爱中的8号对拒绝格外敏感。那些能够帮助8号学会温柔的人,需要绝对坦诚,能够在争论中坚持己见,不会在背后操纵他人,不会控制信息,不会以良好表现作为爱情的条件。

8号发出的信号

积极信号

对于所爱的人,8号能提供超乎想象的支持。他们愿意授权他人,考验他人,信任他人。如果他们信任你,他们会把你视为他们生命的一部分。他们为双方关系注入兴奋和活力。他们邀请你一起去感受生命的力量,享受生活。他们乐于与人交往,并寻求乐趣和满足感。他们是勇敢、果断、稳定、公平、诚实、直率、谦逊的人。一句话,你所见到8号就是真实的8号。

消极信号

8号用否定和愤怒的方式来为自己的过度行为辩解,有时候他们还会反咬一口。

"不是我在控制别人,而是你。"

"不是我在惹麻烦，而是你。"

8号会用胁迫和侵入的方式来取得控制权。他们错误理解的正义感会让他们越界，侵犯他人的权利和财产。他们可能去惩罚他们所爱的人，如果遇到阻力，他们也会毫不留情地惩罚自己。当他们身处困境，不满自己的所作所为时，他们便开始自责。

混合信号

保护者有时候看起来判若两人。也可以说他们是一个矛盾体——铁汉柔情。在九角星图上，8号与2号的连线关系暗示了8号面对人群的两种矛盾倾向——是顺从，还是叛逆。8号强硬的外表所保护的可能是一个情感丰富的2号。

8号总是希望保护自己所爱的人，他们同时也想保护自己，不受柔情蜜意的影响。信任他人，依赖他人，关心他人的想法，这些让8号感到害怕。他们无法忍受脆弱，这让他们如同患上了强迫症——总想纠正错误，保护爱人，并拉平比分。他们的爱人或同事常常感到很困惑：

"你是在爱我，还是在生我的气？"

"你是支持我，还是反对我？"

事实是，两者都是。

当8号试图掩盖自己的温柔情感时，他们会变得格外敏感。但是，一旦有任何迹象表明有人在利用这种情感，他们会立刻变脸，开始绝情的复仇。

内在信号

像9号一样，8号的精力也符合惯性规律：静止的物体因为惯性继续静止，而运动的物体则保持运动状态。对于8号来说，惯性规律就是要么全有要么全无，旋钮只有两头，要么开要么关。一旦身体的警报响起，他们自己很难区分行动和愤怒，他们几乎无法停下来，问问自己对一切是否确定。在他们看来，马上行动并非放纵，无所作为才是愚蠢的。

> 8号需要从内心认识到，指责实际上是脆弱的信号。指责感觉上是强大而肯定的，但实际上去可能代表了脆弱和怀疑。

因为害怕被控制，8号总是仓促行动。他们不能忍受含糊不清的混杂信息，或者是暧昧不明的不安情绪。紧张的情绪是一个信号，意味着必须马上寻找压力的来源。愤怒和指责是情绪升级的信号，思想在说："我感到不安，这是谁造成的？"情感则说："为什么我必须忍受这种不适感？这太不公平了。"

在试图了解自己为何感到威胁时，8号表现出强烈的攻击性，而他们自己毫无察觉。他们的思想说："你把什么藏起来了？你在想什么？让我们来查个清楚。"争斗很快会缓解紧张感。精力得到释放，不适感消失了，大脑得以休息。但其后的结果却令人不安，8号发现自己虽然搞清楚了紧张感的来由，却必须承担由此带来的后果。

8号需要从内心认识到，指责实际上是脆弱的信号。指责感觉上是强大而肯定的，但实际上去可能代表了脆弱和怀疑。他们的思想说："承认你干了些什么吧。承担起你的责任，这样我们还可以继续做朋友。"而感情说："坚持住。情况可能更糟，决不要示弱。"

8号应该告诉自己："这些可能都是我的假设。不要贸然行动。等待是安全的。"尽管这样的话似乎违背了8号的天性，但如果8号能学着减少自己对他人造成的负面影响，学会在横加指责前质疑一下自己的假定，他们就会变得成熟起来。

工作中的8号

在工作中

★ 控制办公室的等级结构，设定界限以求自保。谁是领导？他是否公平？

★ 可能把妥协看作软弱。

★ 要确保自己的领导权。关注那些在工作中掌握控制权，能够一呼百应的强劲对手。尊重诚信的领导者，欣赏有实力的对手。

★ 会在不经意间对人员进行划分。想知道每个人的立场，想得到明确的在商场上，8号和3号都是美国风格的典型代表。8号直截了当，具有攻击性。你看到什么就是什么。作为大家需要的先锋人物，8号的价值在事业开拓期最突出。当我们需要为战斗制定计划时，我们都会排队跟随在保护者身后，尤其是在项目的最初扩张期。

回答。

★ 关注正义和保护的问题。

★ 直接表达愤怒，毫不隐藏。愿意发泄怒气，不愿心存芥蒂。

★ 要么跟我走，要么滚蛋。认为自己的观点是最正确的。

★ 支持符合个人利益的规则，反之则不然。

★ 要求完全的知情权。任何细微的变化都可能引发不满，认为自己被操纵了。

作为领导

在商场上，8号和3号都是美国风格的典型代表。8号直截了当，具有攻击性。你看到什么就是什么。作为大家需要的先锋人物，8号的价值在事业开拓期最突出。当我们需要为战斗制定计划时，我们都会排队跟随在保护者身后，尤其是在项目的最初扩张期。我们希望8号能领导大家力挽狂澜，给竞争对手予以沉重打击。当感觉极端化时，8号会陷入高效率的工作状态，他们会压制自身顺从的一面，直到工作完成。当他们全副武装地与对手作战时，他们只在乎实际损失，而不在乎内心脆弱的自我。在领导地位不受威胁的条件下，8号会是充满活力的公众人物。他们喜欢集权而不是授权，喜欢所有的事情都在自己的掌控之中。他们很可能为整个机构制定一套从上到下的全面计划，内容包括了企业管理的方方面面。对于他们亲自挑选的人，8号领导者会格外庇护。

在事业发展的稳定期，8号的领导才能就不是那么出色了。激烈的竞争远比日常管理工作要有趣。他们喜欢处理紧急情况，正常的发展让他们无所事事。如果8号找不到有效的渠道来消耗自己的精力，他们就对工作失去了兴趣。最好的办法就是在8号惹麻烦之前，把他们的精力转移到其他有用的项目上。充满活力的8号很容易因为一些小问题而大发雷霆，在办公室里胡乱干预各种事务。8号旺盛的精力使他们能够在工作中脱颖而出，担当重任，但也让他们很容易针对一些小事发泄情绪。当8号开始生气时，小意外可能导致大问

> 要和8号共事，关键的一点就是要善于表达自己的意见。你不必赞同他们的观点，但一定要让他们知道你的看法。不要因为害怕惹他们生气就篡改信息，要坦诚，要毫无保留。

题，程序上的细微差错也会带来全面的战争。

要和8号共事，关键的一点就是要善于表达自己的意见。你不必赞同他们的观点，但一定要让他们知道你的看法。不要因为害怕惹他们生气就篡改信息，要坦诚，要毫无保留。一旦出了问题，不要自作主张，要征求8号的意见。经常向8号汇报工作是和8号建立信任的关键。你完全可以向领导报告坏消息。坏消息是可以处理的；完全没有消息才是最糟糕的。8号讨厌被人利用，即便是无心的过失也可能被看作是背叛的种子。

8号不喜欢被蒙在鼓里。如果工作出了毛病，他们会立刻全副武装。

"这个问题是否只是冰山一角？"

"我要知道事实。"

指责是他们的第一道防线。

"谁要对此负责？"

"给我一份报告。"

指责很容易变成对个人的攻击。员工需要有一定的心理承受能力，这实际上是一种考验。无所作为在8号看来就是默认错误。8号会密切关注下属面对压力的反应，详细记录每个人的工作表现。他们会仔细检查所有细节。实际上，保护者只是想确定问题不会升级。如果你受到了指责，就应该勇敢承担责任。不要找借口或推卸责任。把你的解释说出来，界定问题出现的范围，让你的老板确信它不会扩大。另外，你还可以在陈述建议时，附上一份直接的书面报告，这样8号领导者就可以根据报告自己去检查工作进程。

8号不愿意授权。他们想要控制一切。如果他们对他人委以重任，他们会密切关注最后的结果。当他们观察你的工作表现时，你不会知道自己正在接受考验。如果你的第一项工作干得不错，那么第二项也会随之而来。8号会在真正授权之前认真考察你的能力，看你是否能够把各项工作都做好。

对于员工来说，没有消息就是最好的消息。如果出了问题，他们马上就会知道。没有消息就意味着一切都在正轨上。8号很难去恭维或称赞他人。一次顺利通过的检查很可能意味着前面还有一系列的考验。你可能表现得很好，但却得不到任何表扬。尽管8号已经认可了你的表现，你却只能从别人那里得知这个好消息。赞赏是非常少见的，"我们有进步"可能意味着我们已经到达了顶峰。

典型冲突

不公平和不公正是8号经常挂在嘴边的词。重要的是学会区分哪些是他们的个人抱怨，哪些是他们代表群体所表达的一种广泛不满。8号在受到威胁时，一定会采取行动。但有的时候，他们只是在别人的战斗中，充当发言人，他们因此常被认为是麻烦制造者。8号喜欢为那些不愿公开表态的人出头，替他们表达不满。有时候他们充当了不恰当的传声筒。他们不关心如何婉转地表达观点，结果他们被认为是充满恶意的抱怨者，这大大降低了他们提出问题的可信度。

8号讨厌含糊不清的信息。看到这样的信息，就如同公牛看到了眼前抖动的红绸，他们要冲过去搞个明白，不达目的誓不罢休。处理与8号的冲突要讲究技巧。8号斗争的目的就是赢得胜利。一旦他们感觉被糊弄或者被欺骗了，他们就会发起个人攻击。对付懦夫和骗子，还需要讨论手段吗？耿耿于怀的8号会把对方的脑袋踩在脚下，运用一切途径进行反击。

"你的后台是谁？你想干嘛？你知道我认识什么人么？我要把这一切都告诉他们。"

对方越是期望8号退让，他们越是要更进一步。对8号来说，妥协就意味着投降，懦夫才会和解。8号要的是明确规定的惩罚和奖励，他们很可能会把情况推到极限，来看看对方是否能够承担后果。即便他们输了，他们也会说："看起来我输了，但是我得到了让步。"

解决冲突

要调解8号和其他性格者的冲突，具体方法参见第三部分内容。

对于不服管理的8号，不要采取模棱两可的态度。如果你想获得他们的尊重，你一定要奖惩分明，设定清楚的界限。在九型人格中，8号是那种在面对界限和惩罚时，反而能表现更好的人。

作为员工

8号员工总是表现得像领导者一样，把真正的领导者撂在一边。这样的表现可能有助于他们的人际关系，也可能破坏他们的人际关系。成熟的8号是天生的领导者，但是不成熟的8号却会给工作带来灾难。8号关注的焦点是权力结构。谁掌握权力，他是否公平？8号是非常实际的人，他们会考虑现实生活中的诸多问题：生计、安全和利益。他们要求时间和劳动的公平交易，会强烈支持他们认为公平的系统。成熟的做法是为机构里弱者提供保护，借此与管理层建立良好的沟通关系。当然，同样的策略也可以成为获取个人权力的平台。

不成熟的8号是反权威的。他们最在乎的是地位、金钱和权力上的不平等。他们的控制欲让他们反对权威，会给当权者带来潜在的麻烦。他们有一种认为自己战无不胜的错觉。年轻的8号多具有过度和自毁的倾向，在工作中他们无视身体极限的存在，这会让他们精疲力尽，损害自己的健康。这种自我毁灭的行为还会降低他们的生产力。不要指望一个抱怨的员工能够与人合作，他们只为自己的利益工作，无论采取什么手段：拖延、离去、请愿，甚至罢工。对于不服管理的8号，不要采取模棱两可的态度。如果你想获得他们的尊重，你一定要奖惩分明，设定清楚的界限。在九型人格中，8号是那种在面对界限和惩罚时，反而能表现更好的人。

在团队中

保护者可以成为出色的团队成员。他们是强有力的竞争对手，对他们感兴趣的工作，他们会一直坚持到累倒为止。他们勇于接受困难，不会逃避。他们常常能凭借个人力量，在团队中获得重要位置。对于会议，8号是出了名的没耐心。

"还要开会吗？"

"让那些管理者见鬼去！"

如果8号感觉自己在主要问题上失去了控制权，他们就会在细节上斤斤计较。所以你应该让他们清楚你的工作,告诉他们你的观点,然后离开,不要插手他们的工作。如果8号被排除在一些活动之外,他们会觉得受到了伤害。他们可以不来参加,但是他们一定要获得邀请。

8号十分在意团队中的人际关系。最简单的方法就是每周五让员工们来一次聚餐,或者其他一些值得期待的活动。在8号看来,友谊就等于安全感。

为8号划定一个区域,让他们去负责。8号喜欢独奏而不是合奏,但他们自己并没有意识到这一点。如果没有人阻止,他们会勇往直前,横冲直撞。设定非常清晰的责任权限。只要自身领域的控制权没有受到威胁,他们乐于合作。一旦他们必须和别人分享空间、设备和信息,他们的领地观就会重新抬头。8号需要适应团队中的信息咨询和信息分享。一旦开始行动,8号往往很难改变原定计划,他们会朝着既定目标埋头前进。这是一种"死脑筋"的态度,只要计划已经出台,他们就很少考虑新变化和新问题。

要想与8号合作,就要让他们清楚合作的目标、合作的动机,以及谁将获得鼓励。在公平的环境中,8号可以成为非常出色的支持者。不要利用他们,也不要他们去证明自己。

8号可能会看起来在全力表达某一观点,但实际上他们还在认真思考。他们喜欢大声争论,这让人觉得他们很爱争辩。那些被8号的争论吓着的人可能会放弃自己的主张,甚至屈从于8号。这其实大可不必,因为如果8号对某个问题纠缠不休,恰恰说明他们很关注。只要是他们真正感兴趣的,他们就会想办法提供支持,想办法参与进来。他们不断地激励、催促,甚至质疑,这是好现象。如果他们不感兴趣,他们是不会投入热情的。

第九章 9号性格——调停者

	性格特征	本体特征
思想	懒惰（自我遗忘）	爱
情感	怠惰	正确行动
基本性格分支		
两性关系：寻求联合		
社会关系：参与		
自我生存：爱好		

9号的性格特征

世界观

这世界不会在意我的努力。还是舒服地待着，保持平和心态吧。

精神通道

婴儿"就是"本体，他们的意识中充满了爱，他们是纯粹的，拥有无条件的快乐。

当性格逐渐形成时，注意力转向片刻的舒适，孩子们变得懒惰了，他们忘记了本体自身散发出来的快乐。

怠惰是一种过度调节，是一种企图保持舒适、不受打扰的渴望。跟随他人的意愿，而不是反对他人的意愿，似乎能让日子过得更舒服。

但实际上，怠惰是对主观能动性的放弃，是无法采取正确行动去追求生活的本质。

9号避免冲突，他们服从他人的安排，以便舒适地融入到周围的人与环境中。

9号的关注点

★ 努力维持中立带来的舒适感。避免愤怒和冲突。

★ 用不重要的事务替代最重要的需求。

★ 对个人决定犹豫不决。"我同意还是不同意？"看到问题的各个方面，很难做出自己的决定。只有在不涉及个人的情况下，才能迅速表态，例如政治观点或紧急行动。

★ 重复熟悉的解决方案，借此推迟决策。按习惯行动，"好像还有大把时间，何必急于一时呢？"

★ 不行动或怠惰。跟随他人。跟随程序。很难开始改变。你可能不知道自己想要什么，但却非常清楚自己不要什么。

★ 在生活的三个重要方面行动迟缓：
- 在一对一的关系中，渴望与对方联合；
- 在社会关系中，参与社会团体，组织；
- 在自我生存上，爱好物质利益。

★ 不会说"不"。很难与人分离，很难独自行动。

★ 压抑个人的能量和愤怒。把注意力转向各种琐事。愤怒时会延迟反应。消极对抗。因为，在9号看来，愤怒就等于分离。

★ 用固执的态度来控制局面，等待结果出现。

★ 非常注意他人的安排，由此导致：
- 很难明确个人立场，但也会

- 有能力认识到他人生活中最重要的事情，并给予支持。

性格倾向

当我们感觉与他人不可分割时，我们就开始进入9号的精神世界了。界限消失了，别人的人生成了我们的生活动力。一旦与对方融为一体，我们就成了同一个生物。对于同伴的日程表，我们总是充满了能量。他们的兴趣是最重要的，他们的观点是最正确的。我们对他们的人生满怀热情，这几乎成了我们自己的生活中心。

在童年阶段，9号感觉自己被忽视了。他们只好学习融入他人的生活，把自己隐藏起来，只有这样他们才不会被遗忘。他们只有两种选择，要么接受这一切，失去自己的位置；要么反抗，然后被远远抛弃。一方面，他们想顺从然后获得爱；另一方面，他们想反抗然后获得独立。两种想法相互斗争，产生一种紧张感。

"我应该表示同意，然受遵从他们；还是该反对，然后挑起冲突呢？"

赞同或许像是屈服，但拒绝更难说出口。既然自己的人生已经和他人融为一体，那么选择就不再重要了。9号更容易发现他人的价值，而不是他们自己的。

怠惰是对生活的犹豫不决。他们总是考虑到事情的方方面面，这占据了他们的全部时间。做决定变得非常困难。互相矛盾的观点似乎各有各的道理。注意力从最重要的问题转向其他次要的方面——杂务和积压的工作耗费了太多精力，能量被消耗了，前进的脚步放慢了。习惯成自然，而9号可能对此毫无感觉。本应用于主要目标的精力被浪费在无关紧要的问题上。

一旦隐藏个人需求成为习惯，9号的自我观察也就停止了。他们忘记了自己，完全关注于他人的想法。不知不觉中，事情越积越多。面对这么多事情，他们很难记得什么是最重要的。

如果9号能注意到这些问题，能够安排自己的生活，并有计划地付诸实施，他们就能逐渐成熟起来。他们应该知道，当他们身处一个新的位置时，他由于9号总是和他人融为一体，他们的伙伴往往可以帮助他们找到自身的位置，并消除因为分离和为自己进行选择而带来的不适感。

们是可以做出选择的。他们应该学会与他人分离，把注意力转向自己。

帮助9号的人应该鼓励他们设定自己的目标，敦促他们朝着自己的目标努力前进，并提醒他们内心真正的需求只能通过关注自己获得。由于9号总是和他人融为一体，他们的伙伴往往可以帮助他们找到自身的位置，并消除因为分离和为自己进行选择而带来的不适感。

分支性格关注点

迟缓（怠惰）的性质将影响9号对情感关系、社会关系和自我生存的态度。

在一对一情感关系中表现出联合

在爱情上，9号需要完全的融合。爱人就是他们的生活核心。联合就是相互依存，不再孤单一人。9号会把别人的人生变成他们自己的。

在心理上不分彼此，9号感觉自己不再被忽视。在9号看来，只要你按照他人的方式思考并试图了解其观点，你的意识就得到了延伸。思想和感情是同步的，而不是割裂的。两人的身份也是一致的。他们享受属于"我们"的时刻。"我们是同类"。

联合能带来焦点和能量。虽然9号对自己的事情相当懒惰，但伴侣却可以成为他们生活的焦点，成为他们生活的原因。9号要的是共同的人生，而不是独立的存在。他们可以完全跟随他人的热情，不自觉地将自己的生活安排与他人的生活安排合而为一。他们只知道，他们讨厌感情降温，他们喜欢在一起的感觉。他们可以看到事物的各个方面并以此为乐。

在社会生活上愿意参与

在社交上，参与集体活动会让9号感觉很舒服，他们觉得自己是被接纳的、被爱的。但是，这也可能成为9号懒惰的最大借口，因为本来可以用来解决个人问题的精力却被消耗在社会活动上。

在熟知的群体中参与活动，会令9号产生一种兴致勃勃的快感。他们喜欢已知的活动，清楚的目标、过程和时间表，既定的精力支出。在这样的活动中，他们知道要做什么，会做多久，谁会一起参与。9号喜欢那些不需要成员耗费太多精力、但如果他们有精力可以在其中担任领导的活动。因为9号虽然喜欢参加社会活动，但是他们不喜欢完全的投入和付出。他们虽然参加了，但是他们的问题依然存在。

"我到底是同意还是不同意？"

"我到底属不属于这里？"

这样的问题仍然悬而未决，摇摆的情绪继续存在。

用爱好来保护自己

对于9号来说，注意力总是很容易分散到不重要的事情上。他们忽视真正的需求，而迷恋于一些替代品，最常见的替代品有食物、旅游、电视和收藏。摆脱这些替代品会令人不安，因为它们是9号习惯的生活，9号在这些已知的事物中投入自己的能量。总之，一旦拥有了充裕时间和精力，9号就会对上述替代品乐此不疲。

尽管所有的9号都会寻找替代品来取代核心目标，但是迷恋型的9号会格外热衷于此，对替代品难以自拔。这些替代品就像毒品一样，可以给9号带来舒适感，并可以暂时取代爱的感觉。食物和神秘小说可以让9号立刻轻松起来。9号很容易变成"沙发土豆"（坐在沙发上一动不动的人），沉溺于报纸、薯片和啤酒之中。感觉安全的9号不会发现，自己成了购物狂，并忘记了自己真正的生活安排。这种沉溺于某种事物的兴趣一点也不会让人联想到懒惰，反而让人兴趣盎然。那么多有趣的事情要做，这可以让9号暂时摆脱矛盾心情，即使这样做等于放弃了自己本应承担的义务。

著名的9号性格者

整个美国邮政服务体系都属于典型的9号性格。他们有很强的组织能力和细节管理能力。邮政人员总是按照他们的规章制度有条不紊地工作着。他们在需要速度的时候，表现得漫不经心；他们会礼貌地在下午2点59分关上邮局的大门，不管你是否正抱着包裹奋力向邮局奔跑。

其他著名的9号性格者包括：

★ 朱莉娅·蔡尔德（Julia Child）：美国著名的法国菜烹饪家。上世纪60年代在美国始创电视烹饪节目而家喻户晓。

朱莉娅·蔡尔德
Julia Child

★ 帕瓦罗蒂（Luciano Pavarotti）：意大利著名男高音歌唱家。

帕瓦罗蒂
Luciano Pavarotti

★ 巴克敏斯特·富勒（Buckminster Fuller）：1895–1983，美国哲学家、建筑学家及发明家，设计了著名的网格圆顶型建筑，对近代建筑设计产生重大影响。

巴克敏斯特·富勒（*Buckminster Fuller*）

★ 奥勃洛摩夫（Oblomov）：俄国作家冈察洛夫所作同名小说中的主人公，性格善良、怠惰、麻木、缺乏信心和勇气。

★ 艾森豪威尔（Eisenhower）：1890–1969，美国二战将领，第34任美国总统。

艾森豪威尔
Eisenhower

★ 希契科克（Alfred Hitchcock）：1899–1980，英国导演，以悬念电影著称，著名作品有《39级台阶》等。

希契科克
Alfred Hitchcock

★ 林戈·斯塔尔（Ringo Starr）：20世纪60年代风靡全球的英国甲壳虫乐队的鼓手。（左二）

林戈·斯塔尔
Ringo Starr

焦点问题

舒适感

9号喜欢融合带来的不可分割感。他们不喜欢分裂，他们习惯充当调停者而不是表明立场。熟悉的、已知的、可预测的行事方式才能吸引9号性格者，因为这样没有压力，注意力可以轻松地四处"闲逛"。9号喜欢思考。他们喜欢时间匆匆溜走，漫无目的地度过一天。这样的生活方式是舒适的。他们喜欢随心所欲地运用自己的能量，而不是被迫调动精力。大部分的能量都在闲散中浪费了，只有一部分能量被用于熟知的活动。对于9号来说，"知道"是痛苦的，知道自己失去了什么反而会使情况变得更糟。如果你的脚麻木了，你并不会感到痛楚；只有当你重新开始走路时，你才会感到刺痛。

避免冲突是9号行为模式的另一部分，这同样也是把精力从最重要的事情上转移出来。对于精力管理，9号很有一套。"沙发土豆"并非他们消耗能量的唯一选择，如果有其他更好的活动来消耗精力，让他们没有一丝多余能量去思考个人的生活安排，他们也会很乐意去做。

接纳

每个人都希望被接受，但9号需要明确自己的位置，需要得到他人直接的认可。如果9号的地位微不足道，而他人的力量更为强大，9号就寄希望于通过他人来强化自己的地位，这样他们就能和对方一样感觉良好。但事实是，当9号和他人融为一体时，一旦事情发展不顺利，他们就会指责对方。

"这是你的主意，不是我的。我是跟着你而已。"

由于9号很乐于和别人相处，相应的，他们也希望对方对他们采取同样的态度。虽然9号很难为自己的生活做出安排，但一旦他们做出来了，他们就要求他人能够接受。

"我把你的事情当作我自己的事情，你也应该这样对我。"

如果9号的融合和支持都没有得到同等回报，他们会觉得遭遇了不公平待遇。

对于一般人来说，9号新近发现的重要事情可能微不足道、模糊不定，但是9号自己却认为这是非常重要和肯定的。当9号提出自己的安排时，同伴必须仔细倾听，因为9号要依赖于同伴的接纳才能继续推进。

冗长的故事

在生活中，9号性格者会在毫无征兆的情况下做360度的转变，他们因此

> 和想要什么相比，9号更明白自己不想要什么。通过做减法的方式，他们可以找到最初的起点。

而出名。他人并不知道变化的具体过程，只觉得9号突然间就变了一个人，开始做一些完全不同的事情。9号认为，在做出决定之前，一定要全盘考虑，充分准备，储备足够的力量来对付各种困难。他们不会轻易做出决定，但是一旦他们做了决定，他们会变得非常顽固，执着于个人观点，拒绝任何反对的声音。一旦肯定了自己的想法，他们就会坚持到底。有时候，为了表达自己的观点，9号会采用一些技巧。他们的办法就是跟你喋喋不休地讲自己的故事，不让对方听到反对者的声音。一旦找到了自己的位置，他们就想要滔滔不绝地告诉其他人，并且不允许任何人打断自己的讲话。

另外一种分散反对声音的方式是尽可能多地描述细节和自己获得的支持。例如，在讨论中把所有的细枝末节和应该强调的重点混在一起。核心点和细节似乎都很重要，就好像大家没有抓到重点。这是事实。因为核心点很可能就是潜在的争议点。情况如此复杂，所以你才需要更多的时间来把它说清楚。

做决定

对于那些不太重要的事情，9号很容易做出决定，例如政治倾向和物质需要。但是对于影响到个人的决定，尤其是对于要让9号的想法脱离他人安排的事情，9号就会感觉是个负担。对个人决定的过度思考是这类人的典型特征。

"我到底应不应该这样做？"

"我在想什么？"

知道自己要什么，不仅不会让9号充满斗志，反而会让他们感觉孤单和害怕。独自行动是他们不了解的领域，只会导致孤独和无趣。

9号会从所有可能的角度来思考问题。如果各种角度看起来都差不多，那就没有理由要采取行动。

"你不想要哪个？"如果有这样一个选择题，9号回答起来会轻松些。和想要什么相比，9号更明白自己不想要什么。通过做减法的方式，他们可以找到最初的起点。

要帮助9号改变，需要为真正重要的事情列一份清单，并慢慢让9号养成新的习惯，根据事情的重要性来采取行动。

习惯性行动

9号常常陷入循规蹈矩的生活中。熟悉的日常程序让人感觉舒适，他们知道要投入多少精力，也知道会是什么样的结果。按常规生活就可以避免面临决定时的两难痛苦，所有的冲突、分离、不适都被最小化了。一旦习惯成自然，9号就很难偏离习惯的轨道。

要帮助9号改变，需要为真正重要的事情列一份清单，并慢慢让9号养成新的习惯，根据事情的重要性来采取行动。对于新的计划，9号的同伴应该给予无条件的支持。到场支持和当面鼓励都会对他们大有帮助；如果可能的话，和他们一起执行计划会有助于习惯的养成。一旦9号偏离了重心，身边的人应该提醒他们什么才是重要的事情。他们可能会忘记这一点，所以其他人要用自己的热情来重新点燃9号的热情。如果9号的行为脱离了轨道，不要严加指责，只要让他们重新开始就好了。如果能够获得他人的信任，9号也会相信自己，并乐于接受那些积极的信息。

动机

"9号是相互依赖的吗？"

这是人们常问的问题。就像2号一样，9号对他人需求的认识远甚于自己的需求。其实在我看来，任何人都是相互依赖的，只是依赖关系会因人而异。同样的行为表现可能出自不同的动机。当9号表现出对他人的依赖时，他们通常会放弃自己的生活，与他人融为一体。但实际上，很多9号只是看起来对他人很依赖，他们的内心仍然是独立的、不受约束的。所以，我们必须研究每个人的不同动机，并且根据个案的情况再下结论。

消极进攻

冲突是可怕的。调停者会竭力避免公开表达愤怒。因为冲突会导致反对、分离和进攻，而这些都会让人不舒服。9号会用间接、消极的方法来表达愤

> 如果他们生气了，或者感觉受到胁迫，他们会坐下来，什么也不做，不反驳，不威胁，但是也不逃离。他们用固执的沉默来表达自己的反抗，告诉你，事情不会按你的意愿发展。

怒。延缓行动，把注意力转向其他事情，坐等敌手走开，变得固执，这些都是9号经常采取的策略。9号通常要在冲突发生后很久才会意识到自己的愤怒。他们最著名的反应就是等事情过了很久后，才突然发现自己很生气。在他们看来，与其公然表达不满不如用固执来对抗。如果他们生气了，或者感觉受到胁迫，他们会坐下来，什么也不做，不反驳，不威胁，但是也不逃离。他们用固执的沉默来表达自己的反抗，告诉你，事情不会按你的意愿发展。

9号的固执还非常具有刺激性。他们的策略永远是让他人成为关系中的活跃要素，这种做法可能会让同伴气疯了。当别人期望他们行动时，他们却无动于衷，这要么让其他人看起来很傻，要么让其他人感到非常气愤。当他人想要采取行动，但有人却从中作梗，或者因为种种原因没有与他人采取同样行动时，这理所当然会被视作一种对他人的攻击。9号的同伴想知道9号到底站在哪一边。想知道9号和他们到底有没有关系？如果同伴对9号的行为琢磨不透，他们会感觉受到了侮辱。而9号的回答很可能是"但我什么也没做啊！"

惯性

惯性定律认为静止中的物体仍将保持静止，运动中的物体总是保持原来的运动状态。9号说他们需要一个飞跃来开始转动，而一旦他们开始运转，他们就无法停止。一个好的组织结构，一个好榜样和一个充满生机的环境都能确保9号行动起来。最糟糕的办法就是让9号独自去做他们的事情。

一旦开始行动，9号就要注意啦。有些活动表面看来具有创造性，但却可能让9号的内心陷入沉睡；果真如此，他们就丧失了自我意识。为了完成任务，他们会采用极为复杂的手段，却很可能忘记了自己真正关心的事情。也就是说，他们会划分自己的精力，即便是困难的事情，他们也不会浪费自己的精力，而仅仅是恰当的投入，其他的注意力会转移到不那么重要的事情上。这样做能够避免9号把过多精力放在自己身上，同时又能帮助他们完成不少事情。如果有人问9号，作为一个胜利者感觉如何，他或她可能会说，"我不知道，因为我当时没在意。"对于9号来说，他们应该掌握的技巧是，不论是在休息

6号的特征是自相矛盾，而9号则是在同一问题的诸多方面中挣扎不已。

时，还是在行动开始后，都要集中注意力。这样，他们就可以找到与自己对话的节奏了。

9号性格者的矛盾和6号性格者的怀疑

9号性格者对个人承诺的矛盾有时候看起来很像6号性格者作为局外人的怀疑态度。有那么多的观点可以选择，很难只选一个。9号内心活动的重点是他们被外界信息所淹没，他们看到了一个问题的不同方面，也知道同一问题可能导致不同结果。他们不仅看到了问题的各个方面，还知道环境会影响决策。如果囊括更多信息，环境发生改变，那么再清晰的观点也可能随之变化。此外，还有时间要素值得考虑，任何事情都会随着时间而改变。那么，面对所有这些值得考虑的信息，你怎么能轻易做出决定呢？既然你了解争论双方的观点，也知道他们彼此之间的联系，你又如何能抛开全局的观点，而只选择一方加以支持呢？所有的事情都是相互联系的。9号只能把事物的整体看作一个浑圆的球，然后站在球的表面上，而不能站在在一条清晰的界限面前，选择此端或彼端。

6号性格者的怀疑也会产生延迟，但是其注意的重点完全不同。他们总是提出一个想法，然后又马上予以怀疑。他们注意力的运动轨迹是从相信到怀疑，然后再到相信。他们考虑的是同一问题的可行性或可信度，而不是困惑于都有道理的不同观点。对6号来说，找到问题的重点并非难题，但是他们非常怀疑事情的可行性，还担心解决重要问题可能带来的负面效应。6号可以选定自己的立场，但是他们担心会有人横加干涉，担心采取行动后会得到不好的结果。他们最关注的是具体的操作。当权者对此会表示不满吗？这个观点是否会受到抨击？因为担心受到阻挠，6号的注意力会转向自身观点的对立面，忙于预测反对者的干预手段等等。

可以说，6号的特征是自相矛盾，而9号则是在同一问题的诸多方面中挣扎不已。

安全和危险

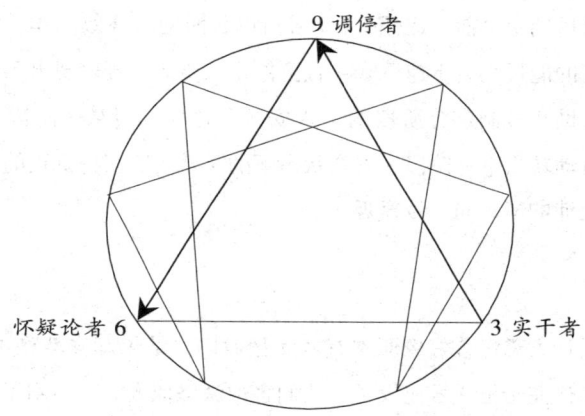

图9　9号性格点的动态变化

安全

要改掉懒惰的毛病，9号需要让自己处于高能量的运动状态。在安全状态下要做到这一点并不难，9号会有一套自己的日常安排，他们希望能够像勤劳的实干者一样，赢得大家的认可和尊重。但是尽管9号的忙碌程度已经接近实干者，尽管他们也非常重视自己的工作，但在9号的内心，他们行动的目的是为了让自己赢得爱。9号能够分辨出哪些关注是针对自己的工作，哪些是针对他们自己。他们希望自己能够被他人接受，但争取认可的途径是自己的工作表现和外在形象。当他们充满能量时，惯性定律开始发挥作用，他们处于忙碌的状态，渴望成功。处于3号位的9号性格者能把注意力真正集中在自己的安排上，而不是仅仅凭借惯性高速前进。在安全状态下，9号能清楚区分哪些习惯是被动养成的，哪些是发自内心的人生选择。尽管如此，在安全状态下的9号依然会受到惯性综合症的困扰，要依赖于最后期限的压力和别人的安排才能完成目标。看起来一切都很正常，但实际上9号的内心正在挣扎。很多人可能都不会注意到这一点，9号要不断与自己斗争，以保证精力旺盛的状态，还要努力克服走神的毛病，集中注意力。

为了在最后期限之前完成任务，9号可以长时间地高效工作。但是工作一旦完成，他们的能量就会迅速下降，直至停止。要让9号表现出3号性格的积极面，需要帮助9号制定分阶段的个人安排。这样，当某一阶段的目标实现后，他们能自动转入下一阶段。安全状态下的9号能够获得真正的成就感，他们能够带着充沛的情感向3号靠近。

危险

这种感觉让人恐慌，好像原本有着大把时间，结果却突然到了最后期限。没时间了，工作完全把9号淹没了。他们害怕激怒他人。时间到了，大家都会生气。9号经常说，这种感觉让人不知所措——有那么多事情要做，却什么也干不了。处于高压之下，9号停止了行动，动弹不得。压力的负面效应就是冻结。

对9号来说，最常见的压力就是最后期限和被迫公开反对他人。9号很容易放弃自己的立场，转而赞同他人的观点。这样他们就不用反对了，但这也会让他们浪费更多时间，结果变得更加麻木。那些通常能分散注意力，缓解不安情绪的妙招一下子都不管用了。这是一种危险状态——是一种消极、低落的状态。此时的9号或沉浸于电视节目中，或在脑海中反复回想问题的各种情况。从表面上看，9号似乎怡然自得，其实内心是麻木的、毫无感觉。一个小小的鼓励，一只主动伸来的援手，都可以帮9号迈出第一步，打破这种恶性循环。

在这种低落的情绪下，9号会在脑海中疯狂撰写更糟糕的结局。他们害怕可能出现的结果，指责自己无所作为。这种指责也很容易转向他人——9号认为自己是受害者，而当权者的错误造成了这一切。自己被更强势的人利用了。如果这能让9号意识到真正的价值所在，那么这种指责和由此激发的情绪也许能产生积极的作用。只有在压力下，9号才能知道他们不想要什么，才能确定

> 对于9号来说，压力的最大好处在于他们可以发现自己的愤怒，转而把这种愤怒的情绪用于更有建设性的事情上去；把更多能量转向9号性格的反面，增强他们坚持自我的信念和独立工作的能力。

真正属于自己的日程安排。当他们害怕时，他们不再忙着转移自己的注意力，反而有可能违背他人意愿，采取行动捍卫自己的利益。恐惧使得9号向目标单一的6号性格者靠近。

对于9号来说，压力的最大好处在于他们可以发现自己的愤怒，转而把这种愤怒的情绪用于更有建设性的事情上去；把更多能量转向9号性格的反面，增强他们坚持自我的信念和独立工作的能力。

恋爱中的9号

和9号在一起

★ 一旦9号与你融为一体，你们就很难分开。这种关系将持续多年。9号很难摆脱过去的回忆，开始新的关系。

★ 9号会把注意力放在不重要的事情上，从而转移自己对情感的关注。他们会用替代品来避免争论。对于他们的真实感受，他们要么一言不发，要么惜字如金，"此时无声胜有声"。

★ 9号会退缩到习惯的模式和不重要的事务中去（"有无数鸡毛蒜皮的小事要处理"）。他们很难对一段关系保持高度关注。精力被消耗到日复一日的普通生活中：修理房屋，抵押贷款。作为9号的伴侣，你将发现你才是改变生活的动力所在。

★ 9号会顺从伴侣的心愿，说对方想听的话，但这不等于他们赞同伴侣的观点。把自己融入他人的生活也会有其消极的一面，那就是一旦出了什么状况，9号都会归咎于对方。

★ 如果9号能与你融为一体，却没有丧失自我，你们的关系将会进一步深入发展。

亲密关系

和一般人相比，9号更了解伴侣的心愿。他们很容易站在他人的立场上，用他人的视角看问题，但他们很难做出决定。容易被他人的观点所影响，让9号的个人立场很容易动摇。

"为什么用我的方式来处理问题而不是你的？"

"看看这两者之间的共同点。"

在9号看来，做决定似乎是一种专横的举动。如果相互对立的两种观点都有可取之处，那么为什么必须做出选择呢？9号经常仔细衡量各种观点，这让他们自身的立场变得模糊不清。

有立场就意味着你要捍卫它。这么做值得么？冒着与爱人疏远的风险，或者忍受被迫与之分离的感受，来捍卫一个脆弱的立场，这值得吗？保持中立要容易得多。当9号不再执着于自己最关注的事情时，时间就会悄然流逝；没有重要的工作，9号好像拥有大把的时间可以挥霍。只有最后期限的压力和家人的需求才能带来行动的动力。家人的安排决定了什么是最重要的事情，而最后期限就如同闹钟一样把9号唤醒。

但是，参与并不代表承诺。表面上，9号好像赞成某一计划，但实际在内心里，他们并不以为然。没有坚定的个人立场，9号会随大流，反正他们也看不出有什么理由不要这么做。对于9号的伴侣来说，重要的是搞清楚9号的兴趣到底有多少，因为他们看起来总是双手赞同，他们说的话也总是那么悦耳。他们是跟着别人的热情在行动。当9号和你在一起时，他们可以被你的激动所鼓舞，被你的兴趣所吸引。但是当他们独处时，情况就变了；没有你的活力，9号变得无精打采。

对于那些想成为领导者的伴侣来说，9号的犹豫不决是一个重大挑战。在做决定时，他们总会想很多。

"行还是不行？"

"该还是不该？"

注意力被分散到事情的各个方面，直到所有方面都混为一团，所以不必选择其中任何一面了。9号常常会觉得，自己是被动的接受者，而不是主动的决策者。他们的工作、他们的生活，甚至他们居住的地方，好像都不是自己选择

> 伴侣应该学会做自己的事情。他们可以吸引9号加入，但不要逼迫9号带头行动。伴侣只要做好自己的事情，就足以成为9号的榜样了。矛盾的是，尽管自己难以抉择，调停者还会拒绝他人帮助自己做出决定。他们认为自己这种摇摆不定的状态并没有什么不好；他们能泰然面对不确定的事情。

的结果。他们的感觉是"我碰到了这些"，而不是"我选择了这些"。逼迫9号做出选择常常是一种徒劳。如果9号的伴侣找到了新的生活方向，他们不应该强迫9号加入，这样反而能够帮助9号。伴侣应该学会做自己的事情。他们可以吸引9号加入，但不要逼迫9号带头行动。伴侣只要做好自己的事情，就足以成为9号的榜样了。

奇怪的是，9号可能通过一些隐蔽的方式来设立自己的日程安排。他们可能并不知道自己要什么，但是当他们感觉不舒服的时候，他们知道自己不要什么。他们会抱怨，但是并没有意识到他们正在以做减法的方式来确定自己的方向。"不要这个，也不要那个"的方法可以帮助找不到方向的9号明确自己的目标。

参与熟悉的活动是另一种做减法的方式。9号会制定一个需要消耗大量时间和精力的日常活动表，以此来回避选择。如果你一大早起床就有一大堆事情要做，你就没有时间来考虑自己的新方向了。9号可以心不在焉地完成复杂的工作，他们的行动可以像无人驾驶的战机一样高速而准确。

矛盾的是，尽管自己难以抉择，调停者还会拒绝他人帮助自己做出决定。他们认为自己这种摇摆不定的状态并没有什么不好；他们能泰然面对不确定的事情。他们坐在围墙上，却好像立足于一个稳定的阵地上。9号能欣赏不同的立场，却不丧失自身的独立性。9号能压制不适感和冲突的可能性，做出抉择反而会打破这种平衡。

当9号感觉受到逼迫时，他们会变得十分顽固。当他们感觉被迫做出决定时，他们会用不作为的方式来夺回控制权。要改变一个顽固、倔强的9号性格者是很难的，特别是当他们决意要把你踢出局的时候。他们表达的信息是："我已经竭尽所能来迎合你了。这全是你的主意，不是我的。现在，我不喜欢它了，全都要怪你。"他们的潜台词就是："我已经和你融为一体。你就来点我喜欢的事情吧。"要把自己的意识和别人的意识区分开，对9号来说是很难的。他们害怕孤立无援的感觉。与他人融为一体的感觉和被忽视的感觉仅仅一线之隔。渴望与他人联系的感觉和没有得到尊重的感觉也是紧密相连。当9

和9号亲密相处的关键任务就是要帮他们找到自己的选择，做出自己的决定。

号和他人的生命融为一体时，他们感觉自己被淹没了，就好像自己的声音被更大的声音掩盖了。和9号亲密相处的关键任务就是要帮他们找到自己的选择，做出自己的决定。

9号发出的信号

积极信号

9号可能会像对待自己一样支持别人。他们非常细心、充满关切，他们很清楚别人最需要的是什么。他们总是给予、妥协、调整和接受。当一切都处于正常轨道上时，生活是富于创造力的，也是快乐的。他们喜欢安全的体系，也愿意为他人挡风遮雨。他们能提供无条件的关注。

消极信号

9号有时是固执的，会采取消极方式来对抗。他们分配精力的方式好像在暗示所有事情都很重要，这也会让同伴觉得自己完全不重要。有时候，他们明明不赞同，看起来却好像很同意。他们总是希望保持一种舒适的状态，做一些熟悉的事情，但这可能并不是他们的伴侣真正想要的。他们用某些替代品，比如电视节目或食品，来取代真正的需要。他们沉溺于某些耗费精力的习惯中，从而为双方的情感关系降温。

混合信号

为了掩盖自己真正关心的事情，9号会对并不重要的事情产生兴趣。因此，他们可能表面上对伴侣全力支持，实际上只是在敷衍。他们只是不想惹麻烦，或者不愿与你分离，这才是他们最关注的。通过这种自我欺骗，9号会逐渐忘记自己的真实需要。他们会按照他人的兴趣来采取行动。这是一种混合的信息，一方面是外表的和谐一致，另一方面是因为失去自我而导致内心的愤怒。表层的信息是："那不重要。"深层的意识是："我很生气因为我被忽视了。"伴侣可以给自己的兴趣设定边界，限制 9 号的参与程度，这能帮助 9 号重新发现自己的需要。

内在信号

一旦要被迫做出决定，9 号会困惑不已。他们陷入了别人的生活，不得不抛弃自我。他们很可能一开始很顺从，随后又开始拒绝。他们感觉受到了控制，但又很难说"不"。他们的思想在说："我知道她想要什么，也知道她为什么这么想。""我知道他为什么不喜欢这个，也知道这个为什么不能吸引他。"如果冲突双方的观点看起来都很有道理，你就很难找到自己的立场了，你被困在了中间。9 号就是因为能看到事情的不同方面，才无法找到自己的立场。他们需要可预测的安全体系，保持生活的舒适和简单。他们拒绝改变。思想在说："融入吧，不要掀起涟漪，这一切都会过去的。"9 号会有一种要压抑能量和愤怒的倾向，决定的过程会因此而拖延。选择某种立场让人感到危险，捍卫自己的立场更会让人产生愤怒。思想在说："不值得这么做，再等等吧。总会过去的。"时间在流逝，重要的事情却悬而未决。帮助 9 号的人必须清楚认识这一点，他们要经常联系 9 号，提醒他们不要忘记自己最关注的事情。

工作中的 9 号

在工作中

★ 在没有摩擦的情况下，9 号会很放松。他们喜欢让自己感觉舒服的工作，总是避免争论。他们喜欢工作环境有亲如一家的氛围，希望和领导、员工都保持良好的关系。

★ 在获得积极支持时，9 号会表现良好，但他们不喜欢出风头。他们需要得到承认，但不会主动要求别人这么做。

在9号设计的宏伟蓝图中，每个部分都很重要。如果领导者无法把蓝图细化，下属的各部门为了确保自身利益，很可能会产生激烈冲突。

★ 喜欢界定清晰的程序、指令和回报。按照既定的指令，调整自己付出的精力。不喜欢什么突然惊喜。

★ 工作自觉，效率也很高。但是在按部就班的工作中会忽略对自己的关注。

★ 有效的安排和他人的热情都能激发9号的能量。

★ 需要借助规定来进行抉择。不喜欢做决定。照本宣科，尽量避免自主决策。

★ 对风险非常小心。按照已知程序行动才会感到安全。重复过去的成功经验。

★ 希望越大，失望也越大，9号害怕承担这样的风险。

★ 不断搜集信息，迟迟无法决定。推迟重要事务，却忙于不重要的事情。当最后期限来临时，可能做出"最后一分钟营救"的惊人之举。

★ 总是感觉有太多事情要做，超负荷运转。如果认为所有事情都很重要，自然就难以集中精力于最重要的事情。

★ 对权力的态度模糊不清。很难找到重点并开始行动，但如果有人替9号做出了决定，他们也会固执地不执行，或者消极抵抗。

★ 在工作中表达愤怒的方式常常是忽视问题的存在，或指责整个系统，指责领导管理无方，指责其他工作伙伴。

作为领导

9号领导者可能挣扎于各种观点中，他们要花费很多时间来权衡比较，这往往让他们错失了决定的最佳时机。他们的目标总是过于宏伟，不够具体，因为具体的目标很可能和其他目标发生冲突。某个部门的需求很可能与其他部门不一致，因此9号倾向于全面了解，尽可能多地掌握信息，最后给每个人都分上一小块蛋糕。在9号设计的宏伟蓝图中，每个部分都很重要。如果领导者无法把蓝图细化，下属的各部门为了确保自身利益，很可能会产生激烈冲突。

由于想要一幅全景图画，9号不愿意在整体构思形成之前就明确具体的内

> **公共服务机构的管理层普遍拥有这种素质，他们的策略就是给每个人都分上一小块蛋糕，以此来应付公众舆论。**

容。他们总是假定其他人也具有这种全局的观点。当他们发现员工都只有一己之见，并为一己私利而行动时，他们会感觉很失望。实际上9号自己也不清楚该如何把宏伟蓝图变成具体的工作。

9号领导者喜欢听取各部门的建议。他们这种全局式的思维方式既有可能阻碍机构的快速运作，也会让大家达成共识，把计划的每个步骤都表述清楚。9号领导者总是行动迟缓，如果要解决问题，他们倾向于采用有效的老办法。

冲突总是令人难堪的。因此，9号领导者宁可自己去查漏补缺，也不愿去为难员工，或者直面争斗。为了避免麻烦，即便是在紧迫关头，他们也难以给出清晰的指示。如果他们陷入冲突，他们可能会推托，这种做法会动摇他们的地位，并招致指责。批评者会认为领导者出卖了组织利益，不能捍卫组织的权利。

对于那些具有主观能动性的员工来说，9号的管理风格是很有效的，因为这样的员工不需要太多指导，他们可以在大方向之下自己细化工作方案。但9号的风格显然不适用于那些需要明确指示的员工，也不适用于情况在快速变化，需要迅速决策的工作。

对于新的方向，9号不感兴趣，只有熟悉的程序和已知的安排才能让他们充满能量。到底是冒未知的风险，还是去应对麻烦的改变，这需要做出取舍。这种思维模式在公共服务机构中很普遍，例如美国的邮政系统。这种领导风格适用于"持久战"。公共服务机构的管理层普遍拥有这种素质，他们的策略就是给每个人都分上一小块蛋糕，以此来应付公众舆论。

典型冲突

冲突通常分两个阶段。第一阶段的特点是模糊不清，第二阶段则是顽固、无法沟通。在第一阶段中，外人很难明白9号到底站在哪一边。他们要花很长时间来考量问题的各个方面。同时，由于无法从9号性格者那里得到明确的信息，各方都觉得自己没有受到重视，敌对情绪更加严重。为了争取9号的同意，他们必须展开争夺，以吸引其注意力。他们开始逼迫9号回答，"你到底当他们在思考时，他们不会给他人以详细回复，而一旦公布最终决定，又不会给出具体解释，这两种做法都是9号领导者最著名的表现。

支持哪边？你什么时候才能做出决定？"

在决策过程中，9号会有所保留，这无意中反而引发了冲突。当他们在思考时，他们不会给他人以详细回复，而一旦公布最终决定，又不会给出具体解释，这两种做法都是9号领导者最著名的表现。坏消息总是毫无预兆地突然到来。与其在公开会议上耗费口舌，进行解释，9号更喜欢用发邮件的方式直接炒员工的鱿鱼，这要简单多了。他人常常抱怨9号不愿听取意见。他们想知道9号是否隐瞒了什么，或者9号为什么不愿意沟通。对于9号来说，好像什么也不说，就可以避免说"不"，而他们总是回避说"不"。不作为的态度会让其他参与者大为光火，他们感觉被忽视了，同时也很生气，觉得自己被迫扮演了冲突中的"恶人"。

在冲突的第二阶段，9号开始挖掘战壕，积极备战。这时最有可能出现的是消极对抗。9号的经典策略是拖延，仅仅完成工作的最低要求。

"反正也没人愿意听，那又何必麻烦呢？"

"挣多少钱就干多少活儿呗。"

一旦他们选定了自己的立场，他们就拒绝改变。如果9号不知道该做何选择，那他们的立场就是"这些我都要了，不会折衷"。这种承诺耗尽了9号的全部精力，他们似乎根本无力再做改变。固执的9号总是行动迟缓，情绪愤怒，其他人会认为9号是自私的、不合作的。在面对悬而未决的争论时，9号宁可熬上数年，等待反对者自己退出。

解决冲突

要调解9号和其他性格者的冲突，具体方法参见第三部分内容。

作为员工

9号性格者在意工作的环境。他们喜欢具有明确激励制度和回报制度的工作环境，不喜欢被忽视。9号很敏感，他们又很容易被那些善于表现自己、引人注目的人遮住光芒，所以更需要一个公平的环境来帮助他们。他们不愿竞

> 冲突或争论会让9号感到困惑。这时，9号天生具备的调停能力将展现出来，让他们成为其他成员的传声筒。为了保持和谐状态，他们会向不同派别传达彼此的观点，强调其中的共同点。

争，也不愿去主动吸引他人的注意。他们喜欢在没有确定下一步行动方向之前，能够按照已知程序进行工作的环境。在一个有组织、有计划的体系内，9号也可以冒险，也可以做决策，也会非常有创造力。但如果让他们完全按照自己的喜好行动，那就太难了。另外，9号还需要在工作中看到未来的发展机会，虽然他们可能不会马上采取行动寻求提升。

9号还会根据周围环境来改变自我。他们会把同事的观点、态度和感受内化为自己的感觉。如果整体氛围是积极向上的，9号就很容易从团队文化中吸取有益的成分。但如果整个氛围是消极的、不团结的，9号也会感染到这种负面情绪，他们的注意力在不知不觉中被分散到了冲突和争论上。良性的工作环境对9号员工很有吸引力，他们宁可与大家同甘共苦，也不愿去追逐个人地位。

对于权力，9号的态度很模糊。他们需要制度和安全，但如果有人告诉他们该做什么，他们反而会变得固执。9号需要良性的系统和公平的体制。良性的系统可以帮助9号穿越意见冲突的迷雾；而只要体制是公平的，当然没有理由去反对。只要自己的意见能够被接受，9号通常是非常友好的。

在团队中

只要冲突被最小化了，9号就是天生的团队参与者。团队的胜利会让他们非常骄傲，他们还会为了他人的成功欢欣鼓舞。重点是团队成员之间的相互依赖。9号会支持某个明星队员，只要这个明星队员承认胜利源于团队的共同努力。9号会把自己融入到他人的雄心和灵感中，他们能实现非常高的目标，并在团队中超越自己。和独自一人相比，身为团队成员的9号往往更具创造力，更有效率。9号还能成为团队的黏合剂。在困难时刻，他们是最坚定的成员，因为即便身负重压，他们也能按照既定程序工作下去。

但是，冲突或争论会让9号感到困惑。这时，9号天生具备的调停能力将展现出来，让他们成为其他成员的传声筒。为了保持和谐状态，他们会向不同派别传达彼此的观点，强调其中的共同点。当各方力量发现自身的最大利益要找到解决方案，最好是由第三方出面，征求9号的意见。9号会向一个中立的、安全的观察者提供大量有用信息。

掌握在反对者手里时，9号往往会成为团队沟通的重要枢纽。如果出现了麻烦，向9号征求意见是个好办法，因为他们能敏感地发现冲突各方可能存在的微妙联系。

9号很难简单地为自己选择一个立场，然后采取行动。他们需要的是共识。如果沟通失败，9号会非常失望。这时，他们虽然还会和不同派别保持联系，但他们看到的可能不再是共同点，而是差异了。要找到解决方案，最好是由第三方出面，征求9号的意见。9号会向一个中立的、安全的观察者提供大量有用信息。

第三部分　九型人格互动关系指南

> 事实是，我们身边的人，那些养育我们的人，那些爱着我们的人，还有那些讨厌我们的人，他们在很大程度上影响了我们对不同性格者的认识。有限的接触让我们常常会以偏概全。

如何理解

"哪种性格的人最适合和我在一起？"
"我们如何组建一个最成功的团队？"
在谈到九型人格时，人们最爱问这两个问题。

婚恋介绍机构有他们的一套办法来挑选"最匹配"的对象；各单位的人事部门也会用各种心理调查问卷考察应聘者。但这种"哪个最好"的挑选方式，往往没有看上去那么有效。

就拿工作来说，我们很多人都学会了如何在心理测试中获得高分，如何把自己打造成能干的3号性格者。我们都很聪明，会按照规定轻松地给自己戴上社会面具。我们可以快乐地工作，而丝毫不用表现出真实的自我。但是这样对吗？这种做法难道没有问题吗？它难道不是一种欺骗吗？问题的症结在于，我们常常会被他人的面具所蒙骗，对他人产生错误的认识。

在亲密关系中，谁是我们的最佳伴侣？面对这个问题，我们也无法做到完全客观。事实是，我们身边的人，那些养育我们的人，那些爱着我们的人，还有那些讨厌我们的人，他们在很大程度上影响了我们对不同性格者的认识。有限的接触让我们常常会以偏概全。我们可能只认识一个1号性格者，但是我们会把他或她的特征概括到所有1号性格者身上。当我们对某种性格特别偏爱或者特别反感时，很可能是因为我们曾经接触过的某个人恰恰表现出了这种性格所有的优点或缺点。

在九型人格的学习中，属于同一种性格类型的人会在一起进行讨论。我们常常会在他们中间听到完全不同的答案。比如，一个4号性格（浪漫者）的讨论小组被问道："你如何与8号性格者（保护者）相处？"答案可能是：我嫁给他们，我害怕他们，我爱他们，我恨他们，我躲避他们，或者我和他们竞争。这些浪漫者说的都是真话，如何回答完全要取决于他们过去与8号性格者的交往情况。

实际上，不论是在工作中，还是在爱情中，你的最佳伴侣可以是任何心理成熟的人。

因此，如果我们一概而论，根据不同性格类型的兼容性或者不兼容性来处理我们的人际关系，那将是完全错误的。

实际上，不论是在工作中，还是在爱情中，你的最佳伴侣可以是任何心理成熟的人。

本书所描述的互动表现，是九型人格研讨班的学员们通过自我观察总结出来的一些特征。这些信息对深入了解不同性格者很重要，但它们并非一成不变的化学反应公式，能够百分之百地发生反应，保证造就成功的团队或完美的婚姻。这些信息只能告诉你，当你投入到一段关系中时，哪些方面是你必须注意的；当你面对和自己不一样的人时，哪些因素可能让你们建立联系，哪些问题又可能让你们的关系断裂。

一条必须牢记的总体指导原则是：我们不能一叶障目，只看到有限的事实。记住这一点很重要。性格的特征和属性并不总是那么明显。我们大多数人在大多数时间内，都是非常正常的。重要的是要相互理解。一方要努力改变，另一方要学会接受。比如，当3号和他们的伴侣相处时，他们可以主动做出改变，减少自己的工作安排。同时，他们的伴侣也应该接受3号是全心投入工作的人。

如何阅读

这本书里的有关各种性格的描述是我们从九型人格研讨班的上千份报告中收集整理出来的。但这些描述并没有考虑性别和文化背景的差异，而这些因素的确会影响到一个人的行为举止。同样，我们也没有区分男性与女性的差异。

两位性格类型相同却生长在不同文化背景中的人，他们可能描述出同样的精神和情感习性，但却会以不同的方式来表达出这些相似的特征。一位从小就生活在自由环境中的4号与一位从小就接受严格等级教育的4号在行为上可能是截然不同的。尽管他们会描绘出相似的想法、感受、动机和相处方式，但在实际生活中，他们的行为会因为文化背景的影响而相差甚远。

对于男性特征和女性特征的理解，不同文化也各不相同。我就曾注意到，在阿根廷，男人们似乎非常喜欢表达自己的情感，那里有不少温柔多情的男子。相反，吉普赛文化看重女性的组织能力和挣钱能力，吉普赛女人似乎都敢做敢为，具有明显的"男子气概"。这些文化的外壳显然影响到个人的自我形象，但必须明确的一点是，它们并不能改变一种性格的基本特征。

对爱情和工作的态度实际上是同一种观点的不同表达，因此，两者显然有很多相互交织和接近的内容。那些工作上的特征往往也会被带到家庭生活之中。我们每个人都是独特的，我们不可能展示出所属性格类型的全部特征。实际上，每种性格类型都包含很多特征，而每个人所表现出来的仅仅是其中很少一部分。哪些问题会在工作中出现，哪些情况又会出现在家庭生活中，这完全是因人而异的。这个世界上，没有任何两个人的思想和行为会是完全一样的，这也让每一种性格类型都充满了多样性。

在下面的互动关系指南中，我们把夫妻定义为平等关系，把工作上的互动则定义为领导与员工的上下级关系。为了避免重复，各种性格之间的互动只会描述一次。比如，在讲了1号性格与2号性格的关系后，就不会在后面又讲2号性格与1号性格的关系了。所以每一种性格类型的互动表现数量是在逐一递减的。

各种性格的互动关系

1号性格 vs. 1号性格：完美主义者 vs. 完美主义者

情感伴侣

他们共同追求完美生活。

爱的表达是实际行动，而不是甜言蜜语。

1号夫妻喜欢精美的食物、健康的身体、茁壮成长的孩子。他们组成的家庭常常十分强调责任和成就感。辛苦的工作会让他们忘记温柔的情感。

事实上，那些长相厮守的 1 号夫妇说，亲密无间正是源于能够互相争吵。敢于表达愤怒是一种信任的表现。

"没时间拥抱了。还有好多事情要做呢。待会儿见！"

一对完美主义的夫妻能够理解对方的批评。尽管他们相互之间的要求可能非常苛刻，但是他们知道对爱人严格要求恰恰说明对双方关系的看重。1 号希望他们重视的人能够尽量做到至善至美。只有当他们感到安全时，他们才会开诚布公地批评对方，这是一种信任的标志；如果他们保持沉默，则说明他们把怨恨埋在了心里，对对方失去了信任。完美主义夫妇之间的矛盾是慢慢积累起来的。短暂的激烈争吵后，是长时间的冷战，然后又慢慢相互原谅，重新走到一起。

在一些无关痛痒的话题上发发牢骚能够帮助完美主义者转移目标，不至于把怒火发泄到对方身上。夫妻俩可以就邻居家的某个问题或者如何拯救鲸鱼的问题展开一番争论。这种安全的争吵能够活跃气氛、调解关系。只要想办法把怒气发泄出来了，限制"负面"情绪的压力就没有了。这种通过健康争吵来放松紧张情绪的方法对 1 号十分奏效，因为他们会觉得："我们吵过了，害怕说的都说了，结果我们还爱着对方，没有人受到打击。"事实上，那些长相厮守的 1 号夫妇说，亲密无间正是源于能够互相争吵。敢于表达愤怒是一种信任的表现。

当 1 号把生活的重心转移到家庭之外，矛盾就会出现。双方都是以工作为重的人。大量的时间被投入到工作中，久而久之，相互的支持就会减少。打扫房间、买菜做饭、照顾孩子这些日常家务就成了问题。每个人都会指责对方对时间缺乏安排。

"该你去超市采购了，轮到你了。凭什么让我去？这不公平。"

对一个全心投入到工作中的人来说，没有什么比不期而至的责任更令人恼火的了。1 号十分不情愿去做家务杂事，他们迫切需要自己的时间。解决纠纷的办法就是对家事进行清楚合理的分工。如果他们手上有一张家务清单，他们会表现得很好。他们只要看到工作的划分，就会感到一切是公平的。

一对 1 号夫妇想要知道"谁是更好的？"这种把自己与他人比较的倾向是从小形成的，因为他们小时候就认为只有完美表现才能赢得爱。这一问题包含

1号常常会去寻找他们的同伴。他们说，能够找到与自己一样注重品质的人是一种安慰。找到一个1号同胞就好像找到另一个把世界扛在肩上的亚特拉斯。

的更深层含义是："如果我比你强，你就会敬仰我。我这么好，难道不值得爱吗？"年轻的1号夫妇更容易相互比较。他们看上去更像是竞争对手，不过随着时间推移，他们会发现这种"比较攻击"实际上是不安全感在作祟。

"你先来！"这是另一种不安全感的表现。这句话的意思是："我害怕发起改变。"双方都会批评对方不思进取。这是一种僵局。"你先来"或者"你为什么不做，非要让我做？"的潜台词常常是："我害怕犯错误。"有趣的是，"你先来"也可以是一种伪装的恭维。它的意思是："我害怕在你面前失败，因为如果我不完美，我就不那么惹人爱了。"

工作伙伴

他们要让一切尽善尽美。

对细节的苛刻要求会让他们止步不前。

1号常常会去寻找他们的同伴。他们说，能够找到与自己一样注重品质的人是一种安慰。找到一个1号同胞就好像找到另一个把世界扛在肩上的亚特拉斯（Altas，希腊神话中被宙斯降罪来用双肩支撑苍天的一个擎天神）。终于有人和我分担责任了！1号还说，他们喜欢与具有识别力的人交换意见。两个1号能在一起合作是因为他们能够创建一种高高在上的联系：一个极少人参加的独特团体，站在高处俯视其他人。两个1号合作的积极面在于他们能够为了共同的目标相互支持——努力、敬业、争取进步。精良的手艺是完美主义者的标志之一。

1号期望能够在一个他们信任的权力体系中得到提升，但是在两个1号的合作中，这常常会导致有关控制的纠纷。管理者考虑的是整体利益，而员工考虑的则是个人利益。比如，1号管理者所做的决定可能有利于公司，但却牺牲了员工的利益。涨工资是可以的，但有一定条件：必须要有"持续的良好表现"，而且要由管理者来评估。1号管理者十分肯定自己的决策是正确的，而1号员工也认为自己没错。感到自己被他人的利益所利用，完美主义者开始消极怠工，表情麻木，沉默无语。他们会一字一句地研究规章制度，决不会多付出一份力气，多干一秒钟。冷战是1号的权力斗争方式。双方都等着让对方先爆

冷战是1号的权力斗争方式。双方都等着让对方先爆发怒火，双方都在暗中监视对方，想找出对方的错误。如果规定能够稍微灵活一点，就能缓和僵局，双方都能挽回面子，各自获得一点好处。缓和矛盾的另一种方法就是对遭受损失的一方表示尊敬。

发怒火，双方都在暗中监视对方，想找出对方的错误。如果规定能够稍微灵活一点，就能缓和僵局，双方都能挽回面子，各自获得一点好处。缓和矛盾的另一种方法就是对遭受损失的一方表示尊敬。

过分注重细节是两个1号合作的隐患。他们可能会把一些小问题放大成大困难。好好工作还不够，必须要绝对正确。决策制定会很难，虽然两个1号性格者能看到各方面的相互联系，但是他们无法把一个决策付诸实施。他们害怕错误和瑕疵。于是，1号管理者宁愿重复过去已经成功的经验，而不愿推行一个实验性的策略。

1号需要向外界寻求咨询，他们会听从专家的建议。1号管理者依靠确切、可信的信息；他们需要向很多顾问、资深人士寻求帮助。同样，1号员工也需要外界的指导。当一项决策遭遇意外时，1号员工可能会头脑一片空白。他们非常容易受行为焦虑（performance anxiety，心理学术语，因为内心焦虑而无法进行某种行为）的影响。他们需要规则的指导，需要在出现问题时看到警告。1号员工喜欢把一切都安排好，他们想要记住一切规定，比如谁、什么、什么时间以及危急时刻该怎么办。

1号性格 vs. 2号性格：完美主义者 vs. 给予者

情感伴侣

他们因为差异走到一起。

差异也可能让他们的生活变得死气沉沉。

1号关注现实，而2号在乎情感和风度。给予者充满感情，他们的关注让1号受宠若惊。2号是主动追求者。不管他们是男，还是女，他们都是恋爱中积极主动的一方，他们要克服完美主义者的冷淡和社交焦虑。1号的需求就是2号的灯塔。1号需要快乐，1号需要帮助，所以2号想："我能提供帮助。"1号对于需要帮助感到内疚，但是2号却很大方，不会因此感到不安。

2号喜欢稳定的、有依赖性的、能够为爱承担责任的伴侣。给予者就像海面上航行的大船，而完美主义者就像船上一只锚。在情感的波动期，当海面掀起狂风巨浪时，2号就会借助抛锚来寻求安全。

当关系进一步发展时，1号开始沉浸在工作中不能自拔，而2号则想要得到更多甜蜜回报。一天到晚的工作，连个拥抱都没有，这在1号看来很正常，却会令2号发疯。2号需要大量的关注。完美主义者认为只有工作做好了才能获得快乐，而2号认为这种想法简直就是对他们的极大忽视，应该受到惩罚。调解的方法很简单，就是在有条不紊的生活中增加一些情感接触和社会活动，这样双方都会高兴。

1号性格和2号性格会在九型人格的4号位（浪漫主义者）相聚，因此这样的夫妇可能对于失望和忧郁有共同的理解。当自己为工作付出的努力付诸东流时，1号就会感到沮丧；2号会在自己感到安全的时候变得忧伤，因为他们发现了自己真实的需要。夫妻俩常常会愿意主动帮助对方远离悲伤和失望。4号性格可以成为1号和2号夫妇的结合点。

久而久之，1号对完美的追求开始让双方感到压力。1号的"必须"能够带来稳定的生活，但同时也导致了自主性的缺失。如果两个人的亲密感变得越来越淡，给予者会想："我的地位在哪里？""难道我不是第一位的吗？"受到威胁的给予者很想得到积极肯定，他们会主动站出来吸引更多注意力。如果伴侣对他们关爱备至，2号就会洋洋得意；一旦他们感到情况有变，就会焦虑不安。在最糟糕的情况下，给予者的情绪会大起大落，而完美主义者则表现得无动于衷。1号借助规则来抵抗混乱，而2号则会去与规则斗争，要抢回1号的关注。

面对压力时，1号会把自己完全包围在工作里，回避自己的感情。缺乏联系会让2号发疯。一早上除了一句冷冰冰的"早上好"就什么也没有了，即便面对着美味的奶油土司也没有一句夸奖；一天到晚也不打一个电话回家，还经常加班。这种死气沉沉的生活是很有可能发生的。这时，2号不应该认为是自己被拒绝了，而应该体谅1号工作压力太大、心里有气又无法发泄的难处。要帮助1号，给予者就该承担一部分责任，接受一些指责，并同意遵守一些合理的规则。

1号也需要理解2号想要得到关注的需求。2号想要获得肯定的要求真的是无理取闹吗？1号不应该用评判的眼光去审视对方，而应该提醒自己做出一些亲切的表示。他们也可以试着接受帮助。不要以为完美的人就不需要他人的帮助。放弃"我应该自己照顾自己"的想法。1号应该把他人提供的帮助看作对方真诚和慷慨的表达，或者对方争取关注的一种方式。实际上，2号帮助1号的原因很可能是二者兼而有之。

工作伙伴

他们一个为爱而工作，一个为追求完美而工作。

2号通常在事业上都会很成功，但是他们工作是为了获得爱。工作应该争取得到爱人的肯定；如果没有，2号就会更换工作。这种想法使得2号在与1号一起工作时，1号常常扮演负责人的角色，而2号则扮演辅助者的角色，哪怕事实上2号比1号更有经验。1号需要绝对正确，而2号需要得到欣赏，这让给予者不愿意去挑战1号的权威性。2号很高兴成为权威背后的指挥者。如果1号正好是2号喜欢的人，这样的组合会很成功，因为当2号的情感需求被满足后，他们就会十分认真地投入工作，成绩出色。

1号管理者注重的是技术和程序。他们会把计划制定得十分周密，但是他们可能会过于强调技术问题，丝毫不去考虑员工的感受。2号员工会对此有所不满，但是他们不会抗议。干嘛找麻烦？既然人家给你钱，干什么还要惹人家生气呢？如果2号能够冒险提出自己的看法，问题反而可以得到解决。实际上1号管理者可能已经意识到自己太苛刻，他们心里可能也不舒服，但如果2号对他们的要求没有异议，反而给予支持，1号管理者可能变本加厉，冒更大的风险。双方合作的最好状态就是2号能够有足够勇气去挑战1号管理者的想法，而不仅仅是明哲保身，只让自己感到安全和快乐。

如果2号是管理者，他们注重外在形象，喜欢与自己认可的人建立内在联系。1号员工会感到不舒服，他们不喜欢外表的装腔作势，也不喜欢由他人来评估自己的价值，更不喜欢依靠讨人欢心来换取提升的可能。1号通过自己努力的工作来证明自己，他们不喜欢引人注目。他们想要一个公正的领导者，能

> 3号想在他人面前保持一个美好的形象，而1号则想要一个正确的形象。

够主动发现1号的优点，而不需要他们提出要求。

　　1号员工还可能会被2号管理者的情绪吓坏。2号很容易发脾气，而且爆发得十分迅速。2号骂完以后，自己很快就忘了，但是1号会把2号的这些气话当真。过了好几周后，1号还会为2号随便说的一句批评耿耿于怀。对于这样的组合来说，1号应该认识到2号管理者的情绪时好时坏，他们不必过于在意。当然，2号管理者也应该记得去修复他们对1号造成的伤害，这会很有用处。只要说一句"我可能反应过头了"，这就能消除1号员工很多不必要的担忧。

1号性格 vs. 3号性格：完美主义者 vs. 实干者

情感伴侣

　　他们是一对精力旺盛的夫妻。

　　活跃的他们还十分在意他人的想法。

　　1号和3号都注重地位和社会形象，而且都是通过工作来体现自我价值。他们见面往往少不了活动，他们都喜欢体育运动，喜欢家庭聚会。这两种性格都很注重付出与所得的关系，他们会为对方的努力和成就感到骄傲，尤其是对方在职业上的表现。

　　夫妻俩往往因为过于关注日常工作而忽略了相互之间的情感表达，因此周末外出度假能让这对夫妻受益匪浅。1号喜欢描述过程，他们会这样回顾自己的一天："听听我今天都碰到了些什么事情。"3号关心结果。一旦工作已经结束，他们就不愿再提及，而是向下一个目标转移。

　　这两种性格类型的人都非常在意他人的想法，但是他们表现的形式不同。1号会拿自己与他人进行比较，他们十分在意实际成就与表面印象之间的差距。他们用最高的成功标准来衡量自己，而且会为自己没有被肤浅的外表所蒙骗而感到骄傲。1号从来不会吹嘘自我，夸大自己的形象，而3号则会为自己打造一个引人关注的公共形象。1号会问："这是真的，还是有意欺骗？"3号想在他人面前保持一个美好的形象，而1号则想要一个正确的形象。

迎合他人在1号看来是一种欺骗，他们会担心这种人在其他方面可能也不诚实。1号是纯粹主义者，他们想要绝对的诚实。3号具有欺骗性的公众形象显然令他们不满。而此时，实干者则坚信自己形象能够帮他们赢得爱情，他们有可能继续在形象上做文章，希望打动完美主义者。

当自己的形象受到攻击时，3号开始退缩；而1号在生气时反而会穷追不舍。怒火能够解放1号，他们会把问题摆到桌面上，不管3号是否愿意。如果实干者开始后退，完美主义者会固执地把他们拖回到谈判桌前。如果3号不能接受有关形象的指责，1号就会找一些家庭琐事来挑起争吵。这对夫妻的危险在于，3号不愿进行自我反省，而1号则没完没了地发脾气。3号可以化解这样的危机，只要他们能够意识到问题的一半出在他们身上，并且承认1号的一部分怒火是可以理解的。

1号最好就事论事，不要把争吵扩大，把其他问题牵扯进来。3号不喜欢"负面"情绪，而且通常也不会自我反省，除非他们能完全看清问题。对于3号来说，他们在乎的是找到一个可行的解决方案，让他们能够继续前进。3号可以坐到桌前来解决一个问题，但是他们不喜欢让讨论的内容扩大化，尤其是把过去的过错扯进来。

"既然你过去做过，就有可能再这么做。你真的改变了吗？"1号在争吵中总会想起过去的冤屈。

"好吧，我承认我错过。我也承担了责任。现在你为什么还不能原谅，还不能忘记呢？" 过去的过错对于3号来说就像一种诅咒一样。

要避免双方的冲突，3号就应该提前注意到1号生气的迹象，在1号还在关注具体问题时，就把危机解决掉。如果3号借口工作来躲避冲突，这是十分不明智的。他们应该安排时间与1号讨论，把问题说清楚。同样，1号应该知道3号很在意自己的形象和社会表现，这不过是他们与世界接触的一种方式，而并非刻意的欺骗。

工作伙伴

他们都是工作狂。

> 这是一个数量和质量的问题。实干者喜欢批量生产，而完美主义者注重完美的结果。

但是，一个想完成工作，另一个想正确地完成工作。

这是一个数量和质量的问题。实干者喜欢批量生产，而完美主义者注重完美的结果。3号会选择最有效的途径。实干者制定目标，朝着目标努力，选择一切可能的捷径。有一点点偏差是允许的；他们可以在实践中学习。他们是即兴发挥者，想到什么就做什么，细节可以等到以后再说。这种毫无章法可循的做法可能让1号烦得只想撞墙。

数量 vs. 质量

（一位1号护士在与3号医生的合作中）我在医院中和很多3号性格的医生打过交道。他们风风火火地走过来，时速能够达到每小时60英里，随便看两眼病人，然后布置一下医嘱，就又风风火火地消失了。而我呢，我不得不在病房里工作12个小时，仔细观察病人的情况，记录下来大量数据。有时候那些医生的吩咐虽然很有道理，但是根本无法实施。我知道自己解释也没用，他们不会听我的。为此，我还常常责备我自己，担心没有把医嘱做好。后来我终于明白了，该怎么做就怎么做，我不应该被他们干扰。他们关心的只是最后的结果，并不在意我是怎样做的。

3号管理者常常同时在处理好几个项目。手头的工作还没做完，新的冒险又开始了，这样他们永远不会有被赶上的时候。3号想要的是开创、代表、继续前进，至于如何坚持做下去，责任在员工身上。此时，同样很努力的1号会为了寻找计划而停止前进。没有计划就等于一切停止。在3号看来属于细枝末节的问题，在1号看来却可能是必需的基础。完美主义者在面临不确定时会犹豫不决。目标太多，让他们不知所措。1号说："我们需要安排一个会议来讨论一下，否则就可能付出沉重代价。"

1号想停下来制定计划，而3号则希望加速前进。如果一味追求目标的3号管理者把员工的坚持看作是不可理喻，双方的分歧就会进一步加大。当1号自作主张停止工作时，追求成功的3号会勃然大怒。他们想："这是你们该管的事情吗？员工只需要对那些小事负责就行了。员工接到命令就该立即行动。

要化解冲突，就要强调双方都是为了把工作做好的事实。

我是决策者，我是站在风口上的人，我代表了整个企业。其他事情都是次要的。"

没有得到3号赏识的1号陷入了麻烦。完美主义者会投入大量的时间和精力用于研究、比较、思考、修改。他们对公司的情况了如指掌，当他们不高兴时，他们就会放慢工作节奏。当一位坚持原则并掌握了大量数据的完美主义者面对一个急于求成的实干者时，冷战往往不可避免。双方都不愿承认过失，因为过错是对他们自身能力的质疑，而这两种人都十分注重自己的职业形象，不愿被抹黑。如果3号开始发怒，一味施压而不愿去聆听，双方的冲突还会进一步加剧。两个怒气冲冲的人，都认为自己是正确的。3号提出要求，1号直接说："不行！"这让3号更加恼火。

要化解冲突，就要强调双方都是为了把工作做好的事实。3号应该认识到，成功不能依靠他们的单独表演，而必须依靠双方合作。3号管理者应该设立"员工意见日"和"本周优秀员工"这样的表彰制度，并在1号员工的姓名旁边贴上代表优秀的星星。当1号得到认可时，他们会全力以赴投入到工作中；但是他们不会为了得到表扬而工作。另外，1号应该学会用3号能够接受的语言来提出他们的意见，比如效率、利润、竞争力。

1号如果是管理者，可能会管得很多。他们想要确定每个细节，这肯定会导致3号员工违反规则。3号关注的是结果，1号则不会放过获得结果的每个中间步骤。1号重视的是良好的品性、诚实的努力、公平的回报。3号想要迅速获得个人成功。3号员工为了安全感、名誉和形象工作。促使他们努力付出的原因是竞争、奖励或头衔，而这种态度很可能和1号管理者的保守观点发生冲突。为了一个项目的成功，完美主义者会把指导方针制定得面面俱到、万无一失，对此，3号要么根本不把规矩放在心上，要么就要小聪明糊弄过关。小错误对于3号来说不算什么，但是对于1号管理者却是严重问题。1号管理者和3号员工如果想成功合作，3号应该担任现场指导员的角色，由他们来处理工作中的具体问题。实干者能够迅速处理信息，现场做出决定。3号员工可以帮助1号管理者修改他们的计划。

4号应该去了解1号为什么要控制"负面"情绪,而1号需要感受到深层情感的联系和融合。心灵的世界是外在规则无法控制的。

1号性格 vs. 4号性格:完美主义者 vs. 浪漫主义者

情感伴侣

他们的情感关系常常跌宕起伏。

他们可能都会对生活感到不满。

在九型人格中,1号和4号在同一条连线的两端,这说明这两种性格类型的人都会在对方身上看到自己的影子。

浪漫主义者时常表现出"不合时宜"的情感,这常常会吓坏完美主义者。浪漫主义者从羞愧、忧郁、嫉妒和竞争中获得前进的能量,他们在通往快乐的路上反而感到绝望,而完美主义者恰恰不愿意面对"负面"情绪。完美主义者常常会因为在行动中看到了自己的影子而退却,但在这对情侣中,这种情况在所难免,因为浪漫主义者不仅会唤醒1号压抑的情感,还会把这些情感放大。1号习惯了用非对即错的思维方式来控制自己的生活,但是当他们陷入与4号的情感关系后,他们的人生可能失去理智,被情感所控制。

严肃而务实的1号可能会抵制4号强烈的情感,因为他们觉得这是自我放纵。1号告诉自己:"把心收回来,还有工作要做呢。"1号认为4号是疯狂流露情感的人,认为4号想借此与众不同,他们的行为应该受到一定规则的约束。1号的批评会加深4号的自卑。为了报复,他们也会直接指出1号的问题:"你没有感情!""你太冷酷!""你无动于衷!"这些话的潜台词是:4号情深意重,因此比别人都好。这种互相攻击的恶性循环也有办法可以化解。4号应该去了解1号为什么要控制"负面"情绪,而1号需要感受到深层情感的联系和融合。心灵的世界是外在规则无法控制的。

1号和4号在一起,4号的强烈情感能够减轻1号身上的责任压力,让他们更容易感到快乐。1号常常说,当他们处于自身性格的危险状态,即4号性格的位置时,他们反而能够"发现"他们人生的方向,或者"发现"他们自身的创造力。他们还说,在情感危机的痛苦时期,浪漫者可以成为他们最真心的伴侣。任何事情只要是与情感有关的,4号就会专心致志。4号能与1号在

1号和4号成为情侣的一个潜在问题是双方可能都会对生活感到不满。浪漫主义者感到不满是因为有些东西缺失了，而完美主义者则是因为看到了缺陷。要避免这种情况，双方都应该把关注点放在眼前的美好事物上，从此时此刻的满足感中获得快乐。

一起，并不是因为他们突然间接受了1号那种黑白分明的思想，而是当他们能深切感受到对方的情感时，这种黑白分明的思想也变得有意义了。

浪漫主义者可以被完美主义者在情感上的专一性和实用性所吸引。4号害怕遭到抛弃，当他们意识到自己对情感的投入时，他们有可能去刻意破坏这段恋情。4号会让自己消失，用争吵把伴侣推开，或者陷入深深的忧郁之中。所有这些混乱在1号看来都是"错误"，他们觉得遭遇了不公平对待，更会坚守自己的立场。当自己受到不公正待遇时，1号会特别生气，他们会把双方的争吵长时间记在心里。

奇怪的是，如果伴侣对自己的刻意破坏行为不予理睬，浪漫主义者反而会报以敬意。这种刻意破坏实际上是对伴侣的考验，是为了"证明"对方会和他们在一起，不会抛弃他们。能够接受自己的反复无常，而且不会生气的人是值得信任的。4号愿意依靠这样的人。

1号和4号成为情侣的一个潜在问题是双方可能都会对生活感到不满。浪漫主义者感到不满是因为有些东西缺失了，而完美主义者则是因为看到了缺陷。要避免这种情况，双方都应该把关注点放在眼前的美好事物上，从此时此刻的满足感中获得快乐。

工作伙伴

他们一个追求完美，一个追求独特。

他们可以成为出色的工作搭档。

1号和4号都看重出类拔萃的成绩，都会对不符合标准的表现予以批评。1-4连线而导致的情感交叠对工作的影响并不明显，因为双方的关注点都在工作而不是感觉上。在工作中，浪漫主义者显然不会像在亲密环境中那样情绪跌宕。同样，在工作中，完美主义者的完美要求也是对事不对人。

1号管理者关注的是秩序和结构，这会让4号员工感到安全。良好的工作结构能够包容他们的情感，井然有序、管理得当的工作环境正是4号喜欢的。如果1号管理者刻意与员工保持距离，完全根据规则和社会惯例来评价员工的表现，这就会让双方的关系变得困难。4号需要特别关照，如果没有，他们非但不会屈服于权威，反而会对规则熟视无睹。当他们感到自己被当作普通人对待时，4号就会产生一种不计后果、违背规则的倾向。那些能够管理其他人的规则就是不能用在他们身上。要保持4号对工作的积极性，就要让4号认可的权威对他们给予肯定，尤其是在4号与他人的竞争中。即便是4号真正感兴趣的内容，他们通常也需要很长时间才能意识到是值得为之付出的。

但是当4号处于安全状态时，情况就不一样了。他们的性格特征就会像1号靠近。这时，他们行动目的明确，不会因为情感的影响而变得模糊不清。在这种状态下，4号的创造性能够完美表现，并付诸实施。因此当4号处于1号位时，双方的合作可能会进入一个高峰。1号管理者强调实际成果，这能让4号的创意变得切实可行。

4号的安全状态也可能给双方带来灾难，因为4号一旦感到足够安全，就可能无所顾忌地发泄自己的不满，他们开始消极怠工，吹毛求疵，猛烈攻击。突然间，1号管理者的所有计划都有问题了。当4号感到失去了一些东西，并因此痛苦时，1号和4号的工作组合就会经历风波。4号开始对工资不满意，对项目安排不满意，对工作环境的装修不满意。1号管理者在遭到攻击后，会大力反击。

双方的争吵并非一无是处，这种争吵甚至能够帮助他们解决各自的问题。对自己严格要求的1号在生气后，就不会再去自责，并能意识到除了让员工执行命令以外，搞好双方关系也很重要；而4号则会发现，当他们暴露自身缺点后，并没有遭到抛弃，他们因此更加信任1号。

如果4号是管理者，他们要么用类似3号的准确度来管理工作，要么根据自己的情感需要来安排工作。竞争状态的4号管理者在外表和行动上都和3号很像，他们把情感放在内心，把精力投入到高风险的行动中。竞争的4号会被特别的动机所吸引，而把安全置之脑后。被情感控制的4号则会成为办公室里的中心。他们可能非常积极地工作，但是他们的情绪会时不时地影响到他们的工作进度。他们可能几分钟前还对工作热情高涨，几分钟后就突然失去了所有兴趣。一个十分重要的决策会因为心情变化而被突然放到一边。员工们可能对

4号管理者非常忠诚,把4号当作自己生命的一部分,但是久而久之,1号员工会对这种反复无常的领导方式感到焦虑和厌烦。完美主义者希望能按照工作日程表上的安排进行工作,他们想要制定长期的计划,这能够消除他们对混乱的担忧。1号如果能够帮助4号制定管理的细节,对双方都有好处。浪漫主义者喜欢创造性的冒险,如果他们能够从日常工作的琐事中脱离出来,他们就可能给整个工作环境带来全新的激情。

1号性格 vs. 5号性格:完美主义者 vs. 观察者

情感伴侣

他们是一对非常相像的夫妻。

他们的关系往往是现实意义大于情感意义。

1号和5号都很独立,都喜欢独自工作,都注重对情感的控制。夫妻双方在乎的是养家糊口,希望过有条不紊的家庭生活。当1号不知道5号在想什么时,双方的关系就可能陷入紧张局面。观察者常常会出现情感脱离的现象,这时候其他人很难知道他们是怎么想的,而完美主义者则会坚持等着5号表态。实际上,5号可能根本不在乎。

完美主义者容易把5号的沉默理解为否认。夫妻双方都不愿撕破脸,大家都避谈重要的话题,这反而让情况越来越糟。如果5号愿意开口,这种紧张气氛就能得到缓和;如果5号发脾气表示不同意,紧张反而能够化解。因为在1号看来,生气说明5号在意。当某件事情足够重要时,双方的情感距离就消失了。5号也能从1号身上看到强烈的情感,这十分吸引他们——这似乎也唤醒了他们的生命。只要没有人强迫5号去表达自己的情感,他们倒是很乐意在他人的情感世界中扮演顾问和指导者的角色。5号愿意成为他人情感的中心。

在1号看来,5号在感情上很稳定,而且善解人意,但是与世无争的态度常常让5号不愿对事物进行评判,也不愿表明自己的态度。由于双方都会控制自己的感情,这对夫妻的生活往往缺乏甜言蜜语,也很少情意绵绵。

其实,长期相处的1号和5号夫妻会发现:与其压抑情感或者回避问题,长期相处的 1 号和 5 号夫妻会发现：与其压抑情感或者回避问题，还不如把自己的愤怒或情感表达出来，这样更利于双方增进感情。

还不如把自己的愤怒或情感表达出来，这样更利于双方增进感情。

工作伙伴

他们一个注重细节，一个热衷研究。

他们的组合能够胜任需要大量信息的数据研究工作。

当 5 号和自己的情感脱离时，他们看上去既遥远又孤独；但是当 5 号的内心充满对知识的好奇时，他们会非常活跃，很愿意发表批评意见。困难问题在 1 号和 5 号的工作关系中，往往不是绊脚石，而是把二者联系在一起的纽带。

5 号员工对与信息的仔细认真态度会让 1 号管理者感到欣慰。这事有人在关心！1 号和 5 号都喜欢发现问题，而且他们都崇尚节俭，因此双方的组合能够大幅度提升整个工作环境的工作效率，消除浪费现象。但是双方可能会展开一场争夺信息的拔河大战。当 1 号管理者想要知道更多时，5 号员工却反而提供得更少。解决的办法就是让 5 号清楚知道 1 号到底需要多少；同时 1 号不要在 5 号工作达标后，又不断抬高标准，总想得寸进尺。

其实 1 号和 5 号的工作方式是非常相似的。当 5 号是管理者时，他们会制定清楚的目标，并十分重视方法和规律，这让 1 号员工感到很舒服。双方都是非常独立的工作者，喜欢接受能够让他们独立完成的任务。他们强调的是工作上的正规联系，而不是情感联系。如果出现困难，双方的第一道防御都是后退。这时，5 号管理者应该主动开启对话，因为沉默在 1 号看来就是批评。

当合作的基调确立后，1 号和 5 号的工作组合能够胜任需要大量研究和信息收集的工作。双方都希望在制定决策前获得足够多的信息。5 号想要获得信息，好让自己心里有数；1 号则想让工作完美无缺。

1 号性格 vs. 6 号性格：完美主义者 vs. 怀疑论者

情感伴侣

共同的理想和付出把他们联系在一起。

在逆境中，他们的爱情会更加坚定。

1 号与 6 号最初吸引往往出自共同的愿景，这样的愿景需要双方的共同努

这两种类型的人都可以被称作负面思维者。1号对于错误特别敏感，6号则很在乎怀疑。

力才能成为现实。联系夫妻双方的纽带就是这共同的理想和付出。6号对事业的追求与1号对完美的追求不谋而合。他们拥有相似的世界观，他们都准备接受逆境的挑战，这样的夫妻会为了同一个梦想而奋斗。

这两种类型的人都可以被称作负面思维者。1号对于错误特别敏感，6号则很在乎怀疑。但恰恰是因为他们能够预见困难，他们往往能够从人类的困境中看到美丽，从痛苦中产生创造性。他们知道提出尖锐问题很重要，也知道冒险尝试需要勇气。这两种人都愿意在困难时期坚持下去。这种相互陪伴的付出能够让他们建立超乎寻常的信任。每个人都能看到对方的最终目标，也能分担对方的担忧。

1号和6号夫妇说，他们能够感受到相互之间的亲密，但有时也会因为相互猜疑而出现冷战局面。他们都会因为自己没有表现好而感到内疚，都会延迟行动。1号害怕犯错误，6号则对成功表示怀疑。这时他们就可能去猜测对方的举动。

"事情的进展怎么这么慢？"

"他怎么一点表示都没有？"

"这是故意的吗？"

"她为什么不做决定？"

夫妻双方都害怕吵架。生气让6号感到害怕，而1号则认为生气是错误的。双方都把猜测藏在心里，不愿到现实中寻找答案，内心的担忧和怀疑让他们不知所措。这种情绪会不断蔓延。1号认为6号在有意对抗；6号则认为1号刻意刁难，好像自己做什么都不够好。1号可能表现出高高在上的姿态："我是正确的；没错，你就是不够好。" 1号通过抬高自己来疏远6号。而6号呢，他们很可能会接受1号的指责，这实际上是他们拒绝的技巧。怀疑论者希望完美主义者因为感到厌恶而主动离开，这样在双方关系结束后，6号就不会感到内疚。

要维持双方的感情，就要消除相互的猜测。一旦有这样的苗头出现，就立即消灭，以免因为猜测而忽略了对方的好意。在一起敞开心扉地谈一谈，这有

> 1号领导者很少表扬员工，因为他们总是关注过失和错误。如果缺乏表扬，6号员工会设想最糟糕的可能，并认为自己就是1号打击的对象。

助于消除猜测。有时候办法就是这么简单，但要做到却很难。双方经常会认为对方是矛盾的"制造者"。6号害怕自己的怒火，而1号则不愿承认自己的怒火。时间长了，双方就会在毫无征兆的情况下爆发。解决问题的关键就是夫妻双方要坦然相对，把内心的想法说出来，让猜疑无处生根。

工作伙伴

他们都喜欢质疑。

他们的计划可以无懈可击。

当然，他们也可能把对方看作怀疑的对象。

1号是勤勤恳恳的工作者，他们期望通过自己的努力来获得成功。6号给工作带来创新的气息，但是对于工作环境中的等级制度十分矛盾。1号是最需要遵循规则的类型，而6号则对规则充满怀疑。在完美主义者的领导下，6号员工最终会违背规则，并鼓励大家都来反抗。因此，只要6号员工能够把工作做好，1号最好就做一个仁慈的权威。

成功的1号管理者会经常记着去检查员工的工作，哪怕这样的检查根本不必要或者根本没有道理。1号领导者很少表扬员工，因为他们总是关注过失和错误。如果缺乏表扬，6号员工会设想最糟糕的可能，并认为自己就是1号打击的对象。1号管理者可能因为早上堵车而心情不佳，但是6号员工却以为是自己的表现得罪了领导。6号还会把自己的猜测告诉他人，让大家都提高警惕。他们害怕，所以需要得到支持。

"这个领导值得信任吗？"

"我们知道多少？"

如果1号管理者坚持采用非对即错的思维方法，对员工的失误给予严厉批评，双方的冲突就很难解决。他们应该重新考虑问题或者找一种能够照顾对方情面的解决方式，比如："幸好这个错误发生在试验阶段。我们从中吸取了教训，现在我们可以放心前进了。"

在后果不能确定时，6号员工要么俯首称臣，要么揭竿而起。双方要想成功合作，就一定要杜绝谣言、小道消息和潜在的漏洞。这两种类型的人都对隐

1号和6号的合作能够带来论据充分、无懈可击的分析。他们都喜欢提尖锐的问题。他们都是出色的问题解决者,而且能够提前估计困难,并准备好应对方案。

藏的意图十分敏感。尤其是6号,他们会认为权威是不值得信任的。

当6号是管理者时,他们常常在短期内表现出色,但是在长期项目上却起伏不定。他们可以在最后一刻做出决定,也可以在最后一分钟力挽狂澜,但是他们也可能长时间地犹豫不决。他们的管理风格是断断续续的,时而停止,时而前进。在事业启动的初期,6号是非常坚定的领导者,但是到了事业扩张期,他们开始变得优柔寡断,甚至对成功报以疑虑。6号管理者需要把注意力集中在工作目标上,这能让细心认真的1号发挥他们的作用。1号愿意服务于出色的领导者,当他们受到榜样的鼓励时,他们也会愿意为工作按期完成付出自己的努力。

非正式的圆桌讨论会很有用处。每个星期花上几分钟时间,看看大家都在干什么,能够让空气中的猜疑减少很多。如果工作环境中充斥着某种敌意,这两种人都会认为自己就是被攻击的目标。1号担忧他人的想法,6号则感觉危机四伏。当他们感受到威胁时,他们都会退缩,而且都不愿把自己的想法说出来。非正式的会议能够发挥检验现实的作用,让他们知道情况并非如此。这个世界上的1号和6号经常会惊讶地发现,原来自己的工作并没有想象中那么危险。

1号和6号的合作能够带来论据充分、无懈可击的分析。他们都喜欢提尖锐的问题。他们都是出色的问题解决者,而且能够提前估计困难,并准备好应对方案。

1号性格 vs. 7号性格:完美主义者 vs. 享乐主义者

情感伴侣

他们一个想要完美的结果,一个只享受快乐的过程。

这对夫妻在九型人格中也处于一条连线的两端,这说明他们能在对方身上看到自己。对于7号来说,他们喜欢1号清楚的思维。他们十分崇拜1号能够让一切都井井有条,能够坚守原则,并且坚持自己的信仰。1号是非常实际的人,他们朝着切实的目标努力奋斗,他们的专注能够让7号朝三暮四的习性有

> 1号想要精确的结果，而7号想要多样的选择，如果他们在一起活动，必须要满足双方的要求，选择一种既能获得快乐，又能产生结果的方式。

所收敛。

从另一方面看，1号喜欢享乐主义者的随性。和7号生活在一起会十分有趣。他们能给平淡的家庭生活注入新鲜活力。1号尤其喜欢自己在安全状态中向7号靠近的感觉，7号在他们看来就是快乐和自由。不过完美主义者有时也会认为享乐主义者是匪夷所思的怪人。

7号的天堂

（母亲：完美主义者；儿子：享乐主义者）我的儿子在喜马拉雅山区已经徒步旅行了好几个月，他信中的描述充满了赞美。他住在海拔一万英尺之上的一个山村里，还让我去找他。他特别兴奋，他说这是他生命中的探险，问我是否愿意夏天过去看他。于是我呢，作为一个适应能力非常强的母亲，就真的去了印度，追随他的行踪去找他。我一路上都很高兴，直到两周后，我找到了他住的地方。那里没有水源，天气非常热，而且我们只能到餐馆里吃饭，因为他住的地方没有炉子。有一天，我和他面对面坐着吃午饭。我们快窒息了，我大汗淋漓，周围还有讨厌的苍蝇飞来飞去，但是他看上去却对这样的生活十分入迷。他的表情如痴如醉。我问他在想什么，他说："这是村里最好的餐馆。我每天都能在村里最好的地方吃饭！"

随着双方关系的发展，1号想要得到成果，而7号则只想得到快乐。在成功的爱情关系中，双方的需求会融合在一起。完美主义者也可以非常随性，只要他们的思想告诉他们这是正确的生活方式。当大家在一起玩时，或者规则的内容就是没有规则时，1号也会顺其自然，学会灵活应对。1号想要精确的结果，而7号想要多样的选择，如果他们在一起活动，必须要满足双方的要求，选择一种既能获得快乐，又能产生结果的方式。

不过，更多的情况下这对夫妻会各玩各的。双方就一些基本问题，如金钱、时间、责任和义务达成一致后，就各自投入到自己的兴趣中。7号的兴趣可能会变来变去，而1号则会坚持于某一项研究，这让7号感到枯燥无聊。

如果1号想让7号变得实际些，7号会反击。面对压力的7号会向1号性格靠近,但是他们会用7号的方式来表现完美主义,那就是反对所有限制和规则。7号认为:"只有低等动物才需要限制。""规则是给下等人准备的。"不幸的是,1号非常重视界限和自我控制,而且一旦他们的内心被非对即错的思想所控制,他们就会认为享乐主义者是自私的,因此是坏的。在双方的冲突中,1号变得强硬,7号选择逃避。7号不愿正视问题,而1号则会得寸进尺,想要控制一切。

在面对愤怒或者其他"负面"情绪时,7号进入高度防范状态。他们会认为:"1号在有意为难。1号有问题。"7号会借助1号的怒火来模糊事实。完美主义者会在7号的诱引下主动进攻,这正好给7号提供了消失的借口。如果享乐主义者既能够面对1号的怒火,又能够想办法解决问题,双方的冲突就能缓解。

1号喜欢精确和坚持,7号则喜欢寻找快乐,随心所欲。但是1号在度假时会很自然地表现出7号的特征。所以双方相处的另一个窍门就是让1号把度假的心情带一点到家庭的日常生活中来。

工作伙伴

他们的合作建立在不同的思维方式上。

只有在合适的位置上,才能发挥各自的特长。

7号喜欢广结人缘;他们喜欢即兴表演。在1号和7号的工作合作中,享乐主义者扮演的是创新者、计划者、代表者、招待者的角色,而完美主义者则负责制定结构、控制全局和把工作坚持到底。

1号是非对即错的思想者,他们依靠逻辑来执行计划,而7号属于发散性思维,能在不同事物间找到广泛联系。7号需要灵活的工作环境,能让他们学习新的技术,吸收新的想法。完美主义者往往很难跟上7号这种多向性的思维,而享乐主义者则会觉得一条直线、符合常规的工作方式让他们受到了限制。

1号管理者会在小毛病、小错误上斤斤计较。被当场抓住后,7号会自己找到一堆借口:"我其实也是这样想的。""正好时机不对。"7号的推托实际如果7号管理者聪明的话，他们就应该让1号来担当自己的左膀右臂。1号在制定项目细节上会是非常出色的员工，他们真的可以让7号管理者从繁杂的工作中解脱出来，拥有轻松的假期。

上会把自己推进火坑，因为1号不会认为这是普通人的应急反应，只会认为这是刻意的谎言。1号应该给予7号一个相对宽松的环境，不要过度关注步骤，只需要给7号设定合理的期限，然后等着评估他们拿出的结果就行了。

7号管理者跟1号管理者恰恰相反，他们能够把一大堆没有解决的问题放在一边，自己去度假。这是1号员工无法接受的。出乎意料的决定和突然变化的方向尤其会让1号感到威胁。7号管理者可能认为自己已经做出了"清楚的安排"或者"无懈可击的指示"，而实际上却是模糊、简略、不完整的。1号员工会想："这是管理不善。这是对员工的伤害。"气愤的1号会将计就计，有意按照7号的指示去做，而不是去主动帮助这位稀里糊涂的老板。毫不知情的7号会继续指导下去，等到问题已经十分严重时，1号会突然把计划中的漏洞曝光，让7号措手不及。

如果7号管理者聪明的话，他们就应该让1号来担当自己的左膀右臂。1号在制定项目细节上会是非常出色的员工，他们真的可以让7号管理者从繁杂的工作中解脱出来，拥有轻松的假期。

1号性格 vs. 8号性格：完美主义者 vs. 保护者

情感伴侣

他们是九型人格中的"冤家对头"。

他们的相遇，一定会是火星四溅。

1号和8号都属于生气类型，都是一根筋的思维模式，而且都认为自己是对的。在交往初期，1号被8号的力量与美貌催眠，8号让1号感到自由，而8号则被1号的原则性与好意所吸引。1号的道德标准和立场正是不守规矩的8号所缺失的。

随着双方关系的进一步发展，怒气开始浮现。8号坚持要直接表达出自己的怒火；而1号一旦被卷入斗争冲突中，也会予以有力回击。直接的愤怒表达对1号可以说是一种解脱。他们终于可以毫无顾忌地和某人争吵，而不必担心被人判定为错误行为。

生气反而可以把这对夫妇拴在一起。在外人看起来，这对夫妇似乎吵个没完，不过当事人可能乐在其中，因为吵架有时也是生活中必需的。

对于那些无关痛痒的决定，双方都很在行，比如选举该投谁的票，或者全家该到哪里度假。但是对于个人决定，就要困难得多。在九型人格中，8号和1号处于9号性格的两翼，9号性格的特征是自我遗忘，这同样会影响到8号和1号。8号通过反对他人来"唤醒"自我；1号对自我的感觉是要知道自己该做的正确事情。双方都是反作用型，而不是主动进攻型。但是一旦他们开始向对方进攻，他们就会走向极端，谁也不愿让步。

为什么1号和8号会有冲突

1号认为他们必须要好，才能正确；只有正确，才不会让他们感到内疚。8号认为自己是坏的，坏的感觉让他们很舒服。坏就是不受法规约束，自由自在，随心所欲。坏比好更有趣，而且它不等于错误。错误是坏的，但是坏并不等于你就错了。只要你没有错，你就是对的；只要你是对的，你就不应该感到内疚。

如果1号开始变成监控者，8号就开始破坏规矩、摆脱控制。双方这种看似无法避免的思想冲突实际上也是有药可治的。1号应该让8号理解限制和界限。8号则可以让1号学会去做自己想做的事情。生气能够让1号摆脱自己的谨小慎微，让1号允许自己感到厌烦，并找到自己的快乐。所以，生气反而可以把这对夫妇拴在一起。在外人看起来，这对夫妇似乎吵个没完，不过当事人可能乐在其中，因为吵架有时也是生活中必需的。

另外，这对夫妇还可以做到互补。1号有原则。8号有快乐。二者的结合能够让双方目标明确，动力十足；当然，处理不好的话，他们就可能陷入冲突的漩涡，并最终分道扬镳。

工作伙伴

他们要么团结一致，要么为了控制权而争斗不休。

在工作伙伴关系中，8号代表着本我，而1号则代表着超我。有关控制的斗争可能表现在各个方面。1号通过"唯一正确的方式"来控制。8号则坚持"要么接受我的方式，要么滚蛋"。1号管理者最好对8号员工睁一只眼，闭一

> 1号管理者最好对8号员工睁一只眼，闭一只眼，只看他们的工作结果，而不要深究原因。

只眼，只看他们的工作结果，而不要深究原因。8号员工可以工作得很出色，但是他们拒绝为自己的行为做出解释。哪怕是公平合理的规则也会让他们觉得是一种约束。所以只要8号员工能够出色完成任务，1号管理者最好不要打扰他们，随他们去。

8号管理者表达直接，有什么说什么。这让不愿接受"负面"情绪的1号很难面对。在遭遇直接怒火时，1号内在的批评声会越来越强烈。老板生气了，所以老板是坏的。8号发起脾气来，往往是想到什么说什么，但1号会认为8号的每一句话都是针对自己的。他们会强压怒火，等待正确的报复时机。

当本我和超我达成一致时，这将是一对行动统一的伙伴。双方都是投入的工作者，都注重实际的结果。8号可以让1号来指导自己的行动："这样合适吗？我们是不是太着急了？我是不是做过头了？"8号也可以分担1号的大量担忧："来吧，有什么风险我扛着。我们会抓住机会。一切会很有趣的。"

1号性格 vs. 9号性格：完美主义者 vs. 调停者

情感伴侣

他们身上有太多的共同点。

他们的生活可以是平静的，也可以是麻木的。

1号和9号非常相像。在很多心理学系统中，他们实际上被划分在了同一类型中。他们同属于生气类型，但是又都会压抑自己的怒火，这说明在下定决心行动之前，他们会花很长时间反复思考。9号习惯从各种立场上来看待一个决定，而1号则担心会犯错误。毋庸置疑，这样的夫妇在做出重大决定时，速度是相当地缓慢。他们都愿意把困难往后延期。等待要让人轻松得多。

1号专注于细节，而9号则等待着其他人来发动。这对夫妻希望生活是平和而舒适的。他们都喜欢家庭的安全感，愿意融入到正常的家庭生活中。调停者通常很好说话，态度温和，这让1号不再有害怕冲突的焦虑。同样，完美主义者的"正确"世界观也能让9号找到生活的节奏。

在行动面前，二者的差异开始显现。1号在认定一件事后，会迅速投入其在一些很小的事情上发生争吵可能更有益于这对夫妻的情感健康。实际上这种小打小闹是压力的发泄口。

中,而9号则往往不愿表态,保持中立,即便他们心里是同意的。1号可以成为夫妻双方行动的发起者。1号的坚定不移会像一把长矛一样逼着9号必须选择立场,但如果1号优先考虑的是"该做的事情",9号就会想:"这是别人的主意吧。"打退堂鼓的9号会表现得十分顽固。1号会继续强调这是"我们该做的事情",而9号则继续观望。在9号看来,没有一个选择是最好的,所有的都一样,所以他们不知道该选哪一个。穷追不舍的1号则会说:"说清楚点。你到底想要什么?解释一下。"受到攻击的9号会更加无动于衷,态度麻木。

在一些很小的事情上发生争吵可能更有益于这对夫妻的情感健康。实际上这种小打小闹是压力的发泄口。在生气的时候,他们的立场往往是明确的。人们在生气时会非常清楚自己不想要什么。"不要那样"消除了很多选择,让9号和1号更接近于他们的最终决定。

调停者应该学会看到1号生气背后的好意,而1号应该认识到生气对9号是不解决问题的。你无法强迫9号参与进来,但当他们意识到这是自己爱人的需要时,他们会很愿意投入。

工作伙伴

他们都强调细节,都会推迟决定,都不会被风险所吸引。

全神贯注的特质对于创建和巩固系统是非常理想的状态。耐力是关键因素。这两种性格的人都喜欢接受已知的程序步骤,然后不断补充、完善。他们不喜欢突然的变化和面临决策的压力。他们喜欢在原有的基础上精益求精,不喜欢到未知的领域去冒险。他们喜欢研究结构框架,不会感到规则是一种束缚,而且很喜欢成为某个具体领域的专家。

1号管理者制定结构,9号则依靠于结构。在目标明确的1号面前,9号也能集中注意力,有效工作。重要的是1号管理者要记得给予员工积极肯定。9号员工愿意受到鼓励,不过1号常常只关注错误。没有得到表扬的9号用沉默和放慢速度来表达不满。他们虽然知道管理者想要什么,但却不愿去做。9号不愿表达自己的怒火,他们会让老板在那边干着急。解决的办法就是保持积极反馈和消极反馈的平衡。9号希望努力得到认可,但最重要的是,只要他们能够获得无条件的鼓励和支持，他们就愿意付出。

9号管理者可能会在工作中铺开一个大摊子。如果他们的注意力分散到各个细节上，1号员工就该发挥他们的批评作用，帮助9号重新圈定工作的范围。当9号被压得喘不过气时，他们可以委任1号作代表，1号是缩小工作范围，让程序安排具体化的理想人选。

2号性格 vs. 2号性格：给予者 vs. 给予者

情感伴侣

他们很少会结为夫妻。

朋友关系也许更适合他们。

毕竟，如果你自身就是给予者，你会希望找到一个愿意接受你帮助的人。如果两个给予者在一起，就没有接受的对象，双方都成了对方关注的中心，双方都感到不自在。

2号喜欢帮助自己的伴侣发挥潜能，这让他们感觉就好像自己获得了成功一样。他们帮助的人取得了成功，他们自己也会觉得脸上有光。2号会在幕后分享成功的荣耀。他们是幕后的操纵者。他们设法让一切按照他们的意愿发生，而且他们又不必冒当众失败的风险。

但是当两个2号在一起时，帮助就成了陷阱。每个人觉得："我被推到了前面。" 他们害怕当众出丑，还不愿被别人知道。他们对他人给予帮助，从某种程度上也是为了利用他人来实现自己的需求。这种真实意图一旦被曝光，2号会十分生气。夫妻关系陷入僵局。双方都希望对方是行动者，而自己是支持者。双方都在等着提供帮助，结果双方都无事可做。他们都对另一方感到不满，因为没有他人的需求作催化剂，他们谁也不知道自己该做什么。

当然，这样的夫妻也能为了一个共同目标联合起来。他们可以一起经营生意，或者共同解决家庭问题。如果他们不能够站在一起面对困难，不能够互相帮助，他们就会把注意力转向外界，从家庭之外的某个地方寻求动力。

当自身被压抑的需要渐渐浮现时，脾气也会越来越大。2号不愿去求助于他人，这让他们感到尴尬。2号夫妻需要把注意力转移到自己身上，不管这有多么痛苦。他们应该关注自己的情感，看到自己的潜能，哪怕这样做很困难。"拥有需求就等于被拒绝了。"这是2号过去认同的想法。夫妻双方都应该学会独立，而不是到外面去寻找帮助的对象。

两个给予者要想在一起，就要转变思想。在一起并不意味着否定你自己的需要，也不意味着完全拒绝分离，同样不意味着要自己走出去。双方的关系只有一半可以建立在帮助伴侣发挥潜能的基础上，而另一半的基础则应该是发挥你自己的潜能。

两个给予者通常会是好朋友，而不是伴侣或情人。作为朋友，他们能鼓励对方接受帮助。

工作伙伴

工作，会成为他们联系的纽带。

工作，能够让他们找到自我，找到快乐。

尽管两个2号性格者很难成为亲密爱人，但是他们常常会在工作上成为合作伙伴。双方都会把工作当作第三方，工作就是能够让他们提供帮助的对象。

双方会为了证明自己是不可缺少的而相互竞争，所以最好让他们扮演同样重要的角色。这样的组合可以是非常和平、非常出色的。两个积极的支持者，专注于同一项事业。

2号管理者风度翩翩。他们希望赢得所有人的喜爱。当大家都非常支持时，他们的领导表现也会十分积极；但是当遭遇反对或敌意时，他们也会施展手段，进行报复。2号管理者会用权力来吸引他人。2号员工也会为了讨好管理者而打击他人。2号管理者会与他们喜欢的人达成私下协议或者提供间接帮助。要避免2号用人唯亲，需要在一开始就对权力有清楚的划分。把提升的条件公开，消除任何间接性的可能。

2号需要在一开始获得很大支持，才愿意加入到公开的竞争中。不过一旦他们的成功得到认可，他们就会骄傲地站在新岗位上。

> *不管他们是不是管理者，2号都可能犯"势利眼"的毛病。重要人物、漂亮人物总是值得关注的。他们很少赞赏那些普通的无产者。*

所有的2号都对批评十分敏感。如果你犯了错，你就不再是不可或缺的了。当他们的骄傲受到伤害时，他们会想方设法保护自己。他们会回避问题："这不是我的错。"要向2号确保他们的前途："我们有问题，但问题会解决的。我们的关系没有什么危险。"最好能够把2号的个人价值和他们的工作价值分割开来。给予者需要作为一个人受到尊敬，而不是作为一个工作者。

2号员工可能认为自己和管理者一样重要，所以工作的划分一定要十分清楚。如果2号认为自己已经被大家接纳了，一旦他们发现情况并非如此，他们会很惊讶。

"这么重要的决定，为什么没有告诉我？他们应该来问问我的意见。他们应该来找我帮忙。"

2号常常觉得自己是那个躲在屋子的角落里指挥整场演出的人。他们认为自己是必不可少的。骄傲在膨胀。如果没有人找他们，没有人问他们，骄傲就消失了。最好让2号参与到具体的工作中，这样他们就会知道自己的位置。要向他们保证他们的未来。如果他们看不到自己的前途，他们可能就不会那么积极。如果他们被排除在外，他们就会朝着8号性格的消极面发展。

不管他们是不是管理者，2号都可能犯"势利眼"的毛病。重要人物、漂亮人物总是值得关注的。他们很少赞赏那些普通的无产者。2号想得到承认，他们非常害怕自己得不到，所以他们十分关注那些受欢迎的人。他们知道谁能让他们获得提升。他们会主动向权力靠近。

2号性格 vs. 3号性格：给予者 vs. 实干者

情感伴侣

他们一个关注他人，另一个希望得到关注。

他们看上去很像，但内心的动机截然不同。

2号与3号的结合正好满足了实干者的需求。即便是名声显赫的2号，也会改变自己来讨好他们真正爱的人。2号追求的是爱人的肯定，而3号追求的

只要3号能关注一下感情，而2号也不要非去和3号的工作较劲儿，他们的关系会非常融洽。

是个人成功。给予者为了爱而工作，而实干者为了工作而爱。这样的夫妻常常会因为"成功的爱情"而联系在一起，他们都会对另一方给予专业的支持。给予者还会成为家庭情感的中心。

最常见的抱怨就是3号的工作——总是加班，回家就睡觉。即便是一个自身工作非常出色的2号，也不得不在电话机旁守着3号的电话。

"他们到底关心的是什么？这里根本不需要我。"失望的2号会想。

如果实干者能够在自己的日程表上给谈情说爱安排一点时间，如果给予者能够把自己的需要说出来，情况就会好得多。3号并非有意忽视自己的伴侣。他们只是过于投入到自己的工作中，这让他们忽视了自己，也忽视了他人。当夫妻双方发生争执时，2号觉得自己更重要，因为他们投入了更多情感；3号也认为自己重要，因为他们"努力工作也是为了这个家"。2号应该把3号的努力工作看成爱的表示。感情并不能当饭吃，所以3号常常忘记了浪漫。

只要确认了自己的重要性，2号就不会过于计较对方投入的时间。这对夫妇其实有很多相同之处：惹人注目的形象和对成功的渴望。只要3号能关注一下感情，而2号也不要非去和3号的工作较劲儿，他们的关系会非常融洽。

工作伙伴

这是一对高性能的工作组合。

他们都精于产品制造和推广。

双方的个性会让3号成为领导者。实干者喜欢领导，而给予者很高兴在背后支持他们，只要双方目标一致。

如果3号管理者能够注意到2号员工的贡献，一切都会很好。如果管理者以自我为中心，2号会选择倒戈，转身去支持其他对象。在工作受到干扰时，实干者往往恼羞成怒，他们急于达到目标，甚至不惜踩在别人的肩膀上。

2号员工能够软化管理者的形象。2号不会把形象作为一种欺骗的手段。他们关注人与人的联系，能够帮助3号树立有效的形象。

2号员工必须得到关注，而且他们的努力必须得到认可。如果他们被忽视了，2号就可能去揭3号的老底。突然间，人们发现3号管理者原来是一个失

> 对于3号来说，他们应该学会给予者对待他人的方式。3号员工常常很会做事，但却不会待人。

败者。办公室里会疯传3号的狡诈欺瞒。

"他们看着像好人，实际上根本不是！你根本不了解他们。"

"真实"的故事将会出现。3号会觉得自己最在乎的形象受到了破坏。如果3号能够记得对2号表示关心，与他们进行私下交谈，情况就不至于如此。如果实干者忘记了关照2号，而给予者又不主动提出，双方就陷入了沟通的僵局。3号管理者应该与2号保持定期联系。2号无法在真空的环境中出色发挥。他们是为了人在工作，而不是为了工作而工作。

2号管理者喜欢受到欢迎，但却可能与喜欢竞争的3号员工发生冲突。3号会无视权威。他们总想让自己成为权威，他们想要得到2号的职位，甚至会为此不择手段。3号员工会与领导对抗，甚至正面竞争，这让2号管理者很不高兴。

解决问题的关键是2号应该设定限制。3号需要清楚他们的工作范围，这样他们就不会越权，去侵犯他人的工作领域。如果3号无法让自己获得成功，他们就会给2号管理者施加强大压力。2号管理者要想发挥出色，就该把一切都规定清楚并牢牢把握住工作目标；另外，他们也可以接受3号员工的部分建议。对于3号来说，他们应该学会给予者对待他人的方式。3号员工常常很会做事，但却不会待人。如果2号能够向他们示范自己的管理方式，3号也会愿意学习去满足他人需求的价值。

2号性格 vs. 4号性格：给予者 vs. 浪漫主义者

情感伴侣

他们是一对曼妙的探戈舞者。

在爱情的乐曲中，时而靠近，时而疏远。

给予者和浪漫主义者在情感关系中总是若即若离。

当双方近在咫尺时，他们都会后退；当相互消失在对方的视线中时，他们又都会去追逐。这样的相似性让两人的恋曲变成了一支有趣而浪漫的探戈。你前进，我后退。你后退，我又想前进。双方都会欣赏另一方对情感的包容力。

这样的夫妇能够把浪漫爱情变成现实，而丝毫不觉得尴尬或者难为情。他们是舞伴，但是他们的舞蹈保持了一定的情感距离，因为双方都害怕完全的投入。

这对夫妇在九型人格中分享了2号性格与4号性格之间的一条连线。双方都会在对方身上看到一部分自己。当2号进入安全状态时，他们愿意寻找真诚的承诺。情绪激动没什么，自私也没什么不好，要做就做你自己，不要放弃自己。2号在4号的性格中看到他们自己被夸大的情感。4号是能够把情感公开表达出来的人，他们总是把自己的感受放在第一位。

4号对追求他人而感到疲惫，他们觉得满足他人的需求，是对自我的剥削。他们很佩服2号吸引他人的能力，但他们并不欣赏2号对他人的恭维和调情，觉得这是肤浅的情感。如果4号拒绝了2号传来的秋波，2号会继续追求，他们喜欢接受有难度的情感挑战。2号的力量来自于追求。但是如果4号真的回心转意，2号又会被吓跑。

如果2号能够感受到自己的真实情感，而不是去改变自己来讨好他人，4号会更愿意接受他们。给予者总是害怕自己太平庸，所以他们总是想以一个更加迷人的形象出现在4号面前。

"如果我是我自己，我的4号会抛弃我吗？"2号总是有这样的担心。

4号需要检讨自己急于批评对方的倾向。"为什么给予者在我身边时，我就只看到缺陷呢？"实际上，当给予者远离他们时，他们又会怀念对方的关怀和帮助。

当双方都同意对爱情予以承诺，同意完全投入到彼此的情感中时，舞蹈就进入了尾声。有了彼此之间对爱的承诺，他们就能坚定地站在一起。

工作伙伴

他们注重工作环境中的情感基调。

他们喜欢在充满人性关注的气氛中工作。

4号喜欢感到与众不同，而2号则愿意和各种人打交道。即便是很多人在一起的工厂里，关注点也会被放在个人生活上。2号和4号想要了解对方的个人生活。这并不是要在一起鬼混，浪费时间，而是为自己寻找一种归属感。中

> 2号管理者会借助他们的亲和力来指挥工作，但这可能引起4号的反感。感觉就像2号是在有意恭维他人，发出言不由衷的赞美。

午吃饭的时候，大家在一起聊聊各自的故事，尽管不是每个人都能叫上名字，但是都很熟悉，好像一家人一样。这样的感觉会让人心情愉快。

2号管理者会借助他们的亲和力来指挥工作，但这可能引起4号的反感。感觉就像2号是在有意恭维他人，发出言不由衷的赞美。在4号看来，2号表现得过于明显。

"她怎么能这么公然地吸引大家注意力？"

"这么急不可耐真是没有品味。"

受到批评的2号管理者会想要满足4号的需求来弥补过错。他们认为4号员工需要的是支持、关注和帮助。但是4号不会领情，反而认为2号是觉得4号自己有缺陷，能力不及他人，才会提供帮助。如果4号变得争强好斗，最好不要靠近他们，而是让他们拥有一块独立的工作领域，让他们去负责。让浪漫主义者去担负某项特殊的任务和某个他们感兴趣的领域，这会是个不错的主意。当2号需要证明自己不可缺少时，当4号需要证明自己独一无二时，他们都会变得十分好强。4号愿意做特殊的工作，这样能让他们获得他人的尊敬，消除内心的不平衡。

4号管理者喜欢自己的地位。当他们是领导者时，他们会接受2号的帮助。2号愿意证明自己是不可缺少的，他们愿意去满足管理者的需求。4号会奖励那些能够"理解"他们的人。2号会发现4号管理者十分情绪化，他们学会了见机行事。

如果管理者自己沉浸在工作或私生活中，2号员工会感到被忽视了。在工作中忽视了一个自认为是不可缺少的人，后果会很严重。给予者会选择退出以示报复——他们可能不会表达出明显的不满，但突然之间一切都变得乱哄哄了。最典型的报复就是去支持另一个人的工作。

4号管理者认为员工是在为他们工作，但是2号员工认为自己并不是为谁工作，而是和谁工作。要安抚2号，就要让他们感到自己是绝对必需的。2号需要知道他们没有被忽视，他们需要知道管理者的脾气完全是私人的，而不是针对他们的。

2号性格 vs. 5号性格：给予者 vs. 观察者

情感伴侣

他们性格迥异，却能像吸铁石一样相互吸引。

这完全是一种互补性的吸引。5号是九型人格中最封闭的类型，他们总是生活在自己的空间里；2号则是最开放的类型，他们愿意与他人接触。2号被5号的镇定和安静所吸引。5号能够远离自己的情感，这正是2号难以做到的。

5号散发出一种宁静而稳定的内在气息。就好像他们能够授予他人认真对待内心孤独的许可。他们不会为了安抚他人的需求而改变自己。观察者愿意过自己的生活，不会受他人要求的影响。对于需要与他人建立联系的2号来说，5号最难能可贵的品质就是他们能够脱离感觉，从而不受他人思想的干扰。

对于5号来说，2号的迷人之处在于他们常常对他人给予热心关怀。2号对生活的积极态度和他们愿意加入各种活动的热情让与世隔绝的5号很羡慕。大量调查显示，2号往往是这对夫妻中的社交活动家。2号会代表两人在各种聚会、仪式中发表言论，平静而理性的5号则愿意参与更具知识性和思考性的话题讨论。和夫妻俩共度一个轻松的下午要比单独和5号度过一个下午容易得多，除非你正好和5号分享同样的兴趣。如果你果然和5号兴趣相投，那你们之间一下午的交流会充满了信息，而且基本不会夹杂其他内容。

2号和5号看上去可以是截然不同的。2号是那种愿意出去，尝试新事物，而且喜欢参加派对，结识新朋友的人。他们喜欢闲聊，而且认为情感交流也能产生有用的信息。夫妻俩的行为方式完全不同。2号会主动与人接触，非常社会化，而5号远离人群，喜欢自己思考和分析。这种巨大的差异既可以创造平衡的生活，让双方都保持各自的世界观，也可以让生活变成一场艰苦的拔河：2号拉着5号进行情感接触，而5号则拼命往后退。

如果双方果真有了隔阂，每个人都把对方视为"问题根源"。2号会认为，5号那种深居简出、朴素节俭的生活方式是对情感的剥夺。他们会认为5号有问题，需要自己帮助。2号急需通过满足他人的需求来找到自我，情感关系中

> 那些情感关系稳定，已经结婚很多年的观察者说，他们在生活中学会了主动前进，学会了去面对自己的情感，而不是逃避到自己的思想中。

的障碍非但不会让他们退缩，反而会吸引他们。5号的态度显然就是一个巨大障碍，2号很想帮他们打开情感大门，认识到情感的重要性。如果5号能够回应2号的帮助，2号就成功了。不过，5号可能并不认为远离情感等于剥夺情感。5号为了证明自己的观点，会指出2号的情感常常波动，说明2号自己的情感也很不稳定。

这两种性格的夫妇会在8号性格的位置上结合，这会让双方的关系突然充满力量和对抗。5号在感到足够安全时，就会表现出反抗性，他们不再需要2号催促，就能自己去寻找那些2号一直希望5号表现的情感。这时候，2号应该退让，这样5号才能有足够的空间前进。

那些情感关系稳定，已经结婚很多年的观察者说，他们在生活中学会了主动前进，学会了去面对自己的情感，而不是逃避到自己的思想中。5号如果能够看到自发情感的重要性，他们的情感生活就会更加幸福。观察者可以主动与2号讨论内心的问题，或者为情感问题预留一个时间。给予者只要知道这个问题会被安排讨论，而不是被5号完全忘记，他们就安心了。

工作伙伴

共同的关注点和不同的工作风格能让他们的合作珠联璧合。

2号和5号性格上的差异能够让他们在工作中结为有效的组合。2号关注他人和他人的需求；5号能够独立工作，研究抽象的问题。双方不用过多交流，就能各自找到适合自己的位置。他们的天赋完全不同，所以不论是哪一种人做领导，效果都会很好。

2号管理者想要知道员工们的个人感受。这可能会让5号感到不适，尤其是如果2号管理者想把5号员工强行拖入到群体中来的话。2号管理者可能是出于好心，他们觉得5号老是一个人，好像有点闷闷不乐，所以想帮助。他们可能根本不知道5号的个性就是如此，结果反而帮了倒忙，侵犯了5号的个人空间，让5号无法自在工作。

2号管理者需要把自己的关注点放在工作上，而不要好奇于5号的个人生活或情感世界。他们应该给观察者布置具体的工作，而且尽可能让5号拥有单当5号能够为外向的2号管理者提供有用的信息，而2号管理者又能够为5号提供保护，避免他们直接与外界接触时，双方的互动合作会很成功。

独的办公室，这样5号就会放松下来。5号具有出色的自我领导力和决策力，完全可以让管理者放心。如果2号想找人替他们值班，5号员工可以成为理想人选。

当5号能够为外向的2号管理者提供有用的信息，而2号管理者又能够为5号提供保护，避免他们直接与外界接触时，双方的互动合作会很成功。

如果5号是管理者，他们私人办公室的门可能会礼貌性地打开，但是整个办公室里却弥漫着不许打扰的气氛。2号无法表现自己，他们感到被切断了联系。如果5号聪明的话，他们应该让给予者成为他们的特别代表。给予者天生就有联系大众和权力阶层的本领。作为代表，2号员工可以定期安排5号与员工们召开学术性的研讨会议。会议的内容可能并不重要，其主要目的是吸引5号参加，好让他们能够听到员工们的意见。让5号听见，这很重要，因为5号很少主动与他人交流或合作。5号也应该学会接受能让大家畅所欲言的群体会议。

5号管理者很少出现在员工面前，这会让大家产生不满。"在你需要领导者的时候，他们在哪儿？"召开半正式的会议就是为了找到一个能够处理冲突的地方。如果5号不愿意直接面对攻击，2号员工可以帮助害怕接触的管理者来处理冲突。但是如果5号连2号都不愿见，遭到抛弃的2号很可能成为叫得最响的反对者。

2号性格 vs. 6号性格：给予者 vs. 怀疑论者

情感伴侣

他们一个主动靠近，一个犹豫不决。

一个习惯了奉献，一个习惯了怀疑。

双方交往的一个典型状态是2号向6号靠近，解除他们对亲密关系的畏惧感。6号的怀疑可能成为给予者的催化剂，因为他们喜欢接受有困难的情感挑战。2号发出的信息是："相信我。相信我们。"

最初的吸引表现在2号走过来帮助充满疑虑的伴侣，而6号在2号的关怀

> 6号应该学会把自己的情感表达出来，同时接受他人的好意，不要把2号善意的关怀当作刻意恭维。而2号呢，他们应该学会辨别自己对他人的帮助是否包含了私心。

下学会让自己感到安全。当6号面临某个困难重重却十分重要的目标时，给予者的大力支持会让他们感到欣慰，双方的关系会发展得更好。

但是要想赢得怀疑论者的信任，帮助他们获得个人成功，并非易事。6号害怕成为公认的权威，他们可能认为2号的帮助是别有用心。心存疑虑的6号可能猜想2号实际上是唯利是图，他们不过是利用6号来实现自己的野心。已经不愿在公众面前曝光、不愿讨论成功的6号，可能不再满足2号的期望，甚至开始破坏他们已经付出的努力。一方面，2号的关怀和照顾让6号感到温暖；另一方面，6号又怀疑2号的赞美另有目的。这样的困境令双方疲惫不堪。6号可能有意违背2号的意愿。2号帮助他人的期望无法实现，感到精疲力尽的他们会十分反感6号的反复无常。

6号应该学会把自己的情感表达出来，同时接受他人的好意，不要把2号善意的关怀当作刻意恭维。而2号呢，他们应该学会辨别自己对他人的帮助是否包含了私心。2号在潜意识里，总是希望通过给予来获得，这正是让6号心疑的主要原因。所以2号应该找到他们自己喜欢的工作和兴趣，而不要一味投入他人的目标中。对于整个家庭的奋斗目标，6号也会是非常忠诚的支持者。

工作伙伴

这是另一对建立在差异上的合作伙伴。

2号喜欢权力；6号对于成为权威充满了矛盾。在身处逆境的事业中，他们会自然地结成同盟。双方都会为了自己信仰的目标奋斗。2号想要争取成功的可能，6号以反抗著名。

在一个充满利益争夺，强调竞争，而不是为他人服务的"正常"工作环境中，冲突很可能不可避免。原因是作为长期的领导者，这两种性格的人都够坚定果断。

6号管理者总是怀疑员工对他们不忠，他们很反感2号去讨好自己的竞争对手。非常在意社会关系的2号会去吸引任何一个值得吸引的人，这让6号十分怀疑他们的动机。怀疑论者会想："这些员工的忠心到底在哪儿？""能把重要的消息告诉他们吗？"

这两种人都会认为办公室里的敌意是针对自己的。6号管理者会去寻找问题的根源，然后连根清除；2号员工则会努力和他人交朋友。

2号员工会把管理者的犹豫态度视为对工作的不投入。给予者对于怀疑很难理解，因为他们自己对他人的信任往往建立在本能冲动上；但是对于6号来说，建立信任是一个非常漫长的过程。一旦2号对领导感到失望，觉得没有前途，就会转身到其他地方去寻找工作伙伴。

怀疑论者想要得到平等。他们认为单独鼓励某个员工或者"强迫"员工更努力地工作，都是不公平的。6号员工对于2号管理者表现出的个人关怀不予理睬，这让他们错过了重要机会。2号管理者必须感到自己对员工有私下的影响，才会觉得安全。

忠诚的6号员工能够提前预知困难。这样，2号管理者就能够发挥他们的社交能力和管理能力来提前行动，避免危险。如果6号认为管理者是自私的、危险的，他们就可能加入到推翻权威的秘密同盟中。

2号性格 vs. 7号性格：给予者 vs. 享乐主义者

情感伴侣

他们是一对非常有趣的夫妻。

他们愿意分享憧憬中的美好前程。

给予者希望帮助享乐主义者找到他们的计划，也愿意分享7号为情感关系带来的兴奋与狂热。7号的想象力通常会成为这对夫妻情感生活的关键因素。

这两种人都有广泛的兴趣——2号，因为有多个自我，所以也会表现出多种爱好；7号，他们一直喜欢拥有多种选择的可能。夫妻俩最喜欢讨论的就是娱乐和时事。给予者会关注7号的潜能，也会注意到7号隐藏的痛苦。给予者喜欢7号阳光的外表，但他们同样对7号内心的不满意很感兴趣。给予者常常把7号对各种体验的需求解释为对深层情感的寻找。

2号认为7号需要集中注意力。他们能够识破7号的一些计划。他们觉得自己有一种使命，要让7号有所成就，并治愈他们内心的恐惧。作为回报，给予者可以和7号一起体验冒险，并获得7号的关注。对2号来说，7号既是出色的玩伴，又是浪漫的情人。

7号的迷人和2号的诱惑让他们成为引人注目的情侣。7号习惯以自我为中心，不管伴侣是否在身边，他们都会随心所欲。聪明的2号也会表现出他们多样的自我，来响应7号的号召，而不会静静地在家里等待。两个人可以在一起尝试各种活动，这让他们总是有新鲜的东西可以分享。只要有足够的自由，7号也愿意对情感做出承诺。

这两种人天生具有引诱性。双方都喜欢考虑对方的潜在用处。相互的承诺会让他们的感情更稳定。但是，双方都害怕长时间的接触。7号会觉得受到了限制，而2号则害怕暴露真实的自己。7号选择逃跑，去寻找其他快乐。2号感到这是对他们的挑战，会去追逐7号。2号想要得到更多关注，这大大超过了7号能够给予的。

"他们的计划变得那么快，他们真的能够不变心吗？"2号心想。

因为得不到关注而导致的危机会进一步发展：2号认为7号是个轻薄的花花公子，7号认为2号是情感毒药。如果2号坚持要求7号关注，7号会解释说："我们的关系并不是你想象的那样。"

好在这对夫妻都是乐观主义者，即便出现危机，他们也不会太沮丧。他们都觉得生活会好的。如果他们能够关注于真实的情感而不是外表的亲密，将有益于双方关系的发展。这对夫妻可以共同投入从外在魅力进入情感深处的探险旅程。

工作伙伴

这是一对非常受欢迎的工作组合。

这同样是一对缺乏持久性的工作组合。

当7号有了想法后，2号很愿意帮他们把想法变成现实。但是这两种人都很难领导一个项目获得最后的成功，这正是双方合作的危险所在。享乐主义者总是在项目的起步阶段表现出色，然后他们的能量就逐步减弱，而给予者的帮助必须在强有力的领导者面前才能发挥最大作用。

7号管理者领导的2号员工可能会想尝试所有可能，来满足7号的需要。可能7号只是随口一说，2号就信以为真，付出了大把力气，结果却吃力不讨好。7号并不是一个强大的领导者。如果2号发现了这一点，而且感到自己被忽视的话，他们就会想要去投奔其他山头。2号不会在不喜欢自己的人身上浪费时间。

　　另外，如果7号表现得过于自恋，2号也会不高兴，结果7号的宏伟计划可能没有一个可以实现。如果计划变得太快，目标没有完成，2号会觉得自己能力有问题。

　　2号管理者应该把7号员工安排在能够接触新鲜事物的工作岗位上，避免让7号对工作感到厌烦。7号在学习阶段会是非常努力的工作者，他们愿意接受挑战。2号管理者可能会发现7号三心二意的天性，因此对他们的工作表现忧心忡忡，担心他们无法按期完成任务。2号可能还会感到自己的权威地位受到威胁。

　　"我该怎么控制我的员工，又不让他们讨厌我呢？"

　　当心存疑虑时，2号管理者要么选择与员工做朋友，结成同盟，要么就干脆把他们炒鱿鱼。如果2号管理者能够把工作的性质说清楚，对双方都有好处。7号员工平时可能表现得很随便，但是当他们遇到紧急任务时，也会认真对待。

2号性格 vs. 8号性格：给予者 vs. 保护者

情感伴侣

　　他们可以成为相互支持的爱人，也可以成为分外眼红的仇人。

　　他们都希望获得对方的关注，但是他们获得关注的方法截然不同。

　　2号改变自己来适应他人，8号则坚持我行我素。

　　这对夫妇在一起的关键是2号的诱惑和8号的力量。给予者通过讨好他人来靠近他人，而保护者通过揭露真相来反对他人。这两种人都希望成为伴侣生活的中心，因为他们会在九型人格的2号位相遇。在双方的关系中，身体的吸

> 这对夫妻最常见的状态就是2号想要软化8号，而8号则坚持自己的个性。这可以产生一种奇妙的化学吸引力，甚至会延续很长时间。

引力占据相当多的比重，他们都会表现得十分性感。双方关系的关注点会放在8号的生活上。8号渴望获得成功，而2号则以帮助他人实现愿望而感到骄傲。

这对夫妻最常见的状态就是2号想要软化8号，而8号则坚持自己的个性。这可以产生一种奇妙的化学吸引力，甚至会延续很长时间。8号会得到很多关注，而给予者也会因为关注8号而避免让自己的需求表现出来。为了回报给予者不可或缺的帮助，保护者会提供强有力的保护，并成为家庭的有力领导者。

根据九型人格的互动体系，当8号感到安全时，他们就会向2号性格靠近。这并不是说8号会"变成"2号，而是他们会用8号的方式表现出2号对关注的需求。保护者可能会控制给予者的生活，或者为他们的目标提供坚实的支持。8号也可能放弃控制权，让2号成为他们情感关系的指挥者。当然这种情况并不多见。

在2号位的保护者可以表现得非常慷慨。他们通过帮助他人实现愿望来表达自己的爱意。这让给予者反而感到不适，因为他们反倒成了接受方。哪怕8号的支持完全是合理合法的，2号也会感觉8号是在主宰一切。如果2号能够审视他们自己，发现自己的需求，而8号又愿意充当2号的指挥，他们的关系非常融洽。但是如果2号害怕暴露自己的需求，或者8号坚持要操控一切，2号的情绪就会爆发。2号开始为自由而战，他们在压力状态下向九型人格的8号位靠近。

很多2号和8号情侣说，公开表达愤怒反而能够帮助双方走得更近。当所有的牌都摊在桌上时，8号会感到更加安全；而2号在压力下会发现他们自己的真实想法。

公开敌对的另一个结果可能是2号切断双方的情感联系，迅速消失，投身到自己的朋友或者新的恋情中。认为自己不可缺少的2号会感到被8号利用了。他们为8号付出了一切，但是却得不到对方的欣赏。现在他们要报复。愤怒的2号和前任情侣8号之间的冲突会升级为一场全面的战争。当两人在九型人格的8号位相遇时，他们往往充满了强烈的憎恨。

在逐渐升级的反抗中，2号管理者可能会处于下风。因为8号并不在意自己的形象，所以他们不需要为自己维护什么，他们当然也就不会给对方留情面，这对于那些注重形象的性格类型来说是非常讨厌的。

位于8号位的给予者可以成为不折不扣的幕后操纵者。他们不习惯直接冲突，他们会运用个人影响和社会压力，通过间接方式来报复对方。2号要维护他们自己的形象，所以他们会把一切问题都推到8号身上。如果2号的骄傲受到攻击，或者他们被当众拒绝，他们会把自己的苦处公布于众，让8号成为千夫所指的对象。

通常在双方的危机中，如果8号发现2号在背地里耍手腕，他们会因为受到欺骗而更加愤怒。他们不再相信2号的柔情蜜意，变得更加好斗。他们传递的信息是："明明是你撒谎，别跟我扯在一起。"

工作伙伴

他们相处的关键词是信任。

他们的合作可以是一个唱红脸，一个唱白脸。

当他们相互信任时，这对搭档几乎可以同步行动。他们在九型人格中共同拥有的一条连线说明他们具有一定的合作基础。通常在工作中，8号扮演着严肃的角色，而2号则是和员工打成一片的人。8号是强制执行者，2号是协商让步者。只要2号能够获得足够的关注，而8号也愿意放弃一定的控制权，双方的合作会非常出色。

如果2号是管理者，他们需要赢得8号的支持。坚持强硬领导风格的8号员工会非常关注2号的亲和形象。

"这样的领导方式真诚吗，还是为自己服务的？"8号会想。

在追求公正的8号看来，给予者喜欢青睐"有价值"的人，因此他们的友善是虚伪的。一旦感到工作环境中可能有不公正的现象，8号会反对一切的控制。在逐渐升级的反抗中，2号管理者可能会处于下风。因为8号并不在意自己的形象，所以他们不需要为自己维护什么，他们当然也就不会给对方留情面，这对于那些注重形象的性格类型来说是非常讨厌的。

避免冲突的办法就是为管理者和员工的工作内容制定清楚的界限和结果，保存好双方的协议文件。如果没有白纸黑字的文件协议，8号员工可能不愿完全投入到合作中。

> 如果8号是管理者，他们或者被2号员工深爱，或者被2号员工憎恨。

"为什么让我为了领导的利益付出全部？"他们可能会想，"说不定还有什么隐藏的阴谋呢。我要测试一下。"

如果8号是管理者，他们或者被2号员工深爱，或者被2号员工憎恨。如果他们是受人爱的，那么2号为了得到权威的肯定，会对8号给予忠实的支持。2号最好能够学会全力以赴，因为如果8号没有及时获得信息，他们就会猜测是不是有什么阴谋。给8号的报告不怕多，哪怕重复也没关系。关键是要让8号知道自己在勤奋工作。

同样，8号管理者应该给2号员工布置一个"探索—发现"的任务。这样，给予者会觉得自己是不可或缺的，而8号还牢牢掌握着自己的控制权。如果这对搭档合不来，2号员工可能不让8号管理者接触到有用的人和信息，他们会在自己组建的小圈子里做着得意的领导者。

2号性格 vs. 9号性格：给予者 vs. 调停者

情感伴侣

他们可能很像，会把对方当成自己。

他们不需要语言交流，就能深深影响到对方。

2号和9号都会说，自己已经融入到对方的生活中，能够感知对方的情绪，能够满足对方的需要。尽管这两种类型的人都会在情感上与对方融合，但是他们的动机并不一样。9号想要找到一个生活的理由，这个理由常常会在伴侣身上发现；2号则想从伴侣身上找到自我。

给予者想要帮助9号找到他们的目的。如果9号有潜力在某个领域出类拔萃，而这个领域又正好是2号可以感到骄傲的，2号会特别愿意帮助9号。2号也会被9号经常表现出来的温柔与关切所吸引。9号享受爱的感觉，而2号也愿意对9号一往情深。双方都可以用性来开启真正的接触，而且2号经常认为性关注就等于爱。

如果2号开始变得越来越重要，9号会觉得自己受到了控制，危机就出现了。9号认为自己是在满足2号没有表达出来的愿望，他们不再愿意与2号合给予者为了他人的需求而付诸行动；调停者则需要有人激发他们的动力。不论是在婚姻中，还是在工作中，双方的合作都很普遍。

作。9号收回自己的潜能，这样他们的心里会平衡些，他们还会把注意力转移到其他事物上。如果9号总是无法发挥他们的潜能，2号会感到厌烦；如果9号不再注意2号，更让2号暴跳如雷。2号觉得9号缺乏主动性，觉得被9号抛弃了。2号开始抱怨。这种痛苦还会继续：9号受不了2号的要求而退出，这反而让2号更疯狂地去追求他们，9号只好用顽固的沉默来回避。

当给予者能够对调停者的真实需要给予帮助时，这种严重的冲突就会得到缓解。9号应该把注意力放在自己身上，而不是去想着如何反抗他人的安排。2号应该知道，9号需要时间来决定。最重要的决定是放在最后的。2号应该主动提出问题，并且和9号确定一个最后回答的时间，然后让9号一个人去思考。

工作伙伴

他们在工作上的合作就好像为一个潜在的能力源安装了一个动力十足的启动装置。

给予者为了他人的需求而付诸行动；调停者则需要有人激发他们的动力。不论是在婚姻中，还是在工作中，双方的合作都很普遍。当二者的目的相同时，他们会合作得很好。

9号虽然有自己的目标，但是他们却迟迟不愿起步。这太重要了，要实现它简直不可想象。2号的神奇之处就在于满足他人的需求，让希望变成现实，把人们的潜能发挥出来。如果双方对工作的看法相同，2号就能激活9号的工作计划。2号会专注于帮助9号开发潜能，9号则负责把能量投入到工作中。

这对伙伴的工作节奏相差很多。当9号在简单的决定上花费太多时间时，2号会感到不耐烦。2号能够非常轻松地决定哪些事情是重要的，哪些是可以搁置的；9号则需要时间思考。9号的工作节奏是稳定而缓慢的，一旦2号管理者融入到9号员工的工作节奏中，他们会变得非常急躁。如果9号是管理者，2号员工则可能对9号重复的讨论和会议感到愤怒。

因为双方都能融入到对方的情感中，他们之间能够建立一种不需要言语表达的理解。双方都会对工作环境的情感基调很关注。9号会去倾听他人的心思和感受，而且他们愿意听取各方面的意见，努力避免冲突的发生。2号擅长发

> 实干者更喜欢参加事业发展有关的培训班，他们会成批出现在九型人格的商业管理培训班上；但即便是在这样的班上，也很难找到共同生活很长时间的3号夫妻。

现潜在的胜利者，并把他们安置在机构的重要位置上。

作为管理者，2号更多地依赖于人才战略，而不是严谨的规章制度。他们努力打造一个互相团结、充满关爱的团队。9号作为员工很少会与领导者竞争，2号管理者会非常欣赏这一点。对于和蔼的领导者，9号会表现得十分忠诚；作为回报，2号会给予9号信任和认可，这会激发9号竭尽所能，承担比规定更多的责任。

2号管理者一般都有自己喜欢的人。但是，9号不喜欢看到违背公平的现象，他们通过公司规定的正常途径与领导打交道，不会溜须拍马。如果9号正好是2号选的圈内人之一，遇到问题时他们会首先向2号反映。但是如果9号没有被2号选为圈内人，他们内心的怒火可能促使他们直接把问题反映到上层领导那里。管理者可以通过道歉来平息9号的怒火，让9号重新回到正常工作中。9号一般都会在斗争之后恢复平静，重新表示出愿意合作的态度。

9号管理者要想领导出色，就需要有一套清楚的行动计划。当他们工作有效时，2号也会给予支持。2号员工可以帮助9号管理者处理关键信息。他们可以帮助9号在办公室内传递消息，帮助9号制定最有利的行动方案。他们会帮助9号设计一套有利于其自身发展的方案，让9号摆脱面对决定时左右为难的状态。

3号性格 vs. 3号性格：实干者 vs. 实干者

情感伴侣

他们的结合已经成了稀有品种。

彼此之间就像两条互不吸引的平行线。

在我们的九型人格研讨班中，3号性格的人本来就不是很多，夫妻俩都是3号的就更少了。实干者更喜欢参加事业发展有关的培训班，他们会成批出现在九型人格的商业管理培训班上；但即便是在这样的班上，也很难找到共同生活很长时间的3号夫妻。

3号可以喜欢上九型人格中的各种类型的人。有些3号会喜欢和他们他们的生活可能从表面上看很完美，就像精美的明信片一样，但实际上他们的内心却空洞洞的，感觉不到强烈的情感联系。3号夫妻自己也说，他们的关系可以看上去很棒，但是感觉很空虚。

"相似"的性格类型，比如2号、7号或者接近3号的4号，这些都属于高能量、高姿态的人。还有些3号喜欢情感丰富的伴侣，因为这正好和他们自己相反。在我所接触到的环境中，实干者最常选择的伴侣是5号性格者，原因就是双方的互补性。

在我采访到的为数不多的3号伴侣中，很少有人说他们喜欢对方的态度。在3号看来，任何事情都是有可能的，他们总是同时在处理好几件事情。如果他们对另一方不满，他们甚至会在家庭事务上与对方较劲儿。两个3号都很争强好胜，他们通常都不会为了家庭牺牲事业。这对夫妻都不喜欢待在家里，都喜欢参加各种活动，但是他们的休闲活动喜欢和工作上志同道合的人在一起。当然，如果夫妻双方能够找到共同感兴趣的活动，他们就可以通过共同的活动建立情感联系。3号夫妻不喜欢刻意的谈情说爱，或者与家人、朋友在一起却无所事事。

双方相处的关键是要相互支持，认可对方的成就，而不是生活在同一屋檐下，却各自做着各自事情，像两条平行线一样。他们的生活可能从表面上看很完美，就像精美的明信片一样，但实际上他们的内心却空洞洞的，感觉不到强烈的情感联系。3号夫妻自己也说，他们的关系可以看上去很棒，但是感觉很空虚。他们可能对某件事情产生兴趣，感到兴奋，但是在需要继续发展时，却变得漠不关心。"又一个挑战？我们有必要再次投入进来吗？"

这些3号夫妇还说，有时候自身情感的麻木，也让他们难以享受自己努力收获的果实。3号总是在忙碌中生活，好像有一股力量催促着他们赶快完成眼前的一切，然后迅速投入到下一项活动、下一个期望、下一阶段的生活中。一切都应该看上去很正常，井井有条，能够产生效果，但久而久之，他们会感到有些东西显然缺失了。这种若有所失的感觉和7号进入中年时经常产生的感觉是一样的。

"我们不是来过这儿吗？我们还要做重复的事情吗？"他们对眼前的一切突然失去了兴趣。

当3号渴望投入到自己的内心，深入到自身情感中时，这实际上说明他们

> 3号在商业的上升期作用突出。他们非常习惯去销售和推销产品，而且往往会对工作注入极大热情。他们能成为企业最好的活广告。他们对于快节奏、快速周转的生意模式有一种自然的亲近感，3号最擅长的领域就是启动具有大量潜在利润的全新项目。

对外在生活已经感到疲惫。各种各样的活动、快节奏的生活、与工作有关的联系，所有这些好像都是不真实的。他们越来越意识到某种东西被丢失了。他们感到自己被剥夺了享受的权利，除非在他们付出的同时他们能感受到随之而生的情感。

两个实干者的情感关系会产生两种可能的结果：一种是3号原有的世界观得到巩固，即感情和完成工作毫无关系；另一种结果是能够让3号受到教育，帮助他们关注自己的内心。

工作伙伴

他们是企业发展期的骨干力量。

但是竞争，却可能让他们走向极端。

3号在商业的上升期作用突出。他们非常习惯去销售和推销产品，而且往往会对工作注入极大热情。他们能成为企业最好的活广告。他们对于快节奏、快速周转的生意模式有一种自然的亲近感，这正是一个处于迅速上升期的企业所需要的。3号最擅长的领域就是启动具有大量潜在利润的全新项目。

当3号面临相互竞争时，困难就出现了。虽然竞争能够激发3号的动力，但在一个鼓励相互竞争的环境里，他们会互相仇视。3号努力工作的目的是为了获得奖励和提升。除了物质奖赏外，他们良好的心理状态也必须建立在胜利者的基础上。他们比其他性格类型的人更在乎工作上的打击。当他们感到工作可能出现危机时，他们会努力保住自己的地位，避免让自己感受到失落者的痛苦。

3号喜欢弃船而逃。他们会私下寻找新的工作机会，然后义无反顾地跳槽。新的客户和其他关系会被他们藏起来，成为他们的个人资源。表面上看，他们若无其事，但实际上他们为了赢得竞争会非常自私，不择手段。他们会打着公司的旗号不断壮大自己的实力。避免此类情况的办法就是给3号一个单独的领域，让他们去负责、去管理，鼓励他们为了公司的效益与他人分享信息，把他们个人职位的提升与集体的胜利或者团队的努力结合在一起。

当目标一致时，两个3号的组合也可以是强强联手，无懈可击。这绝对是其实和人的发展一样，商业发展也会经历不同的阶段，会有迅速发展的阶段，也会有必要的规模收缩阶段。但是3号不管这些，在他们看来，停滞不前或者规模收缩就等于失败和损失。

一个能干而且愿意干的组合，他们会不遗余力地朝目标前进。两个3号总是英雄所见略同，这既是好事，也是坏事。不愿看到怀疑和失败的3号在面对即将来临的困难时往往会改变策略。他们可能选择扭转方向来确保短期的收获，但却对长远结果考虑不周。

3号是姿态鲜明的竞争者，他们需要向前，不断赢得胜利。但是在商业发展的巩固期，他们会感到自己前进的脚步被束缚住了，自己的才能无处施展。其实和人的发展一样，商业发展也会经历不同的阶段，会有迅速发展的阶段，也会有必要的规模收缩阶段。但是3号不管这些，在他们看来，停滞不前或者规模收缩就等于失败和损失。在商业转折期，实干者往往无法发挥优势，因为这时他们不仅要面对矛盾的、甚至不受欢迎的决定，还需要去仔细考虑长远规划。

3号管理者会以身作则，把自己打造成员工学习的楷模。实干者会在自己身上表现出环境特征，他们会模仿工作环境中的榜样。如果领导看重的是合作，3号员工可以成为非常成功的合作伙伴。如果领导看重的是个人成绩，同样的3号员工也可以成为非常强劲的竞争者。

3号员工寻找在事业上获得提升的机会。为了不让他们去打击或利用他人，管理者最好给他们划定清楚的工作范围，规定好奖惩条件。3号在工作中的主观思想是：确保公众对自己的认可，同时在竞争中击败其他员工。在他们工作的环境中，应该把员工的参与放在比竞争更重要的地位上，要注重共同合作的有效性，而不是权力等级和个人力量。

3号性格 vs. 4号性格：实干者 vs. 浪漫主义者

情感伴侣

他们一个追逐实际利益，一个渴望浪漫情感。

爱该如何来表示？是双方要共同探讨的问题。

3号和4号都看重自己的形象和他人对自己的态度。实干者希望因为自己的成就而受到尊敬，浪漫主义者需要让他人觉得自己与众不同、独一无二。这样的夫妇在公共场合通常会表现得很好，他们的生活方式会散发出成功的优雅。

最初的吸引常常是这样的：3号迷恋上4号强烈的内心世界，这和他们自己渴望获得公众认可的感觉十分相似；从4看来，3号见多识广，处事老练，让他们羡慕。进一步相处后，4号发现实干者似乎只关注于自己的工作。哪怕是在他们的二人世界中，3号似乎也放不下工作，这可能让4号感到不满，因为4号渴望亲密联系。但是另一方面，实干者对于工作的关注又会让双方在心理上保持一定距离，这反而能吸引4号。4号伴侣似乎永远也无法从3号那里获得足够的关注，而4号所追求的恰恰是遗失的美好。下面这个例子就说明了这对夫妻在观念上的不同。

梦

（3号丈夫和4号妻子）我和妻子驾车行驶在山路上，落日的余晖包围着我们，感觉好像在天堂一样。周围充满了流动的色彩。我们在山坡上停车走下来，正好可以俯瞰到整个村庄。我们手牵着手，感觉太美了。然后我听见她开始抽泣："再也不会有这么美的时刻了，可惜这一切马上就要结束了。"而这个时候，我的脑海里正琢磨着我们俩应该找份兼职工作，这样我们就可能有钱买下这片山坡。

这对夫妻相处的最大障碍在于4号起伏的情绪和3号压制的情感。这是双方关系中反复出现的主题。4号渴望得到3号关注，但是3号总是在许诺为4号花更多时间后，又难以兑现。4号很难清楚感受到对方承诺过的亲密。失去了亲密感，4号会变得情绪波动或者抱怨指责，或是陷入深深的忧郁中，而这正是3号最不愿看到的。

4号过于看重情感生活，而3号则过分忽视情感生活。如果4号要固执地争夺3号的注意力，而3号为了逃避宁愿把注意力放到其他地方，危机就在所难免。要帮助这对夫妻，双方都应该走入到对方的世界观中。比如，3号应该把他们的精力花在"为我们"工作上。聪明的4号应该学会适应"没有情感"

4号常常会坚持数年，也不愿让自己向更安全的关系或没有灵感的工作妥协。这种对自我表达的坚持正是3号所缺乏的。

的爱情。有时候工作也是一种爱的表示。4号要学会区分为麻木情感而工作和为表达爱意而工作的差异。

3号希望在自己的爱人眼中，他们有一个成功者的形象。4号的不满对他们的自尊是巨大的打击。这时候，3号不应该为了报复而故意贬低4号的情感追求，也不应该抱怨说："我做的一切不都是为了我们俩吗？"他们应该把自己借给4号，满足他们的情感愿望。3号需要学会感受4号的各种情绪，尽管这可能需要用一生的时间。做到了这一点，双方的关系将不仅仅是成功的，还会让内心获得深层的满足。

工作伙伴

差异让他们在工作上既可能相互支持，也可能酝酿灾难。

3号和4号在工作上的合作可以非常出色，因为对工作的关注能够让他们暂时把情感放到一边。3号不断进取的态度能确保他们会源源不断地生产，而4号则会确保他们的产品不仅是成功的，而且是一流的。当4号因为他们特殊的、富有争议性的贡献而被看重，并且在3号的支持下最终获得成功时，双方的合作就得到了最有效的发挥。如果双方都把对方当作竞争对手，情况就没那么好了。他们都想获得认可，他们宁愿斗到两败俱伤，也不愿放弃认输。

3号管理者很会"做秀"。4号员工对此很敏感，他们能够区别哪些事情是真正重要，哪些是哗众取宠。把颁奖晚宴变成和领导照相的机会，4号是不认可的；同样，如果他们没有时间去发泄自己的情感，他们也很难参加日程表上安排好的工作会议。3号管理者总是认为员工们会和自己一样投入到工作中，不会感情用事。但是对于4号，3号管理者应该学会在自己的工作备忘录上用铅笔标注一些关键词，比如"不要吼叫"、"征求许可"等等。

3号喜欢创造性的结果。任何能够提出可行性建议来改进效率或提高产品质量的员工，都会受到3号管理者的鼓励。另外，3号也愿意接触那些坚持做真正的、有意义的工作的人。在3号看来，能够坚持让工作反映自我，而不是改变自我来适应工作的人，是相当勇敢的。4号就是这种人。4号常常会坚持数年，也不愿让自己向更安全的关系或没有灵感的工作妥协。这种对自我表达的坚持正是3号所缺乏的。3号为了获得事业提升，宁愿自己吃苦，去做那些他们根本不愿做的事情。

4号管理者可能不喜欢3号员工过分的争强好胜。如果3号员工能够全力以赴地工作，同时又愿意在个人利益上做出一些让步来讨好领导和同事，双方的合作是最顺利的。

此外，身为权威的4号可能会认为3号很粗鲁。3号可能很聪明，但是他们没有风度。这就好像是一个顶级的时装模特面对一个赶时髦的大学生，双方的距离显而易见。他们怎么这么可笑，怎么这么俗气，怎么这么爱出风头？任何领导者，如果想阻碍一个斩露头角的3号，都要准备好接受对方的反击。3号会把对自己的攻击原封不动地返还给那些精英。

要促进双方的合作，3号需要知道，当4号处于权威位置时，尊重他们的地位很重要。他们需要承认4号的资历，同时还要向大家说明，自己并不是个一心想往上爬的人，自己最关注的还是工作。3号愿意向成功的榜样学习，在接到清晰的指令时，他们也会全力合作。

3号性格 vs. 5号性格：实干者 vs. 观察者

情感伴侣

他们是外向与内向结合的典型。

幸福的生活来自相互适应。

大部分3号性格者都会说自己是外向的，而大部分的5号性格者则属于典型的内向性格者。观察者把对隐私的保护看作最重要的事情，实干者则把走进对方的隐私看作对自己的一种挑战。天性的差异促使3号更加积极地靠近在情感上被动的5号，成为双方关系的控制者。

不论是在爱情，还是在工作中，这两种性格都是常见的组合形式。在最初阶段，都是3号迅速向遥远的5号靠近。3号常常把自己放在追求者的位置上，主动"开启"一段恋情。但是在面对5号时，他们需要保持耐心，最好不要急于求成，要尊重5号为自己划定的界限，不要冒失地闯入5号的空间，而在无意中造成5号的退缩。

观察者一般不用语言来表示自己对他人的好感，他们会与对方分享与自己有关的信息，会把精力放在家庭事务上，会默默陪伴在对方身边。在相互的吸引下，3号会继续主动前进，而5号则用自己的存在来表态。双方在心理上的明显差异会成为双方关系的中心。3号需要社会接触，而5号喜欢私密和可预测性，这些不同的需求必须保持平衡。

最典型的安排是让3号成为这对夫妇的社会秘书。让实干者来处理夫妻俩的电话信息、社会活动，在私下里咨询5号的意见，然后把共同决定公之于众。家庭生活像在同一个舞台上表演的两出戏剧。双方都表示同意，双方都有独立的生活，然后在固定的时间相聚，比如吃饭或者其他家庭活动的时候。

最常见的问题是3号经常不在家，这让5号无法忍受。一旦住在了一起，观察者可能想要限制伴侣在外面的活动。在5号的要求下，实干者通常会减少活动来维持双方的和平关系，但是过一段时间后，又会慢慢增加自己的工作量。这样的危机会反复循环，越来越严重。生气的5号不再对3号给予关怀，也不再出现在他们身边，而3号则把自己包围在工作中，希望困难会自己过去。当3号感受到威胁时，他们通常会更加努力地工作，借此麻痹自己的情感。这样做往往会加深他们与他人之间的隔阂。

3号害怕自己的形象与成就分开；5号害怕自己被他人的需要压垮。他们都不善于甜言蜜语，但是夫妻双方都会愿意为了自己爱的人去做些事情，用行动来表达爱意。3号会"为了我们"而努力工作，5号则会牺牲自己的时间和空间，而且夫妻俩都会愿意参加准备好的活动。5号如果知道将要发生什么，他们会很和蔼；3号则希望通过行动来表达自我。这样的夫妻可能发现，当他们在一起打高尔夫球或者一起骑车郊游时，谈起话来会更加容易。

3号和5号都非常独立，作为夫妻，他们需要在一起协商，想办法让自己适应对方的生活方式。比如，5号可以尝试享受参加社会活动的快乐，而3号也可以让自己敞开心扉，感受5号沉默的爱意。

当这对搭档面对棘手的难题时，他们最好能够把解决问题的过程分为多个阶段，然后通过定期开会来分段处理。这种看似机械的处理方式对于不注重情感而注重方法的人来说十分有效。

工作伙伴

他们是商业合作中最常见的伙伴关系类型。

一个有头脑，一个有能力。

观察者最典型的角色是分析家，他们让实干者去处理公共事务。5号常常会提出最基本的观点和理念，然后由能量充沛的3号把概念扩大，变成可以实际销售的产品。实干者会去负责与外界联系，应付竞争对手，让观察者能够在自己的空间里免受干扰。在双方关系中，3号想要控制可以看见的、与形象有关的内容，这与5号正好相反。5号往往能用想象建立完美的计划，但却无法真正实施。实干者可以成为5号把幻想与现实连接在一起的桥梁，他们能够把5号的计划推向市场。

不过，这对搭档可能并不是解决问题的高手。他们都会推延自己的情感，都会避免冲突，这让他们常常拒绝接受负面事实。3号会去修改负面的信息，来保护自己的公众形象；5号则会对麻烦置之不理。双方都不会立刻表达自己的情感。3号通过工作来推延情感，而5号则需要花很长时间才能弄清楚他们自己的感觉。当这对搭档面对棘手的难题时，他们最好能够把解决问题的过程分为多个阶段，然后通过定期开会来分段处理。这种看似机械的处理方式对于不注重情感而注重方法的人来说十分有效。5号可以有时间去准备每个阶段的会议内容，而3号可以用行动来缓和负面情绪。

3号管理者可能希望内向的5号能够投入更多精力到工作中。

"他们为什么不能更上进？他们的积极性在哪儿？他们怎么老是消失？"

3号需要获得他人认可，但是5号不善于用言语来讨好领导，而且他们喜欢单独工作，这让3号觉得自己的能力被小瞧了。3号觉得自己没有得到应有的尊重，而5号觉得自己在强颜欢笑。5号员工可能不愿完全投入到工作中。3号的工作方式可以让5号感到精疲力尽。

"你做得越多，他们的要求也会得寸进尺。根本没时间停下来。"

5号讨厌被他人利用，他们会选择退缩，收回自己的能量。让5号安心的办法就是制定明确的计划安排，让他们知道要发生什么。5号愿意承担大量工

5号管理者喜欢关起门工作,而3号员工老是找理由去敲门,这会让5号感到很疲惫。5号越是避而不见,3号越想与其接触。

作,只要他们知道工作量到底是多少,他们到底要做多长时间。

同样,作为管理者,5号封闭的性格可能也和3号员工的互动风格不符。最简单的办法就是让实干者负责与人有联系的工作,比如广告或销售。但是这个办法治标不治本,并不能消除3号想要得到权威认可的愿望。3号爱出风头,5号则讨厌被打扰。5号管理者喜欢关起门工作,而3号员工老是找理由去敲门,这会让5号感到很疲惫。5号越是避而不见,3号越想与其接触。

其实在工作岗位上,5号有时也会戴上一个类似3号的面具。他们会摆出一个外向的姿态,并对自己的职业角色进行多次演练。当他们心中有数时,他们会非常自信,而且只要员工关注的是工作,而不是5号本人,5号管理者会愿意为他们付出自己的时间和精力。不过在处理与3号员工的关系时,5号一定要表达清楚。暗示是不起作用的。明确的角色定义和责任期望能够帮助3号放松下来。有了一个清楚的奋斗目标,3号会出色地执行领导者的方案,把5号作为分析家、3号作为执行者的合作优势发挥得淋漓尽致。

3号性格 vs. 6号性格:实干者 vs. 怀疑论者

情感伴侣

他们的结合并不常见。

怀疑是阻碍双方结合的绊脚石,解压是让双方和睦相处的关键。

3号与6号相处是否成功要看能否消除行为与行为焦虑带来的紧张压力。3号是积极追求的人,在情感关系中,他们最害怕的就是停止。让他们停下来谈谈双方的关系,会立刻激发他们对自身价值的怀疑。6号最害怕的就是前进。去迈向成功,去接近快乐,去靠近伴侣都会让他们担忧。

害怕焦虑的感觉,3号会加快动作,而内向的6号却非常想停下来,和对方讨论一下自己的疑虑。如果6号聪明的话,他们最好选择在双方一起活动时,顺便提出有关情感问题的讨论,而不要专门让3号坐下来与他们讨论这个问题。

在情感关系中,这对夫妻正好处于九型人格的中心三角形上。双方的连线表明，3号怀疑他们自己的情感，而6号则感到行动的压力。

3号害怕和一个满腹疑虑的人谈恋爱；6号则对外表和成功充满怀疑。但是在情感关系中，外表和成功正是3号最爱炫耀的、最让他们自我感觉良好的两个方面。当6号陷入困境时，3号会愿意提供帮助。但矛盾的是，当实干者想要鼓励怀疑论者，帮助他们发挥自身潜能时，6号却可能对3号产生怀疑。6号觉得3号是一种压力。公众形象好像是一个陷阱。当你在众人的关注下时，你就可能受到攻击，受到嘲笑。3号的好心常常让6号感到是令人怀疑的圈套，导致6号的行为焦虑更加严重。

3号不应该把成功视为衡量个人成功的唯一标准，他们应该去关注6号的自我怀疑下掩藏的情感。如果实干者对6号的怀疑置之不理，认为那是愚蠢的、不真实的，那正是因为他们无法深入到自己的内心，也认识不到自身的焦虑。

在6号看来，3号的言行经常给人感觉是夸张的、虚伪的。这对夫妻对于成功的看法显然不同。3号觉得行动能给他们带来成就感，而6号则对成功充满了矛盾，他们需要得到不断的肯定，来消除疑虑。6号应该学会把注意力放在眼前的事务上，而不要偏移到内心的怀疑上。如果他们认为3号的表现是虚假的，实际上说明他们自己无法对目标全神贯注。

工作伙伴

他们的理想定位是新鲜想法的设计者和富有创意的推广者。

怀疑论者能够为企业的产品或服务带来创新，但是他们需要花很长时间来构思他们的想法，并且不断调整和修改。如果有反对意见，6号的创新能力会发挥得更好。他们不会急于求成，为了一个无懈可击的构思，他们愿意放弃唾手可得的荣誉。

实干者的才能在于执行，他们能够把一个周全的构思变成现实，他们擅长对概念进行包装和促销。他们对市场有敏锐的判断力，能够抓住公众的兴趣。在平等合作的关系中，6号常常是负责设计和检修的人，他们会推出一个出色的产品，然后由3号负责把产品推向市场。

3号管理者需要尊重6号员工的付出。实干者见到一个好想法会立即扑上去，但常常忽视了这个好想法的贡献者。如果6号的付出没有得到认可，他们会觉得管理者不值得信任，只会逼着他们干活。3号管理者的积极性、远见之明和长期的领导力在6号看来都是自私自利的行为，根本没有考虑员工的利益。

　　6号员工需要及时校正自己对3号管理者意图的怀疑，否则受到威胁的3号会幻想最糟糕的结果。3号管理者必须记得奖励6号，尤其是要夸奖6号的想法。6号非常在意自己的思想贡献，对思想的认可也是他们最看重的。只要能够保证6号得到他们应有的荣誉和位置，他们不会在意3号有多么风光。

　　如果3号忽视了情感，没有意识到自己身上不断上升的投机心理，6号会站在反对者的立场上，号召大家反抗。管理者应该重视这样的迹象，要清楚怀疑论者的不满可能并不仅仅代表他们个人，这很可能是机构内部很大一部分人的想法。3号管理者总是不愿意接受负面的反馈，这只会给员工的不满火上浇油。好在这两种性格的人在九型人格中有一条共同的连线，这说明他们有时候可以相互转换。这时候，3号就应该学习6号的自我怀疑精神，好好审视一下自己的行为动机，看看自己是不是太自以为是了。

　　在3号看来，6号管理者可能会过于谨小慎微，死抠原则。6号害怕失去控制，他们对于任何危险意图都很敏感，这也让他们忽视了内部竞争和个人主动性的积极面。如果自己没有受到重视，3号员工会很快觉察到；如果眼前的工作没有给他们提供发展的空间，他们会立即为自己寻找新的工作机会。实干者喜欢迅速运转和扩张的工作环境，这与6号的谨慎截然相反。怀疑论者可以从九型人格的连线上受到启发，他们需要学习3号表现出来的冒险精神。6号管理者与其用规定来要求员工保持忠心，不如做出一个令3号钦佩的领导榜样。

3号性格 vs. 7号性格：实干者 vs. 享乐主义者

情感伴侣

　　他们是一对能量强烈的组合，能够让生活充满成功的冒险。

他们总是忙碌不停，这让他们对问题往往视而不见。

3号和7号夫妻分享同样的兴趣，3号的目标指向与7号的多种选择十分吻合。只要还有很多活动在等着他们，就不会有人为压抑或无聊发出抱怨。但是这对夫妻可能并没有很多时间在一起，因为他们都太忙了。他们常常是每周向对方汇报一次自己的新闻。要想有更多时间在一起，他们只能缩小自己的兴趣范围，找到一个共同的目标。

双方都可能过于看重两人关系中快乐的成分，而忽视了关系中的缺陷。当你心里在憧憬着十年后的美好生活时，你显然不会有什么兴趣来仔细讨论当下的财政问题或者孩子的教育问题。好高骛远、不在乎眼前实际情况的做法会让生活很快乐，但是这种快乐是不惜成本的。夫妻双方可能都不会向对方讲述自己的困难，很有可能他们自己都没有意识到。危险的信号会迅速传向双方。3号会欺骗自己，告诉自己一切都正常，他们会更努力地工作来摆脱失败。7号逃避痛苦，他们用憧憬未来的方式把痛苦合理化。双方的忽视让问题越来越严重，结果是当"突然发生不可预见"的问题，比如财政危机出现时，夫妻双方都会崩溃。

九型人格中有个笑话说，你一眼就能认出3号和7号，因为他们特别自恋。自恋的一个好处是能够让自己有一个积极正面的形象。你首先要欣赏自己的形象，才能指望别人能够欣赏你的形象。但是这种正面形象也有负面影响，就是让人感觉太做作，不真实。你可能需要花很长时间才能发现自己的问题到底在哪儿。当公众形象受到质疑时，3号和7号都会选择从众人的视线中消失：3号会改变形象，只说出一部分真相；7号会转移选择，把改变合理化。为了不让自己的形象受损，夫妻俩宁愿各做各的事情，也不太愿意结成同盟，共同发展。

当情感不断深入时，双方都会表现出明显的焦虑。3号的不安是因为他们的工作时间在减少，更多时间被投入到了感情上，这让他们压抑的情感开始涌现；7号则害怕失去他们的选择，让自己陷入唯一的承诺中。

成熟的夫妻会面对这样的焦虑而不是用更多的行动来掩盖情感。如果他们那些长相厮守的3号和7号夫妻说，他们在一起时能够产生一种"有价值的快乐"。7号伴侣学会了对目标从一而终，而3号伴侣则在自己的工作取向中发现了快乐。

能够正确处理，3号会发现自己完全可以坚强地克服情感关系中的焦虑，就像克服工作中的困难一样。夫妻双方可以通过设定短期的、具体的、需要情感投入的目标来迈出释放紧张情绪的第一步，比如每周在一起洗一次桑拿浴，或者每周设定两个小时的相互拍照时间。

7号可以给双方的关系带来乐趣。对于追求外在正确而不是感觉正确的3号而言，类似"快乐、选择"这样的概念是对他们固有思想的一种解放。当实干者为了赢得他人认可而努力工作时，他们从不考虑自己的感觉。享乐主义者对个人满意和自由选择的坚持正是3号所缺乏的，这对3号而言实在是老天爷的奖赏。那些长相厮守的3号和7号夫妻说，他们在一起时能够产生一种"有价值的快乐"。7号伴侣学会了对目标从一而终，而3号伴侣则在自己的工作取向中发现了快乐。

工作伙伴

在项目创办之初，他们往往发挥出色。

但他们无法善始善终，在项目完成之前，他们已经分道扬镳。

实干者和享乐主义者是九型人格中的相似类型——他们都会给工作环境带来积极向前的态度，都会通过不断扩大选择范围来保持自己对工作的兴趣。着眼于未来的7号把多样的选择有趣地结合在一起；3号则用他们现有的财产作赌注来争取明天的成功。这两种人都会同时投入到好几个项目中，或者让同一个项目朝多个方向运作。

3号关注的是个人成功，他们为了实现目标甘愿做非常枯燥无聊的工作。工作本身很重要，但是名誉和经济利益更重要。7号在生活中扮演了美食家的角色。他们实力强劲、形象突出，而且常常会与3号一起站在风口浪尖。享乐主义者工作的目的是为了获得冒险的体验，而不是成就感，除此之外，他们在外表上和行动上都很像3号。7号喜欢新鲜的、令人兴奋的工作，他们不喜欢限制他们个人自由的岗位，哪怕是很多人羡慕的领导岗位。7号喜欢能让自己感觉良好的工作，而3号则喜欢能让自己拥有良好外在形象的工作。

3号管理者会错把7号的热情当作他们愿意吃苦耐劳的表现。这两种人都是出色的生产者，但是他们都喜欢找捷径，这很可能让他们把质量控制抛到脑后。3号管理者要的是目标和结果，他们可能因为效率而牺牲质量。作为员工，7号也喜欢找捷径，他们只是为了不让自己感到无聊。7号一般只对具体的工作过程感兴趣，他们不会把时间浪费在介绍、讨论和试验上。

3号是发号施令的人，7号则想要平起平坐。想要扩张的3号会让员工承担更多责任，这正好能让7号发挥合作管理的功能。但是7号往往是3分钟热度，双方最常见的问题就是7号开始对工作感到厌倦，心猿意马，但3号却全然不知，还以为大家都在全力以赴。7号开始向新的方向前进，他们可能根本没有意识到自己违背了领导的命令。为了避免7号心不在焉，当7号负责的工作进入尾声时，管理者最好能够直接监管。7号乐于接受指定的领导，这能让他们吸引更多公众的关注。不过，他们根据领导指示工作的目的还是为了获得自身的自由。

7号管理者在项目进行的初期总是充满灵感，受人欢迎。当项目发展步入正轨后，成功的7号管理者愿意把管理权力授予他人，而让自己成为项目的联系者和推动者。只有在出现急需解决的问题或短期瓶颈时，他们才会重返领导岗位。3号员工是让7号管理者的项目开花结果的理想人选。3号希望从结果中获得满足感，只要7号的决策是具体可行的，3号员工就能把他们的决策付诸实施。

他们最常出现的问题就是因为目标不明确而产生误解。那些不愿放权的7号管理者常常会在项目的实施中留下很多漏洞。他们的决策会经常更新，这让员工很难跟上管理者的思维变化。享乐主义者可能并不会发现，为了让他们的决策能够前后一致，实干者在替他们扮演着管理者的角色，并因此而疲惫不堪。如果领导的表现令人奇怪，或者决策前后矛盾，让人无所适从，3号员工就会站出来填补现实中的权力真空。只要3号能够得到满意的收入和公众的认可，双方的合作会很出色。7号管理者应该给3号安排一个具体的职位和头衔，而不是简单地放权，让员工自己确定要扮演的角色。

当 8 号对双方的关系感到安全，愿意交出控制权时，他们封闭的情感就会被开启。当 3 号能够感到对方爱的是 3 号本人，而不是 3 号的成就或者 3 号的付出时，他们也会敞开情感的大门。

3 号性格 vs. 8 号性格：实干者 vs. 保护者

情感伴侣

他们是九型人格中濒临绝种的夫妻类型。

信任是维系爱情的灵丹妙药。

在情感关系中，3 号和 8 号都愿意成为主动方：8 号想要保护对方，而 3 号想要帮助对方。但是，双方都不善于表达自己的感情：8 号喜欢控制，并拒绝流露出他们的柔情，而 3 号则通过努力工作来麻木自己的情感。

双方都追求个人的权力，他们都不愿在情感上服输。因此，当任何一方面临危险时，双方的情感关系反而可能产生飞跃性的突破。患难现真情，这种情况经常发生。3 号和 8 号的夫妻说，差异性让他们相互吸引。实干者发现 8 号对他们非常忠诚，哪怕是在 3 号遭遇流言蜚语或者公众形象受损的时候。保护者发现 3 号能够在紧急时刻力挽狂澜，这让他们的情绪得到安抚。

相互信任能够增进夫妻的感情。当 3 号和 8 号能够相信自己和对方的能力时，他们的爱情就可能成功。3 号必须学会感激，不要摆出一副自己谁也不靠，一切都靠自己的态度。实际上，恋爱中的 8 号很喜欢表现出给予者的姿态，他们很愿意帮助对方。当保护者强硬的外表被融化后，他们需要得到他人的肯定和关注。

让这对夫妻一起行动很容易，因为他们都喜欢投入到活动中，但是情感领域对于双方来说都是需要探索的全新境地。通过行动建立的联系与通过感觉建立的联系是完全不同的。当 8 号对双方的关系感到安全，愿意交出控制权时，他们封闭的情感就会被开启。当 3 号能够感到对方爱的是 3 号本人，而不是 3 号的成就或者 3 号的付出时，他们也会敞开情感的大门。

工作伙伴

他们具有典型的美国式领导风范。

"我的地盘我做主"是他们的要求。

3 号和 8 号都很激进，很在乎自己的地盘。他们看重的都是结果而不是过

> 当他们结为同盟时，他们是所向披靡的行动组合；如果他们没有站在同一边，激烈的权力斗争将不可避免。

程。当工作被打断时，他们都会暴跳如雷。当他们结为同盟时，他们是所向披靡的行动组合；如果他们没有站在同一边，激烈的权力斗争将不可避免。

  8号的风格是直接的、对抗的。所见即所得。3号的表现更像变色龙。他们改变自己来讨好他人，常常会摇摆不定、见风使舵。8号喜欢打下牢固的基础，然后埋头向目标前进，不管艰难险阻。3号的做法更加巧妙：他们会一边行动一边根据情况修补计划，他们在实践中学习。作为对手，他们会为权力而战。3号认为8号独断专横，而8号则认为3号是骗子。

  双方常见的合作模式是8号作为管理者，3号作为生产部门的负责人。只要3号感到自己的价值得到了重视，他们会很积极地合作。3号希望自己的付出能够得到实在的回报，聪明的管理者应该尊重这种想法，而不要尝试去控制。8号管理者担心自己的权力受到挑战，而实干者的确是对他们的挑战。最好能够制定明确的薪金制度和奖罚体系。3号会响应机构制定的发展机会。他们想要得到一个向上爬的梯子，具体的规定能够把他们的野心指向正确的地方。

  如果3号是管理者，他们要表现出公平。

  因为8号会想："一个变色龙值得信任吗？这个领导对员工忠心吗？"

  "我会不会被出卖？这个管理者诚实吗？我们得看看！"

  8号员工是对权威的挑战。他们可能会煽动工作环境中的不满情绪，那样的话，3号管理者将有一场办公室里的革命需要镇压。问题的关键就是管理的统一性，管理者需要一视同仁，在员工中树立诚信。对于8号来说，如果他们感到不安全，他们肯定是不会付出的。3号管理者需要向8号确保他们的发展前途，因为8号员工需要知道他们在企业的长期规划中占据了什么样的位置。

3号性格 vs. 9号性格：实干者 vs. 调停者

情感伴侣

他们的生活很容易变成一个人的生活。

目标明确是他们前进的动力。

实干者想要打动他们的爱人，而调停者倾向于融合到他人的想法中。这种吸引方式会鼓励3号为自己塑造一个能够打动9号心灵的形象。受到关注的9号会很高兴，会主动支持3号的行动，结果让实干者的个人生活目标成为双方关系的中心。

　　9号总是对自己的生活缺乏目标，他们往往在各种选择面前不知所措，这让他们把更多关注投入到伴侣的生活中。他们从伴侣的生活中受到鼓舞，因为他人的生活似乎远比自己的要丰富。结果就是，9号被他人的兴趣所吸引，有时候会迷恋很长时间。容易被影响的9号可能会把3号的迷人形象套在自己身上，然后自欺欺人地告诉自己："看，我找到了我自己。我终于发现了我想要过的生活。"

　　9号和3号在九型人格中共有一条连线。这条连线说明，调停者会把自己融入到实干者的形象和特征中，借此获得安全。只要3号的目标正好符合9号被忽视的内在需要，这对由3号充当先锋的夫妻就能过得非常充实。

　　这条连线同样说明，当3号无所事事时，他们的感觉会很糟糕。压力中的3号会呈现出9号的特征，他们对目标不确定，找不到方向。夫妻双方都不会喜欢无从选择时那种毫无生气的感觉。调停者害怕失去目标后，自己的精力被消磨殆尽；实干者为了避免这种情况，会迅速为自己寻找其他目标，让自己总是保持忙碌状态。

　　如果找不到目标，9号会陷入一种麻木的状态，似乎每天都在梦游一样。他们情绪低迷，推卸责任，对任何活动都提不起兴趣，这都是他们不高兴的表现。他们可能不会大声拒绝，但是即便他们站在你面前，他们也是无精打采，毫无表情。在这种情况下，不需要太多言语上的争吵，危机就已经出现了。家庭生活还在继续，但是3号忙于各种社会活动，而9号则在家里睡大觉；或者3号辛苦工作时，9号也在忙着自己的事情。双方都不会注意到情感关系的僵局。3号工作是"为了我们大家"，而9号工作是为了麻痹自己的失望和愤怒。

　　久而久之，9号发现自己被拖入到伴侣的日程安排中。

　　"我们怎么走到僵局里的？"

"这是我选择的吗？"

"我真的属于这里吗？"9号会想。

当3号的选择完全主导了夫妻生活时，9号的质疑就变成了一种强迫症。被内心质疑声围绕的9号向自己的压力状态6号性格发展，他们开始怀疑情感关系的真实性，但是又无法找到正确的解决方式。如果9号因为思想上的疑虑而变得寡言少语，3号会感觉自己要疯掉了。当9号退出生活时，3号会采取行动，他们或者把自己埋在工作中，或者投入到新的恋情中，或者主动发起改变。

3号会非常愿意支持"建设性的改变"，尤其是如果他们的支持能够提高夫妻双方成功的可能性。这对夫妻应该明白，并不是9号一个人在寻找自己的生活方向，他们双方都在寻找。但是他们很容易纵容自己，而忘记了寻找；尤其是3号，他们对花时间来质疑自己的投入和存在感到厌烦，他们一天到晚都在做事情。

"当短期目标正在向你招手时，何必要去深挖自己的内心？"

"既然揭开深层动机可能让人痛苦，又何必去做呢？"

关注自身特征对于3号来说特别困难，他们更喜欢像变色龙一样，让自己拥有一个受到肯定的适合形象。尽管双方都期望9号振奋起来，但是为什么会要花那么长时间呢？

在9号寻找自我特征的过程中，一个有趣现象是：当他们发现自我时，他们反而更不愿意放弃自己眼前的生活。他们可能选择保持现状，而不是去改变工作，或者结束恋情。很多人会说，原来自己最想要的生活，就在眼前。

工作伙伴

在工作中，他们都需要向对方学习。

取长补短，才能合作出色。

实干者的活动频率能自动成为整个工作环境的标准。他们能量充沛的形象很适合经商，而9号会特别佩服那些能够在工作中"找到自我"的人。通过把自己融入到3号的积极中，9号也会成为积极进取的人，他们会为了在

9号需要学会区分孰轻孰重，学会面对冲突，学会坚决果断的领导风格。3号则要学会等待，学会重视他人的想法，学会区分行动与需求之间的关系。

规定日期之前完成工作而加快速度，让自己的能量保持在一定水平之上。

9号一般都很喜欢自己在安全状态下的性格特征。这时，不论是外表，还是行动，他们都和3号很像。当然也会有一些不同，比如9号还会继续从各个方面来看一个问题，他们可能还会融入到他人的工作安排中，他们还会继续避免冲突发生。在3号看来，这些特征会影响工作的速度。9号认为了解各方观点能够让大家齐心协力，而3号则会把不同意见看作是影响工作进程的负担。

如果工作进程被打断，3号会暴跳如雷。他们最在意的就是工作能否"继续前进"，在他们眼中，员工只有两种，干活的和不干活的。把那些没有价值的人赶走，让那些干活的人继续前进，这看上去是再正常不过的决定了。愚蠢的3号管理者会以员工对企业的贡献作为对待员工的唯一标准。对于这样的做法，首先感到威胁的就是调停者，因为他们总是想要息事宁人，他们很可能到最后才选择自己的立场。他们会从各个角度来看待问题，但是如果他们决定融入到反对者的队伍中，他们会用间接的方式表达对领导者的不满。不论怎样，管理者想要的就是无法实现。

9号管理者的犹豫不决也可能让3号员工感到威胁，因为3号是受目标引导的行动者。3号对于广泛的研究和探索尤其缺乏耐心。好像那些数据收集工作永远也做不完，根本不会对决策制定有什么帮助。太多的信息让3号无法承受，他们不愿去考虑各种结果，尤其是负面结果。双方关注方式的不同会导致3号员工急于要获得结论，而9号管理者还在继续研究证据。

第三方的参与将非常有助于平衡双方的差异。当9号面对一个安全的听众而不是自己的反对者时，他们可以轻松说出自己的想法。3号也愿意把问题说出来，只要他们能够知道一个明确的解决日期。双方都应该看到对方身上的优点，看到对方处理问题的策略有哪些积极面。9号需要学会区分孰轻孰重，学会面对冲突，学会坚决果断的领导风格。3号则要学会等待，学会重视他人的想法，学会区分行动与需求之间的关系。

毫无疑问，在两个 4 号情侣的生活中，抱怨是少不了的。双方都会抱怨，都会把对方视作痛苦的根源。

4 号性格 vs. 4 号性格：浪漫主义者 vs. 浪漫主义者

情感伴侣

他们同样属于九型人格中的濒危情侣。

他们往往能成为最好的朋友，而不是亲密的爱人。

尽管浪漫主义者喜欢在一起，但共同的兴趣爱好总是让他们往挚友的方向发展。4 号会一起去听歌剧，一起参加保护儿童权益的游行，一起慢跑并谈论双方的关系。他们一起哭，一起笑，总能在争吵之后一笑了之。他们相互视为知己，能够坦诚相见。他们相互的坦诚是爱人关系也无法达到的，因为 4 号认为在爱人面前暴露缺点会遭到抛弃，但是在最好的朋友面前，他们无所顾忌。

两个 4 号性格者绝对会因为共同的审美观、温柔态度和强烈的情感表达而相互吸引。他们的关系往往包括了悲欢离合等各色情感。如果没有失去快乐的痛苦，怎么能够体验拥有快乐的幸福？

在他们眼中，只有完美的爱情，这是他们追寻的目标。相比之下，那些简单的爱情毫无价值，虚伪不堪。"真正的情感"是一种艺术成就。"其他夫妻的追求怎么这么少？他们的魔法力量在哪儿？我们不能那样。"有时候，4 号完全无法控制自己，因为他们太在乎自身的感觉了。他们可能知道自己过于追求完美，但是如果怀疑自己对爱的追求，就好像贬低了爱的价值。

浪漫主义者需要回到现实中；亲密的关系并不等于永远的幸福。心醉神迷的时刻毕竟是少数的瞬间；如果要求太多，只会一无所获。4 号总是觉得自己的快乐不够完美，他们因此走上歧途。房子似乎永远不够大，伴侣似乎永远不够好，工资似乎永远不够多，咖啡似乎永远不够甜。情感关系可以成为 4 号内心不满的根源。他们可能长期对伴侣不满意，认为对方需要改变。

"我无法离开你，也无法允许你离开。但是如果你足够好，我的感觉就不是现在这样。所以，你是我的痛苦之源。"

毫无疑问，在两个 4 号情侣的生活中，抱怨是少不了的。双方都会抱怨，都会把对方视作痛苦的根源。每个人都想要一个完美的爱人，但是他们恰恰都从积极的方面来说，这对夫妻爱情的火焰可能会燃烧一生一世。

很清楚，自己并非完美无瑕。双方都会抱怨对方的不完美，但是如果他们自己的缺陷被曝光，他们都会逃走，夫妻俩都会向九型人格中的1号——完美主义者靠近。如果他们的亲密关系降到了冰点，他们都会表现出安全状态的消极特征。追求完美的4号可能会互相攻击。双方都认为："我受到了伤害，这是你的责任。"但这种想法的潜意识是因为他们害怕遭到抛弃。"我感到可能会被抛弃，因为我有缺点。为了保护我自己，我得先发制人。"

从积极的方面来说，这对夫妻爱情的火焰可能会燃烧一生一世。当我们和自己的爱人分开时，我们都会产生浓浓的思念；而浪漫主义者不论爱人是否在身边，都始终保持着这种相思之情。一旦纠缠在了一起，4号的情感就会永远和对方连在一起。尽管要处理情感关系中的各种问题是一个漫长的过程，但4号还是愿意用温柔的泪水和甜蜜的亲吻来表达他们的爱意，来慢慢修缮和双方的关系，直至完美。

工作伙伴

悲情不是他们在工作中的表现，他们可以很成功。

但他们也可能在看到曙光的前夕，把一切毁于一旦。

4号常常会去追求成功，因为他们认为优异的表现能够驱除忧愁。不仅如此，4号需要确凿的证据来证明他们的实力，被他人视为成功者能够极大地安慰他们内心的自卑感。那些习惯向两翼性格中的3号靠拢的4号，尤其能表现出竞争性。他们会积极与对手对抗，这一品质在美国的生意场上是十分注重的。所有的4号性格者都为自己的成就戴上独一无二的光环，即便是属于自卑性格的4号也会有这样的想法："如果他们能做，我也能做。他们有什么是我没有的吗？"

我们大部分人在工作时都会把情感放在一边，我们也不会太在意周围人的情感，所以浪漫主义者在工作环境中往往很难被发现。如果在团队建设活动中，某个浪漫主义者表明了自己的身份，往往会引来周围人惊诧的目光。"你？你就是所谓的浪漫主义者？我根本没想到！"

大部分4号性格者都会在对成功的渴望和兴趣的失落之间徘徊。面对挑

> 4号应该学会在公平、公正的工作环境里工作，不要拉帮结派，也不要任人唯亲。

战，他们往往兴高采烈；但是一旦工作进入常规，失望情绪就开始在他们身体中蔓延。突然间，自己的努力好像完全是徒劳，每一天都是平淡无奇的。当发现有那么多东西都失去了以后，再付出努力似乎已经不值得。浪漫主义者可以在已经看到成功的曙光时，把自己的收获毁于一旦。那些倾向于向两翼性格中的5号靠近的4号，以及那些潜在性格以羞愧为特征的4号，尤其害怕在公众面前曝光；被大家看见没什么好事，只可能遭到当众侮辱。

成功意味着厌倦和恢复平常的恐惧。要改变4号的想法，需要一点神奇的力量，让他们抛开所有担忧。作为管理者的4号要学会在4号员工开始破坏自己的工作成果之前及时介入。在领导的监督之下，机敏的4号员工就会把注意力放到工作细节上，不再去胡思乱想。两个4号构成的工作环境可能是非常动荡的：没有验证过的想法、过于遥远的目标、不稳定的情绪……如果没有竞争，两个4号也可以发挥出色，但前提是双方都必须得到特别关注，否则合作就会变成嫉妒和恶意攻击。

4号管理者有他们自己的管理风格。他们喜欢创新，而不是随大流。但是他们可能把情感冲动与真正的创新混为一谈。4号会忘记对自己的直觉进行研究论证，想到什么就马上去做了。他们还喜欢建立自己的小团体——有些员工是自己喜欢的，有些不是。两个4号的合作往往纠缠不清：在面对危机时，他们能够齐心协力；一旦风平浪静了，他们就失去了合作的兴趣。而且4号建立的内部人小团体会导致不健康竞争；当工作环境过分突出个人表现和个人受重视程度时，员工们一定会相互敌视。作为员工，4号如果得不到领导青睐，他们就会很痛苦。为了获得关注，4号员工可能会在办公室里煽风点火，制造混乱状态。

4号应该学会在公平、公正的工作环境里工作，不要拉帮结派，也不要任人唯亲。

4号性格 vs. 5号性格：浪漫主义者 vs. 观察者

情感伴侣

他们像黑暗中交错而过的两条船，感觉不到对方的存在。

但是随着时间的推移，他们有可能越来越像。

5号和4号都喜欢把自己关在内心世界里，但是他们内心世界的关注点是不一样的。5号可以生活在一个充满抽象智慧的世界里，精神上的想象能够让他们完全忘记与情感有关的内容；4号则会对于情感波动格外敏感。头脑和心灵是完全不同的感知器官，这会让5号和4号在表达爱意时出现偏差，产生误解。浪漫主义者可能会想："我的爱人没有用心。"观察者则觉得："我心里装的都是我的爱人。"

除了双方身上明显的差异以外，这两种人也有不少相似之处。他们的世界观都充满各种意义和符号的解读。双方都认为在事情的表面之下还隐藏着深层的含义和规则，而且他们相信这些隐含的意义是可以被联系在一起的。他们都认为真正的生活隐藏在虚假的外表之下，但这并不意味着他们就是神奇的思想家，他们只是生活在自己的思想世界中，而他们的思想正好不同于社会的主流思想。

在一起相处的时间越长，这对夫妻的表现就越相似。4号对自我形象的唯美要求会和5号的观察力结合在一起，从而产生一种唯美的距离。他们用充满象征意义的生活方式来相互表达情感。为秋天的花园商量一个主色调，可能是在表示："等到花开的时候，我们就能一起坐在花园里。"每天早上为对方沏一杯茶也是他们温柔的表示。当然，还有另一种可能，就是夫妻双方沉浸在各自的内心世界中，觉得没什么必要进行交流。

界限问题常常是矛盾的导火索。5号总是在积蓄自己的能量，他们会控制与他人相处的时间，以此来保护自己。浪漫主义者则恰恰相反，他们需要大量关注，渴望亲密感觉。最糟糕的情况是，5号把自己关在房间里聚精会神地学习，把4号一个人丢在卧室的床上。观察者能够轻松找到各种借口来阻断自己与他人的联系。4号抱怨越多，5号就越想回避，他们认为："那是你对我们之间的关系的看法，不是我的。"

如果任何一方能够找到一种沟通的方式，情况就会好得多，这也是为什么在一起越久，就会越相像。双方都会为了适应对方而调整自己的表达方式：观察者需要了解自己的情感，浪漫主义者则需要学会克制自己的情感。这两个，一个是九型人格中最内向的性格类型，一个是最情绪化的性格类型，他们需要相互平衡，取长补短，因为他们各自都有让对方学习的品质。这是一对能够在中间地带找到共同点，并相互指导的夫妻。

通常，4号都会陷入中间距离的爱情中——既不会遥远到被抛弃，又不会亲近到被发现缺点。观察者被这种情感距离所吸引，双方都有一种在中点相聚的冲动。

作为抽象的思考者，5号应该学会体会自己的内心。人与人之间的联系并不是完全没有必要的，有时候这种感觉还能帮助他们发现许多神秘知识的关键内容。在情感关系中，如果他们找到了打开心房的钥匙，相关知识宝库的大门就会被推开。对4号来说，他们应该学会调整自己对爱的嫉妒心，要知道5号常常会脱离自身的情感。

工作伙伴

在工作中，他们一个需要少一点情感，多一点理性；另一个需要少一点理性，多一点情感。

观察者在工作时往往不会像情感关系中那么封闭，他们能够更自如地表达自我。他们会被一个能够发展他们想象力的事业或商业冒险所吸引，当他们的关注点是工作而不是他们自己时，他们可以是充满感情的。观察者的积极表现能够增强浪漫主义者的信心，推动双方向前发展。

作为管理者，5号在规定的安排内工作：准备好的计划、定好时间的会议、预先安排的电话。他们的员工需要准备好替5号去面对冲突，成为保护5号的屏障。一旦5号全神贯注于某项工作，他们很难转移注意力，保护私人空间成了他们最重要的指令。只要4号属于管理层内部的重要人物，他们会很愿意来管理办公室。当然，他们的管理风格会具有明显的4号特征。他们最在意外表和环境，所以5号管理者最好让浪漫主义者去负责产品的包装问题或者企业的公共形象。

如果5号是通过中间人或者撰写公文的方式来与4号联系，4号会感到自己被忽视了。没有被重视的4号反应会很强烈。比较严重的结果是被忽视的4

号为了获得关注，在工作中闷闷不乐，或者故意疏忽犯错，来引发冲突。面对这种情况，5号管理者可能更想解雇4号，而不是与对方协商，这又让浪漫主义者火上浇油，会强迫观察者进行面对面的对峙。

如果任何一方能够表明自己的想法，这种僵局就可以缓解。4号想要得到个人认可，5号想在不必抛头露面的情况下保持整个机构的工作效率。4号员工需要摆脱他们的情感，而5号管理者则需要放弃一点理性。如果5号能够鼓励大家都参加讨论，而4号能够提出明确可行的建议，情况会好很多。

4号如果是管理者，会发现自己能够获得5号员工的大力支持。双方都想建立私下的关系，一个特殊的项目就可能把他们联系在一起。观察者会在一个非常专业的领域中闪闪发光，而浪漫主义者需要让5号提供长久稳定的理论支持。

如果遇到困难，5号员工可能选择退缩，躲在自己的智慧后面，而不是面对困难，迎头而上。痛苦的5号可以什么都不做就控制一切。除非你一字不差地问出了正确的问题，否则你不会得到你想要的答案。当5号员工开始封闭信息时，所有负担都落在了管理者身上。退缩的5号不再与管理者交流，也不再撰写报告。作为员工，他们会选择一个适合的形象装扮自己，让愤怒的4号无法挑出他们的毛病。

如果被逼急了，5号会无所顾忌地把自己的想法全部说出来，根本不去考虑是否会伤害到他人。如果4号为了报复而贬低5号的智力水平和专业成就，双方的冲突就可能一发而不可收。浪漫主义者会因为自己的缺陷曝光而感到羞愧，而观察者同样会因为自己的智慧贡献遭到质疑而感到伤害。好在双方都不是特别记仇的人，要避免两败俱伤的局面，双方就该利用自己能够抛开过去恩怨、重新开始的特性。只要5号能让自己的智慧得到认可，4号能保证自己获得特别的关注，一切冲突都可以烟消云散。

4号性格 vs. 6号性格：浪漫主义者 vs. 怀疑论者

情感伴侣

自身的矛盾让他们分分合合。

如果能够换一个角度思考问题，就有可能拨云见日。

这对夫妻经常在对方身上发现与自己相似的特征。比如，浪漫主义者可以和6号一样害怕，而怀疑论者也能让自己陷入4号经常表现出来的痛苦中。双方的共性会让他们的关系更加牢固。因为在悲伤的时候他们会并肩站在一起，所以他们也能分享情感胜利的喜悦。

这对夫妻拥有相似的世界观，但是他们背后的动机并不相同。害怕和悲伤是他们的共同特征，但是他们害怕和悲伤的原因各不相同。怀疑论者认为自己是被排斥、被压迫的人，他们害怕遭到迫害；浪漫主义者则害怕遭到误解和抛弃。双方因为相似的命运走到一起，他们同样分享着一股涌动的创造力，这股力量能让他们抛开压力，令人刮目相看。

双方都对自己寄予了厚望。他们可能都觉得自己是与众不同的，因此更想让自己在思想或行为上有所突破。他们都愿意保护对方；他们关心对方的方式就是共同经历风雨。4号关注于那些正在体验深层情感的人，而6号则会非常支持被压迫者的事业。

从积极的方面来看，夫妻双方都能够看到对方的脆弱，并给予支持的力量，尤其是当他们看到了人性的美好时。但是从不好的方面来看，他们自身的脆弱也可能让他们不去作为。在糟糕的情况下，双方都会因为缺乏自信心而抱怨对方。浪漫主义者会想："如果我有一个更好的伴侣，我会感觉更好。"怀疑论者会时常失去信心，并问自己："我明明爱着我的伴侣，却又充满怀疑，那这还是爱吗？"在一段时间的僵持后，双方都想向对方证明自己，但是谁也不愿主动向前。

4号和6号夫妻经常说他们是分了又合，合了又分，因为他们常常因为相互抱怨而失去对对方的信任。4号如果遭到批评，或者发现自己的缺陷被曝光，会痛苦挣扎；6号需要得到坚定不移的支持，即使是在他们失败的时候。如果双方都陷入到对最坏可能的设想中，危机就在所难免。与其拼命在一起，还不如自己一个人。浪漫主义者在危机中变得矛盾，他们拒绝承认自己的缺陷，并想通过批评他人来洗脱自己的罪名。同样矛盾的还有6号，他们急于把

一个有用的做法就是其中一方能够主动放弃自己的成见，重申他们共同的承诺。

对方推开，所以只要是伴侣认为重要的，他们都会反对。

一个有用的做法就是其中一方能够主动放弃自己的成见，重申他们共同的承诺。

"现在是我们的困难期；但是你要记住，我们答应要在一起的，哪怕改变自己。"

这样的提醒很有用。友好公平的原则在冲突中很重要，因为双方在受到攻击时都会选择退出。在分手的过程中，浪漫主义者会发现双方的感情正在消失，他们会看到这段感情美好的一面，并想让怀疑论者回心转意；但是6号对于违背过的诺言很难再相信，他们并不会积极地想要复合。

如果双方都能看到自己在面对亲密关系时的矛盾性，问题就可以解决。4号又想得到爱，又想要拒绝对方；6号则在信任与怀疑之间徘徊。如果其中的任何一方能够看到这两种态度之间的相似性，矛盾就能有所突破。这种洞察能够让他们相互同情，因为所有这些心思的改变实际上都是为了保护自己。向爱屈服看上去太可怕了；拒绝可能感觉更安全些。

工作伙伴

他们可以在相互信任的情况下共同前进，也可以在个性挣扎中分道扬镳。

这两种人都喜欢幻想最糟糕的情况，这反而能够促使这对伙伴付出行动。对于不计后果的4号和反恐惧症型的6号来说，危险能激发他们竞争的动力。这些人在危险的冒险中，反而能够感到创造性的活力。

但是在4-6结合的另一端，羞愧的4号和恐惧症型的6号则会在工作中小心翼翼。这些人十分在意工作环境中的权力等级结构。他们想要找到一把庇护伞，让自己不必被曝光，也不必加入到公开的竞争中。

4号管理者需要有一个有效的公共形象。赞美他们的工作能力还远远不够；他们需要得到个人的认可，比如："我是与众不同的。"6号员工一般很愿意支持他们信任的权威，不管对方如何特殊。只要管理是符合规则的，6号会很听话，但是当权威把自己放在高于规则的位置上时，6号就开始担心了。6号员工不信任那些高高在上的管理者。4号管理者应该经常出现在员工面前，其实冲突并不可怕，双方都应该去关注冲突带来的积极结果。

而不是把自己和员工脱离开。4号管理者还应该尽量在6号员工面前保持稳定的形象，不要不容分说地就改变政策。喜欢怀疑的6号员工会从各种蛛丝马迹中寻找隐藏的意图和原因。只有平易近人、不具威胁性的管理者才不至于让6号疑神疑鬼。

　　一个在痛苦中挣扎的6号员工会引来4号管理者的关注，尤其是当对方需要拯救时，因为4号可以拯救一个未被发现的天才。4号管理者经常愿意去鼓励那些身陷困境中的人，这种以人为本的工作环境恰恰能够帮助胆小的人走向成功。

　　作为管理者，6号不得不控制他们的疑心。6号管理者喜欢认为是自己导致了员工的不满，或者更糟糕的情况是，他们开始觉得自己成了大家攻击的对象。怀疑论者过于在意那些细微的争论或冲突。他们想要扼杀一切可能引发不满情绪的苗头。如果浪漫主义者要想帮助自己的领导，就要对6号管理者尽量坦诚。

　　4号员工总是急于想指出问题，而6号管理者则害怕问题导致冲突。双方应该注意到各自在面对危机时的差异表现。4号在危机中可能感觉非常自然，他们愿意体验正常被破坏后所产生的真实情感。6号则恰恰相反，他们对冲突的反应过于敏感，并可能因此把4号当作怪人，认为他们对公司的整体利益造成了威胁。浪漫主义者不会害怕危机爆发，他们往往能在危机中找到答案，但是怀疑论者会全力制止危机爆发，并疯狂寻找可行的解决方法。其实冲突并不可怕，双方都应该去关注冲突带来的积极结果。

4号性格 vs. 7号性格：浪漫主义者 vs. 享乐主义者

情感伴侣

这是悲观与乐观的结合。

选择悲伤，还是快乐，是他们面临的问题。

这又是一对在九型人格中因为差异而相互吸引的情侣。这种类型很多，7号的多种选择和4号的深层情感承诺往往会因为双方的结合而达到平衡。4号通过感觉来体验世界，而7号主要是通过思想。他们都有与对方分享的快乐——心灵上的和思想上的——这既可能让他们因为互补性而结成真正的同盟，也可能导致相互疏远。

这对夫妻能够看到对方身上的独特性。这让4号感到自己是特殊的，而7号则更加自信。他们能够支持对方的独特天赋，当然也可能在无形中对双方的结合寄予过高期望。令人奇怪的是，享乐主义者并不是关注情感的人，但这恰恰吸引了浪漫主义者，因为4号关注遗失的美好。4号总是渴望获得更好的情感关系，哪怕现在的关系已经很好，他们也不会知足。他们觉得去追寻失去的事物是一种挑战，这样的挑战让他们感到甜蜜。双方都追求刺激，经常是7号关注于自己参与的事件，而4号则关注7号。

享乐主义者天生的乐观态度能够阻止4号天生的忧伤。浪漫主义者虽然很渴望对方能够与自己在情感上相通，但是他们会十分佩服那些不受他们影响的人。浪漫主义者爱玩的"吸引－拒绝"游戏在7号身上往往不起作用，他们对爱情忽冷忽热的态度很难打动7号，这反而让4号对7号更感兴趣。

这对夫妻要面对的问题之一就是7号无法容忍负面情绪。享乐主义者很难集中精力面对困难；其他的计划和可能在呼唤他们，带走了他们的注意力。正面情绪才是他们想要的。只要7号不会走得太远，浪漫主义者一般不会抱怨7号广泛的兴趣和快速的生活节奏。夫妻俩会一起在刺激性的想法和行为中找到快乐。参加活动能够自动取代忧郁的情绪，这不需要太多言语，就能让4号的情绪保持稳定。但7号身上依然有一点是全世界的浪漫主义者都难以认可的，那就是7号无法忍受痛苦。

"为什么你离开仅仅是因为我的悲伤？当我们需要交谈时，你去哪儿了？"

双方在如何面对深层情感的问题上争论不休。4号认为讨论负面情绪是非常重要的，而7号认为负面情绪完全是浪费时间。双方都可能感觉被对方所控制。4号因为要控制自己的情绪而不满，而7号则害怕陷入到情绪的漩涡中。浪漫主义者会花相当多的时间来劝说享乐主义者，让他们学会去感觉而不是思考，但是享乐主义者会以一种非常迷人的方式回绝说："我可以有完全的、深层的感觉，只不过很短。"7号需要相信，情感也是值得付出的。他们总是喜欢全新的冒险，喜欢用乐观情绪尝试一切，但是让他们去深入体验，他们就觉得陷入了泥潭，害怕被限制束缚住。

最糟糕的情况是4号抱怨7号缺乏情感，而7号则感到被4号的情感需求所拖累。随着时间的积累，当双方都走向成熟时，4号的深层情感会引起7号的关注，同时7号会帮助浪漫主义者走出忧郁。当情感变得"有趣"时，7号也会认真考虑感受负面情绪的价值。

当这对夫妻发生争吵时，朋友和见证人常常会被邀请扮演顾问的角色。这对夫妻的追求方向完全不同，似乎他们中间只可能有一个人是正确的，但是局外人往往很难判断孰是孰非。

4号应该学会区分哪些需要是可以解决问题的，哪些需要只是为了让自己感到舒服，却可能引发问题的。7号需要真诚与4号进行沟通，而不是一味地表现出厌烦、疲惫或者拒绝。7号需要花时间去处理自己的感情，而4号需要知道过多的感情有可能影响双方的交流。

工作伙伴

他们的世界观迥异，却能在工作中有效结合。

双方都会被对方的独特性所感染，但他们需要脚踏实地，才能让工作善始善终。

当7号看到杯子里的半杯水时，4号看到的是空了一半的杯子。他们一个能看到各种可能，另一个能发现缺失的事物，这样的认知结合在一起能够把他们指向全新的方向。双方似乎都相信，他们在一起能够创造出前所未有的成绩。正是他们的差异提升了他们的效率，7号拒绝与毫无出路的可能联系在一起，这促使他们行动起来，去寻找新的选择；4号强调的是形式和外表，不喜欢因为太多计划而失去目标。

只要预定的结果能够实现，4号管理者会很乐意与具有远见的7号员工一起工作。这两种性格都容易被迷人的外表所吸引，4号为了不让7号吃苦，很可能给7号分配一些特殊性质的工作，这在无形中疏远了其他员工。4号管理者也可能受不了7号的聪明头脑,他们不知道哪些是可行的方案,哪些仅仅是7号的小聪明。这两种人都喜欢非同寻常的可能,但是好的开端往往需要脚踏实地地工作,日复一日的重复会让他们感到疲倦。在面对困难时,他们能够走得更近,但他们同样也背负着喜欢在最后阶段撂挑子的恶名。

当目标开始变成现实,4号管理者往往就失去了兴趣,而且可能不再优先关注应该做的事情。这种转移十分符合7号员工不断变化的可能,但是最终还是会产生困惑。浪漫主义者会面临混乱的局面,但是他们往往有在最后一刻力挽狂澜的能力;而享乐主义者会给自己的错误找到合理的借口。7号员工相信自己的合理性,会把责任推到管理者身上。

4号管理者逐渐感到7号对自己的不恭,并把7号从喜欢的人中驱逐出去。但这并不意味着双方的关系已经走到了尽头。7号可能会突然消失得无影无踪,但是当一切冲突迹象都不见以后,他们还可能重新返回。当7号回来时,其他员工会再度产生不满:为什么老板总是对7号这么有兴趣?特别是当7号消失时,其他员工都依然卖力工作的话,这种情绪会更加明显。要避免这种情况,4号必须愿意建立完全专业化的标准,这些标准必须是管理者和员工都要遵守的。规则和期限都必须非常清楚,这样就能防止4号管理者让自己脱离规则限制,与逃脱限制的7号员工串通在一起。

7号通常是非常出色的鼓动者,但是作为日常管理者他们表现令人奇怪。他们喜欢计划,然后把执行计划的权力交给他人,因此享乐主义者可以成为项目的发起人,然后让浪漫主义者来替他们完成后面的工作。这对搭档的优点在于:7号相信好的创意一定能够实现,而4号同样坚信找到缺失,才能让计划成功。两个人的不同想法会成为双方工作的动力。要获得4号员工的支持,关键就是要让他们感受到圈内人的亲近氛围。4号员工需要感到自己是特别的,但是7号管理者往往忽视了对员工的关注。7号管理者必须牢记与员工建立个人联系,否则4号员工一旦感到自己被忽视了,就对办公室里的一切工作都撒手不管了。7号管理者最好能够制定出一系列的命令,这样他们就有更多自由时间可以支配。浪漫主义者很高兴被委以重任,尤其是圈内人才能承担的重

> 当浪漫主义者的戏剧性与保护者对生活的欲望结合在一起时，就像是性、毒品和摇滚乐的结合，这样说既是一种比喻，也可能是完全真实的，因为这种关系的强烈度可能通过任何一种生活方式表现出来。

任；当管理者不在时，他们是理想的代表人选。

4 号性格 vs. 8 号性格：浪漫主义者 vs. 保护者

情感伴侣

他们是贵族与平民的结合。

爱情生活就如同一部惊险刺激的好莱坞大片。

4 号和 8 号是一对关系激烈的情侣。和优雅、成熟的浪漫主义者相比，8 号感到自己是粗鲁、生硬的。但是对 4 号来说，狂妄不知羞耻的 8 号对他们有一种致命的吸引力。当浪漫主义者的戏剧性与保护者对生活的欲望结合在一起时，就像是性、毒品和摇滚乐的结合，这样说既是一种比喻，也可能是完全真实的，因为这种关系的强烈度可能通过任何一种生活方式表现出来。

　一对 4 号和 8 号夫妻这样比喻他们 20 多年来的生活："持续不断的暴风骤雨。你无时无刻不被这种力量震撼着。我们搬家的足迹遍及全国，我们养育了 5 个孩子，非常努力地工作，经历了成千上万次激烈冲突。"

4 号要求伴侣提供完整的情感，而 8 号喜欢遇到强烈的能量。他们都很欣赏对方不愿被约束的倾向，因此很可能结合在一起反对社会规则。双方都不愿过无聊的生活，这促使他们更加强烈地表达情感：8 号会咄咄逼人，要求苛刻；4 号的举动也会出人意料，而且他们愿意承受痛苦。

因为欣赏浪漫主义者的个人风格，8 号也会关注品味和外形，但实际上他们最吸引 4 号的地方，正是他们的朴实无华、我行我素。4 号还非常欣赏保护者直白的情感立场，认为这才是"真实的"或者"原始的"情感。4 号会把他们自己隐藏在一个光鲜靓丽的外表之下，但是 8 号从不浪费时间去担心他人的想法，他们的表现是自然流露。你看到什么，就是什么。

浪漫主义者认为，8 号愿意接受攻击、坚持自身立场的做法更加证实了他们情感的真实性。8 号伴侣一般不会陷入像 4 号那样的忧郁中，当 4 号对爱情的态度忽冷忽热时，8 号会始终坚持他们自己的立场。当浪漫主义者想把保护者推开时，8 号不会后退；当浪漫主义者想诱惑对方靠近时，8 号也往往会看穿对方的企图。

　　双方的关系有好几处自然融合的地方，能够不用改变自己，就能帮助对方。比如，当4号情绪不错时，8号会很高兴他们陪伴在身边；但是当4号陷入忧郁中时，8号就会想要离开。不高兴的保护者会离开哭泣的4号，到其他地方去寻找乐趣。被误解的4号会因为8号的忽视而怒火中烧，这样的怒火可能正好有助于他们摆脱低迷的情绪。如果忧郁是因为内心压抑的怒火，那么8号是帮助4号把怒火直接发泄出来的理想伴侣。8号不喜欢自我陶醉的情感戏剧，他们会发动一场争吵来宣泄真实的情感。从长远角度来看，这样的冲突反而能够促使夫妻双方走得更近。

　　如果任何一方能够意识到这一点，双方的僵局就能很快化解。另外，这两种人都追求电闪雷鸣的刺激生活，如果一方产生了某种强烈的个人兴趣，另一方也会大力支持。因此，4号应该把注意力放在能让8号支持的项目上，而不要刻意追求8号的关注。保护者愿意帮助他人去完成计划；另一方面，当他们看到浪漫主义者复杂的内心世界时，他们也会受益匪浅。当8号开始意识到投入到自身情感中的价值时，这对夫妻就在向精神的真实本质靠近。4号的丰富情感和8号的直截了当能让这对夫妻长期相互吸引。

工作伙伴

　　他们都是规则的破坏者。

　　信任是双方合作的基石。

　　这两种人都认为自己是不受规则限制的。他们都有一个超越道德的标签：那些有用的规则是不适用于4号的，因为他们与众不同，能够超越法律约束；同样也不适用于8号，因为他们认为自己比法律更强大。当双方都把关注点放在工作上时，他们是无懈可击的工作伙伴。

　　他们也有不一样的地方：8号不喜欢把精力浪费在个人爱好上，而4号会因为情绪问题而失去关注点。竞争是关键问题，竞争既可以让双方的合作更具建设性，也可能加深相互之间的不信任。4号需要特殊的地位来掩盖他们内心的自卑感，但是他们同样非常具有创新性，而且能够关注他人的情感需求。8

号在任何合作关系中都有争强好胜的表现，尤其是在领导权的竞争上，但他们同样拥有坚定的意志和决心，这是任何一个成功的企业都需要的。

　　双方需要诚实以对。这两种人都想获得领导地位，谁也不会向谁屈服。但是当双方都明了对方的意图时，他们之间是可以建立信任的。8号希望能知道将要发生什么，而不是盲目服从，而且他们尊敬出色的竞争对手。4号希望因为他们的特殊贡献而得到认可，而且他们愿意加入到能够发挥自身创造才干的合作关系中。4号并不是只能做诗人才能表现出他们的浪漫性，他们同样可以是科学家、牛仔、医生或者喜欢自我表现的图书管理员。不论从事哪一种职业，4号都想要做出独特贡献，用从来没有的方式来获得成功。如果强大的8号能够支持4号的独特想法，4号就会毫无保留地投入到合作中。

　　一种成功的合作模式是4号管理者启动一个具有创新性的大胆计划，然后8号员工带领大家完成这个计划。当他们相互信任时，不需要太多讨论就能各自找到适合自己做的事情。作为管理者，4号可以想象和激励，但是他们对于实施一个想法的具体工作可能并不感兴趣。8号一旦开始行动，就会是兢兢业业的员工，但是如果他们行动的基础受到威胁，他们会反应强烈。所以，一旦事情都进入正规，就不要再改变规则，让8号感到厌烦。8号反对改变原有的策略，除非他们能够理解管理者的观点。他们可能会有意停止工作，跑到管理者的办公桌前质问对方，而4号会认为这是对其个人的侮辱。4号管理者应该让员工有表达意见的机会和渠道，哪怕感觉好像受到了员工的侮辱。敏感的浪漫主义者需要了解8号员工之所以会表现出攻击性，正是因为他们感到不安全。

　　当8号位于管理者的位置上时，他们是出了名的反复无常。他们总是制定规则，然后自己又违背规则。不过这一点在4号看来并不是什么大问题，只要他们能够与8号管理者保持特殊关系。规则并不重要，重要的是情感联系。被忽视的4号会急于复仇，这和8号的心理很像。毫无疑问，恼怒的8号管理者要么以牙还牙，要么想都不想就把4号炒鱿鱼了。

　　8号管理者需要考虑自己对他人产生的影响，要顾及到他人的感受。在保护者看来很成功的合作关系，对于情感丰富的浪漫主义者来说却可能是无法接受的。

4号性格 vs. 9号性格：浪漫主义者 vs. 调停者

情感伴侣

他们都被内心的强烈情感缠绕着。

放下成见，才能让生活更幸福。

4号一辈子都渴望"被爱唤醒"，而9号则想要从伴侣身上找到活力和安排。在双方共度的美好时光里，每个人都能够冷静地爱着对方，既没有不切实际的期望，也没有无缘无故的抱怨。在双方生活的糟糕时刻，每个人都把不切实际的期望放在对方身上：浪漫主义者想要在情感上获得永久的满足，而调停者则希望一辈子都能有人支撑。

最初的吸引常常来自浪漫主义者。9号的温和态度是浪漫主义者的安全港湾。因为9号总是尽量避免冲突，对他人态度宽容，他们觉得没有必要敦促伴侣做出改变。这种态度让4号不必再担心因为暴露缺陷而被抛弃，他们的自信心会大幅度提升。但作为回报，9号也希望得到无条件的接受。4号总是喜欢说："我可以爱你，只要……"或者"除非你做出改变，否则我无法完全地爱你。"9号瞧不起这种态度，他们认为爱是无条件的。双方都讨厌被批评，而且双方都会因为自己的命运而抱怨他人。4号总是看到爱人身上缺失的内容，而9号认为对方是一股过于活跃、具有进攻性的力量。

9号缺乏活力的表现会令浪漫主义者感到失望。好像他们宁愿埋头大睡，也不愿表达出真挚的爱意。如果9号退缩到墙角，4号会想："我们怎么了？爱情的甜蜜在哪儿？"渴望被爱唤醒的4号，想要对方表示出强烈的认可。伴侣的漠视会点燃他们内心郁闷的火焰，并最终引发对伴侣的抱怨。

调停者可能非常清楚夫妻之间出现了裂痕。能够融入他人情感的9号十分清楚什么时候需要他们表态，在大部分时候，9号也愿意这样做；但是在与4号的僵局中，9号却往往选择作壁上观，无动于衷。9号把自己的空间与4号划分开，他们或者忙碌于自己的事情，或者在精神上消失。浪漫主义者感到自己被忽视、被抛弃了，但是调停者可能会说："我什么都没做。我没有离开你。我明明在这里，怎么能说我忽视了你呢？"

觉得自己被抛弃的4号会进行报复。他们的言语更加尖锐："就是你让我受到了伤害。"浪漫主义者会用最恶毒的语言来攻击对方，以挽回自己的颜面。4号的挑衅行为可能会唤醒沉睡的9号。当真实的情感出现时，必须要做一些事情。当你的伴侣在用行动攻击你时，你不可能还继续睡大觉。

与4号关系亲密的9号常常发现，不管他们的表现是否不同，4号对他们的态度都是忽冷忽热的。4号这种又推又拉的方式会让9号认为："既然没有作用，为什么还要改变？既然我的努力根本不被看重，为什么还要去尝试呢？"

那些长相厮守的夫妻说，调停者常常会发展一些特别的个人兴趣，比如钓鱼，借此让自己获得单独的空间。他们也通过自己的兴趣来拉远与4号的距离，让4号重新对他们产生关注。9号应该看到在4号进攻性的行为背后还有积极的意图。尽管被人叫醒看上去像一种批评，但4号的目的是为了增进双方的感情。这又是一对只要能发现个人的真实意图就能获益的夫妻。9号会对他人特别耐心，而4号会被有主见的伴侣所吸引。

工作伙伴

性格差异会让他们在工作上互补。

但只有特别的关注，才能让他们更加主动。

这是一组十分常见的合作关系。通常4号是站在前台与公众打交道的人物，而9号则负责监管整个产品或服务的运作机制。工作目标取代情感联系，成了他们最关注的对象。4号喜欢激发创造性的时刻，而不愿参加那些可以预料到结果的过程，而9号则希望有持续的指导，让他们不用面临选择的难题。如果运用得当，4号能够提出有创意的想法，然后让更讲究方法的9号来付诸实施。在出色的合作关系中，4号能够依靠9号把设想变成现实，而9号也因为自己的付出受到重视。在出现问题的合作中，常常是4号对工作感到厌倦，而9号则一味追求安全，不愿尝试新的方案，并因此疏远了4号。当失望的4

号遇到正在自动驾驶的9号时，冲突不可避免。4号可能会在9号清醒之前就把一切破坏掉。

人们总是认为4号管理者对外在过于关注，但实际上4号可能并不喜欢一个坐满了敏感员工的时髦办公室。在一个充满竞争的行业中，4号可以像任何一个3号性格者一样野心勃勃。实际上4号和9号的结合很可能会在九型人格的3号性格点相遇，这样的结合会让这对搭档的工作效率极其出色。4号管理者会对工作保持积极投入的态度，并号召所有员工都用同样的态度对待工作，他们还会鼓励9号表现出实干者的特征。9号会融入到快速的工作节奏中，并对充满活力的工作环境感到兴奋。

9号员工能够让自己融入到环境中，这是一件好事，但是4号管理者需要把他们找出来。因为当他们与环境融合时，9号可能看起来是稳定的、积极的，但实际上他们的内心感觉是："我不属于这里。我的努力被忽视了。"4号管理者可能感到很安全，因为表面上一切都风平浪静，但实际上9号已经觉得自己被忽视了。调停者开始放慢工作节奏，或者向其他部门靠拢。自我陶醉的4号可能根本不会注意到这些举动，直到9号的辞职信摆到他们面前。

作为管理者，9号在员工眼中就像一个难解的谜，因为他们的态度总是模棱两可，既支持，又反对。这种明显的矛盾性让4号员工觉得自己的特殊地位受到威胁，害怕遭到当众侮辱。如果9号能对4号表示出欢迎的态度，让他们感觉自己是9号管理者的圈内人，双方的关系就能好得多。想做到这一点其实很简单，比如让4号成为某个会议的观察员，或者安排他们坐在某位重要人物身边。浪漫主义者对于谁得到什么特别敏感。"谁和领导关系近？谁得到了特殊关注？管理者对他说了什么？"对他人的个人青睐会引发4号的不安，他们要么因为对自己缺乏自信而退出，要么与自己的对手展开激烈竞争。在这种情况下，双方都需要明确的规则指导，尤其是对权力地位和经济利益的明确规定。但是除了这些严格的规定外，还需要有一些来自领导的个人鼓励，4号员工才会真正露出笑容。

当 5 号愿意表达自己的感情，愿意接受冲突时，他们知道自己实际上对这段关系十分投入。

5 号性格 vs. 5 号性格：观察者 vs. 观察者

情感伴侣

他们不需要言语就能够交流。

他们喜欢私人的空间，但有时也会因此而饱受痛苦。

5 号是九型人格中的超然类型，这让他们爱情故事非常动人。比如一个年轻的美国人在巴黎遇到了他的 5 号法国妻子。双方语言不通，他们只能通过符号、手势和旅游指南上的一些常用词组来交流。他们在一起做饭。一起开车到郊外，一起租了条木筏漂流。他们参观了各自最喜欢的景点，然后在两个星期内就闪电结婚了。法国妻子后来去了美国，她说恋爱期间的沉默正好让双方进行非言语的交流。不用说话反而让她能够去自由感觉。她不必去为自己做解释，也不会因为解释而感到疲惫，她可以根据自己的心情自由选择参加或者不参加。

两个 5 号性格者通常能在一起过得很好，因为他们相互尊重对方的界限。在外人看来，他们之间好像没有什么事情发生，因为他们很少交流，很少拥抱，但是那种没有说出口的联系却是非常明显的。5 号说，在那些能够控制自己情绪的人面前，他们反而感到轻松。他们还说，当他人的期望侵犯他们的沉默空间时，他们会不由自主地进行反抗。

5 号夫妻有时虽然住在同一个屋檐下，却各有各的空间。他们会把家里的空间一分为二，平常互不侵犯，他们只在规定的时间才相聚在一起，比如孩子在家的时候或者晚上散步的时候。5 号讨厌无法控制、任何人都能来干扰你的环境，他们希望在与他人相处时，依然保持自己的私人空间。

能够有机会消失到"我的空间"让双方更容易居住在一起，但是这种退缩也会阻碍亲密关系的发展。毕竟他们之间是相互吸引的，因此他们无法完全切断与对方的联系。虽然他们自己也会退缩，但他们憎恨对方做出远离情感的表现。当两个人都开始向 8 号性格发展时，愤怒可能就是他们的相遇点。当 5 号愿意表达自己的感情，愿意接受冲突时，他们知道自己实际上对这段关系十分投入。他们完全可以告诉自己："我不需要这些。"然后客气地离开，这对他们来说是很容易的。5号夫妻说，与性格相似的人谈恋爱最讨厌的感受就是因为被忽视而极度失落。他们说自己从来没有认识到缺乏联系会是如此痛苦，直到他们开始想念某个人，而这个人却沉默地走开时。

审查信息好像是很正常的。5号觉得没必要把自己的想法全部告诉和自己住在一起的人。缺乏信息交流可能不会影响到两个5号的情感关系，因为双方都强调自由沉默的价值。5号夫妻有能力摆脱令许多夫妻都痛苦不堪的情感纠纷，但是久而久之，长期的相互脱离也会让观察者开始害怕情感的空虚。5号常常为了填补内心的空虚才开始一段恋情，但是投入进去会让他们面临一系列情感的冲击。双方都想获得一个参与的邀请，但是双方都摆出一副要离开的姿态，而且双方都会因为要让自己主动开口而感到害怕。

当5号投入情感时，他们常常有一种"被利用"的感觉。"看看发生了什么——你唤起了我的情感"，这个问题似乎比情感本身更重要。

"看看你做的——我没法摆脱了。"

这对夫妻经常关注于短期的、有意义的互动，但在互动之后必须能让双方都回到各自的空间去。分开能让双方有时间回顾在面对面接触中被压制的感情。独处时的感受可以填补他们内心的空虚，但一定记住不要分离太久。

工作伙伴

他们的工作岗位将决定他们是否能成功。

闭门造车会让他们失去与外界的联系。

5号很难在那种需要个人魅力或者迅速转换思维的前线阵地上发挥自己的才能。他们喜欢以信息为主导的环境，喜欢研究，喜欢深入分析。这对搭档都需要时间来处理他们获知的信息，他们都要求有专属私人空间，他们都有强烈的时间观念，并要求所有的说明和规定都以准确的书面文字表现出来。

观察者可能只关注于自己感兴趣的问题，而不愿去和对方交流信息。5号管理者常常一个人在研究整个项目，而不愿让大家开展讨论，相互交流一下信息；5号员工可能只顾埋头做自己的工作，不管他们工作的结果是否能与整个

让一个观察者在不确定的情况下投入资源是很困难的。如果没有足够的数据支持，他们很害怕采取行动，这也妨碍了他们及时调整策略。

规划融为一体。

5号具有喜欢把产品质量与成本节约联系在一起的商业风格。他们也非常看重工作中对个人时间的控制。自主权对他们来说是一种重要的奖励，比如不需要通报就能从工作岗位消失，找个地方让自己休息一下。观察者喜欢储存自己的时间、精力和金钱，他们会把自由时间看得和薪水一样重要。

两个在一起工作的5号性格者会尽量避免发生冲突。会议是井井有条的，每个参与者都彬彬有礼地扮演着自己的角色。在工作中，5号管理者总是怀着等等看的态度，他们总是花很长时间去准备，对那些要求立即行动的信号视而不见。让一个观察者在不确定的情况下投入资源是很困难的。如果没有足够的数据支持，他们很害怕采取行动，这也妨碍了他们及时调整策略。他人可能因此感到不满。既不愿意面对财政危机，也不愿意伤了感情，5号管理者会搬出原有的协议，摆出正式协商的架势。他们用文字取代面对面的交流，并会指派其他调停者来主持协商会议。

5号的性格决定了他们的管理体系不会注重内部交流。观察者不愿主动提供信息。每个员工都在做自己的那部分工作，他们可能做得很好，但是他们失去了相互之间的重要联系，不知道其他人在做什么。这就好像一个难解的迷，每个人都在解决自己的那部分，却没有把所有答案拼凑在一起，整个谜还是悬而未决。5号应该学会与那些喜欢主动表达、性格外向的人打交道，学会与他人交流信息，沟通思想。如果你只关注于那些数据，工作恐怕很难完成，因为当你从数据中找到解决问题的答案时，往往已经过期好几天了。

5号性格 vs. 6号性格：观察者 vs. 怀疑论者

情感伴侣

他们的爱情静若止水，但却往往能经历时间的考验。

在平淡的生活中，也能闪烁出浪漫的火花。

5号和6号在一起的感觉就好像是到了冬天，每个人都缩在自己的世界里。天黑了，我们会把自己裹在毯子里，用熟悉的感觉和温暖来包围自己。这

> 这对夫妻可能不会公开表达情感,因为他们相爱的方式是通过一种安静的联系。比如,在同一个房间里读书,但是互不打扰;在一起吃饭,但是不用强迫自己说话。

对夫妻可能不会公开表达情感,因为他们相爱的方式是通过一种安静的联系。比如,在同一个房间里读书,但是互不打扰;在一起吃饭,但是不用强迫自己说话。

观察者与外界的分离迫使他们的伴侣成为主动者。即便是同样属于内向性格的恐惧症型6号,也不得不在双方关系中充当积极活跃的角色,怀疑论者通常愿意接受影响他人或指挥他人的机会。一个主动的角色能够增强6号的自信,同时也能让5号摆脱情感的包袱。这对夫妻的主要联系是精神上的,即便是在他们情意绵绵的时候。他们都知道,爱的内容不仅仅是感觉。

只要6号觉得自己是被接受的,双方的关系就能发展;但是如果5号退缩到自己的空间,不再示爱,也不再与对方交流信息,6号的偏执就会越来越严重。当你在寻找肯定时,你看到的却是一片漆黑,这会让你备受打击。5号总是神神秘秘的,这让6号觉得更加可疑,受不了的6号开始抱怨。发生冲突时,5号会退得更远,以保护他们的私人空间。对方越是要求他们表达自我,他们就越想把自己藏起来。观察者可能不会知道,他们的脱离对他人是多么大的打击。5号什么也不说,看上去完全是漠不关心,他们的沉默会像无形的鞭子一样抽打在6号身上,让6号更加内疚。

6号总是想得到对方的肯定,因此他们往往把5号对空间和距离的需要当作是一种拒绝,但实际上,观察者的确需要时间来让自己的真实感受浮现出来。5号尊敬那些能够控制自己情绪的人。如果6号能够退让一些,保持中立的态度,不要逼得太紧,双方的关系就能好转。他们可以共同协商一个进行讨论的时间,让5号能够有所准备。另外,怀疑论者可以把问题具体化,这样就能消除5号的担忧。"我想说说谁来洗碗的问题"这样的要求要比"我想说说我们俩的事情"听上去悦耳得多。

另一方面,5号应该学会表达自己的思想。哪怕是一句"我不知道",也比什么都不说要强得多。当6号不知道5号在想什么时,他们就会幻想最坏的情况,比如上法院闹离婚的情景。所以观察者在双方关系中具有很大的权力,因为一旦他们消失,6号的恐惧就会被激活。

> 这对夫妻都有一股从一而终的力量，只要双方能够相互交流，他们的爱情能够天长地久。这两种性格都以保持长久关系而著名。

双方都应该学会理解对方表达爱意的方式。感到不安全的6号总是追着他们的伴侣，要他们不停地对自己说："我爱你。"这样的要求只能让5号发疯。但是如果能够稍微换一个角度来看，6号的追问"你还爱我吗？"实际上也是一种真情流露，说明他们真的很在乎对方，他们害怕失去某个在他们生命中很重要的人。而5号呢，他们表达爱意的方式就是在出现困难时，主动站出来。当情感出现僵局时，双方都可能产生想要放弃的感觉。面对自己的情感对5号来说是一件困难的事情，他们宁愿告诉自己："没有这些我也行。"6号会觉得等待完全是一种折磨，他们要么选择反抗，要么选择离开。

这对夫妻都有一股从一而终的力量，只要双方能够相互交流，他们的爱情能够天长地久。这两种性格都以保持长久关系而著名。永恒的承诺和"永远"的感觉能让他们不再脱离和怀疑。他们还是非常节俭的夫妻，他们的要求非常少，能够长期患难与共。当他们深爱着对方时，他们不仅会分享各自的思想，还会有浪漫的表达。

"生日的时候送这些花合适吗？"

"我该如何准备才能制造一个看上去非常自然的约会呢？"

观察者会用缜密的思想去思考浪漫的问题，并付诸行动。6号是那种极易被爱情打动的人。温暖的关怀能解除他们的疑虑，一旦摆脱了焦虑感，怀疑论者会成为温柔的伴侣。在5号和6号的爱情关系中，一个甜蜜的时刻能够成为双方相互承诺的基石，令他们永生难忘。

工作伙伴

当两个思考者碰到一起时，合作的可能性十分渺小。

思想会轻而易举地取代行动，新鲜构想因为不愿冒险而胎死腹中。

5号和6号在九型人格中都属于害怕类型，因此他们总是过度地关注困难。他们可能会高估竞争对手的实力，会把很多时间放在解决问题上。他们也不会喜欢在公众面前持续曝光，即便是反恐惧症型的6号，在舞台上站了一段时间后也会想要退到后台去。这两种人也不是善于自我推销的人，尽管他们也能像其他人一样，面对公众做短暂的表演。他们共同的力量在制定策略、制作计划以及其他需要辨别、分析的工作上。

观察者想要知道在他们完整的长远规划中，每个步骤、每项内容都是可行的。他们想要现实的证据，但却往往被大量数据包围。5号很难得出一个具体结论，除非他们把问题考虑得面面俱到。他们喜欢在行动之前把一切都准备好，这与6号面对成功的表现十分相似。双方都犹豫不决，这也是双方合作的最大问题。要避免这个问题，就要有其他的人来迈出第一步。只要有人能帮他们把船推下水，5号和6号就能跳上船，调整行驶方向。一旦进入工作状态，他们的组合会非常有效。

作为管理者，5号可能不会注意到他们的6号员工需要与5号进行个人接触。5号通过报告、文件与员工交流。信息只告诉需要知道的人。员工并不需要知道整体的规划，他们只要做好自己份内的工作就行了。这样的管理方式让6号觉得自己没有受到重视，会想办法与同事竞争。他们需要有能够公开讨论的论坛或者通报一般信息的通风会，这样他们就有机会礼貌地向权威提出问题。"为什么没有注意到我？我们为什么没有联系？这些方案要实现的目标是什么？"

面对一个喜欢独处的管理者和数量有限的信息，6号的疑心会越来越重。5号管理者在冲突面前要么后退，要么把反抗者赶出去。5号应该明白交流是解决问题的好办法。其实在这种情况下，只要他们能够出现在员工面前，对方的怀疑就会少很多。

6号管理者害怕遭到反抗，他们也不喜欢5号员工保持沉默不参与的态度。双方都可能把自己的想法强加到对方的行动上。6号在5号身上看到的是沉默的敌意，5号则看到了侵略性的期望。如果6号的管理方式看上去充满矛盾的话，双方的这种成见会更深。怀疑论者可能会有意试探员工的立场，但是他们模糊的表达会疏远观察者。5号员工想要知道他们具体需要投入多少精力到工作中，时间具体是多长。面对6号突然改变的要求，5号不会想要敷衍，而是直截了当地说："我不明白。"5号认为，如果6号不能把他们的要求具体化，他们的管理就是有问题的。我干嘛要去替别人完成工作呢？6号管理者应

5号佩服7号毫不拘束的自然态度,而7号则在5号身上获得宁静。只要他们能够保持交流,任何一方都不会干扰对方的活动。

该放弃推测和猜疑,坚持一项计划,不要中途撤回。5号员工在面对详细周全的指导时,才会觉得自己受到了尊敬。

5号需要有一个人独处的时间,6号觉得他们很不听话;紧张的6号会提出更多要求,5号认为这纯粹是一种干涉。平息双方的差异,最有效的办法就是每周固定召开一次简会。6号管理者需要获得信息;5号员工则需要在付出时间和精力之前有一点自己思考的时间,只要他们知道了开会时间,就会做好准备。

5号性格 vs. 7号性格:观察者 vs. 享乐主义者

情感伴侣

承认自身真实感受是他们需要学习的课程。

还好,伴侣往往就是他们学习的榜样。

享乐主义者靠体验为生。他们喜欢旅游,也喜欢上课,更喜欢同时参与好几个项目。在我们九型人格研讨班中,我们经常听到的一个故事就是享乐主义者首先发现了我们的研讨班,然后他们回家告诉5号伴侣有这么一件好事,并说服5号和他们一起报名参加。7号最初的强烈好奇能够让观察者抱着试试看的态度加入进来。但往往随着时间推移,坚持继续学习的总是5号。

还有一种常见的情景是这对夫妻在两条平行的轨道上行动。"你做你的,我做我的"是那些用思想生活的人常有的生活方式。5号喜欢独处的时间,让他们能够钻研他们感兴趣的知识,或者整理自己的情感。如果不是这两种人都高度独立的话,享乐主义者一定会觉得5号的内向性是对自己的约束。好在外向的7号总是能找到夫妻双方都感兴趣的事情,而且双方都不是那种要求长时间和伴侣在一起的人。这对夫妻在九型人格中共享了一条连线,这让他们能够相互理解。5号佩服7号毫不拘束的自然态度,而7号则在5号身上获得宁静。只要他们能够保持交流,任何一方都不会干扰对方的活动。

亲密感可以从一个共同的事业或者对孩子的承诺中表现出来。7号需要一个外在的关注点,而5号则不希望自己成为注意力的中心,这样他们才能更好地与自身情感进行接触。令人矛盾的是，脱离外界的观察者还经常会成为这对夫妻情感的支柱。当5号在家里感到安全时，他们就会向8号靠近，变成家庭中的强大力量。对于7号来说，他们也需要有短暂的时间可以独处，这种类似5号的后退能让他们感到安全。在我们的研讨班上，我们常常听到享乐主义者说，他们也希望有一两天时间，让他们享受一下居家男人的生活。但是5号伴侣马上会反唇相讥说："是的，亲爱的，但是你很少会在家呀。"

5号和7号都属于九型人格中的害怕类型，尽管他们避免危险的方法并不一样，但是他们都喜欢把思想和感情混为一谈。当5号面临压力时，他们就会表现出7号的特征，他们开始变得活跃，但实际上他们的内心十分紧张。5号不会注意到自己用思想取代了感觉，而大多数7号也不会认为自己的行为是一种逃避。

这两种人都会把注意力从情感上转移开：7号让自己分心，而5号是直接远离。如果7号在积极向前，而5号却退回到自己的空间，这可不是什么好迹象。双方都会暗自鄙视对方：7号感到厌倦——这种关系一点都不刺激；5号觉得虚伪——这种感情根本不够深入。双方开始进入两条平行的轨道：5号退回到自己的兴趣背后，而7号则离开家，到外面参加各种活动。要改变这种状态，双方都要接受对方的性格取向。5号必须把他们的时间、精力和热情投入到双方的关系中；7号则需要在面对爱情的承诺时，让自己集中精力，一心一意。

工作伙伴

他们都是九型人格中注重思想的类型。

在思想的世界里，一切皆有可能。

5号和7号常常用思想取代行动。他们都被理论所吸引，热衷于各种计划。7号尤其脆弱，他们的大脑就像一棵不断长出新树枝的大树。一个好的想法能够立即生长出大量关联的想法，所有想法看上去都是可行的，因为它们都长在那棵主树干上。5号的想法要更具逻辑性，他们会围绕一个想法进行广泛调查研究，而且他们可以独自钻研好几年。这对搭档注重的是策略和研究，如果他们不能把同样多的注意力放在贯彻执行上,再好的想法也只是海市蜃楼。

双方合作的常见安排是 5 号坐在办公室里,7 号则在施工现场。5 号管理者喜欢条理,他们要得到全部数据的支持,还喜欢专注于某个特殊领域的研究。5 号的领导可能会给 7 号指出努力的方向,也可能因为过于狭隘而导致员工的反对。聪明的 7 号会选择合适的方式与 5 号进行讨论,而不聪明的 7 号则会反对 5 号的指挥,凭着自己的性子工作,并为自己的表现找借口。5 号管理者要求员工高度负责,他们不喜欢 7 号那种松懈、模糊、有多种可能性的管理方式。在面对选择时,5 号会习惯性地紧张,他们宁愿保守地重复已经验证过的方案。5 号管理者应该给 7 号员工一定的自由度,因为 7 号的发散思维可能会帮他们把分散的研究信息联系在一起。

为了避免冲突,5 号和 7 号之间可能建立一种潜在的协议,就是不动感情。双方都想看穿问题,而不是去解决问题。问题是可以通过思考得到结论的,不需要触及情感,这反而加剧了潜藏的紧张感。他们总以为思想可以帮助他们在问题出现之前,就找到解决问题的答案;所以当情感真的浮现时,他们往往不知所措。

这两种人应该学会把大问题小化,把复杂问题简单化,把抽象问题变成一个个具体的、可管理的问题,然后认真面对这些问题。这种方法对于九型人格中的害怕类型十分有效,他们会慢慢发现生气并不会造成永久的伤害。

7 号管理者从最后一分钟的决定中获得快乐,但是他们拒绝得出结论的态度会让人觉得他们很不专心。面对着各种矛盾的信息,5 号员工会选择等待和后退,而不是催促 7 号赶快表明态度。等等看的态度并不代表同意,只是 5 号为了保护自己而不愿参与其中,他们当然也不会为 7 号提供帮助。7 号管理者应该让 5 号从事具有清楚划分、不需要群体努力、也不需要共享信息的工作。5 号员工喜欢完全按照领导的要求去做,他们不喜欢向其他人进行解释,也不愿与其他部门合作。他们可能不会主动提供信息,除非有人问到他们;尤其是在迅速变化的环境中,他们会更加自闭。但是一旦他们投入到工作中,5 号员工能够稳住阵脚,让 7 号有足够时间找到解决问题的方法。

5号性格 vs. 8号性格：观察者 vs. 保护者

情感伴侣

一个沉默的后退者和一个强硬的前进者。

爱情的潮水此起彼伏，生活因你而美丽。

保护者可以说是九型人格中最强硬、最固执己见的性格类型，而观察者是最喜欢往后退的性格类型。8号总是想要更多，而5号的需求总是最少的。8号是外向型的，而5号喜欢退回到自己的空间。但是尽管有那么大的差异，这两种类型却分享着一种本质的吸引力，让他们成了最常见的夫妻类型。在九型人格中，5号性格在安全状态下会向8号靠近，而8号性格在面临压力时，则会向5号发展。双方共有的一条连线让他们在长期相处后会变得越来越像。久而久之，激进的保护者会变得顺从，而观察者则表现出果敢。

在令他们感到安全的家中，5号的话语也会变得多起来，这正好满足了8号想要知道真相的要求。在这样的情感关系中，观察者能够体验到情感的能量，尽管他们讨厌生气和冲突，但他们自己也承认偶尔表现出的8号特质会带来好的结果。总体而言，生活变得更生动了。因为当5号生气时，他们就能感受到当下的情感。当你充满能量时，你很难让自己脱离出来。在一份安全的情感关系中，5号能够及时表达自己的情感，而8号也能从中学会耐心等待。

5号能够迅速把自己的情感从双方关系中收回，就像8号能够快速把情感投入到双方关系中一样。这对夫妻的情感波动如同潮起潮落：8号带着海洋深处的强大力量冲过来，要求接触，却被5号后退的回头浪打倒。这种情感力量的扩张和收缩在双方身上都能看到。5号的情感会在一个人独处的安全中涌现；8号的情感也会在面对压力时收缩。

这对夫妻常常会在8号性格上生活很长时间，这将不可避免地伴随着深夜里的大吵大闹。最初，观察者感到沮丧，他们想要逃走，但是和保护者生活在一起能让他们敞开自己的情感。就8号而言，当他们感到内心的平静时，他们就会解除武装。观察者对自身情感的控制能够带动8号去审视他们自己，而不是挑起战争。

　　双方都非常重视个人自由。行动自由是必须的。他们知道自己喜欢什么，不喜欢什么，而且都不愿意放弃自己的生活而陷入到伴侣的生活安排中。这种相互独立的精神能够让双方在交谈时无所顾忌，诚实以对。这是积极的影响，当然也有不好的影响。双方可能都不愿意妥协，而且很难因为自己对他人的影响而内疚。5号有时会认为，伴侣在情感上的痛苦并不是5号造成的，而是因为对方自己缺乏自我控制。一个在痛苦中的8号有可能想要报复。复仇也会是双方关系的一部分，主要表现就是8号急于争夺双方关系的控制权。

　　当5号和8号夫妻在5号性格的位置上相遇时，他们会非常在乎不被打扰的独处时间。就好像是你自己在生活，但是你知道某个你爱的人会一直在非常靠近你的地方。这样双方既能感到情感的自由，又能让自己的亲密爱人触手可及。但是如果双方过于沉醉于自我，可能就不再爱对方了。当5号收回自己的感情时，他们会在家里噘着嘴，面露愠色——这样他们既表达了自己的不满，又可以顺利消失。要强迫一个不愿意的5号摆出合作姿态几乎是不可能的。他们不再愿意与对方有任何接触。作为报复，8号也会挂出他们自己的"请勿打扰"指示牌，结果双方的不满会升级成一场沉默的冲突，好像都在说："走开！我不需要你，我不在乎。"

　　由于这两种性格在九角星中拥有非常相似的心理起伏，他们常常有机会把对方的行为当作反映自己的镜子。5号应该把8号的鲁莽风格看作治愈他们长期无法和公众接触的良方。对于像5号这种与世脱离的人来说，他们需要知道生活是美好的，值得他们为之而战，说出自己想说的话也是一种快乐的释放。从另一边来看，8号应该相信控制自己情感、保持隐私的5号。渐渐地，他们就会越来越像，甚至交换行为表现。成功的婚姻关系会让5号变得活力十足，而8号则渐渐培养出了耐心。

工作伙伴

　　他们的合作从不掺杂感情色彩。

　　但双方可能都想成为控制权力的人。

在商业交易中，我们常常对5号十分信任，因为他们不会因为自身情感而诱惑我们或者反对我们。他们能够把注意力从自己身上转移到眼前的工作上，很少受到外在影响。我们大部分人都喜欢与对方交流各自的兴趣爱好。当我们和5号谈论时，他们会频频点头，让我们觉得对方十分理解自己。

5号很少会让自己的想法付诸实施。要让他们的项目从一个想法变成现实需要耗费大量的精力和持久的毅力。实施一个计划难免要接触他人，为了避免与他人直接接触，5号一般通过电子邮件或者传真来进行生意往来。九型人格中有一个关于5号性格者的经典故事：一位5号老板每天都等所有员工下班回家后，才走进自己的办公大楼，然后把他的吩咐输入到每个员工的电脑终端。他还会躲避打扫办公室的清洁工人，并在每天早上9点之前离开大楼。他信任的8号员工每天早上从电脑上接收到领导的指令，然后立即开始工作。他们都通过电子邮件与5号管理者联系，经常好几个月都见不到一面。

5号在管理中保持中立，这一点令员工很喜欢。另外，5号在决策制定时不会带有感情色彩，这让8号能够毫无顾忌地说出自己的想法。在良好的合作中，8号可能会发火，5号也可能会远离，但是双方都不会记仇。

这两种性格类型的人在工作中最常见的冲突是8号员工想要填补5号不在而出现的权力真空。5号管理者极少露面，这给了8号员工钻空子的机会。5号管理者回来后，发现8号员工开始不听话了，双方陷入权力斗争。如果5号能够公开处理这一切，情况就会敞亮很多。自信的管理者应该和对方进行开诚布公的交流，一旦真相被说出来，8号员工会愿意向真正的管理者屈服。

作为管理者，8号十分自信，很难让他们改变行动。他们奉行"要么服从，要么滚蛋"的做法，这常常会让员工两极化。有的员工很爱他们，有的员工很恨他们。但是聪明的5号员工会往后站，他们为保护者提供需要的数据，却并不会表明自身立场。5号和8号是天生的同盟，但是双方的合作同样需要讲究策略。5号喜欢慢慢得出结论，不喜欢在时机尚不成熟时就大胆冒险；而8号喜欢行动，他们会瞧不起谨小慎微之人，甚至会当众嘲笑。聪明的观察者会通过撰写报告的方法来与8号交流。他们会在与8号管理者面对面的

> 要打动8号的心，就要通过个人接触和完整的信息，这两条都不符合5号的风格，但是5号会通过不断更新的报告来表现自己。

会议中把自己的报告呈递给对方，不管报告的内容是否与会议有关。要打动8号的心，就要通过个人接触和完整的信息，这两条都不符合5号的风格，但是5号会通过不断更新的报告来表现自己。

    8号具有进攻性，而5号对于进攻十分敏感。8号想要接触，5号却不愿向前。双方都会指责是对方在控制——8号是向前一步直接控制；5号是向后一步遥控控制。不管谁掌握着管理权，双方都应该信任对方的天资：当8号投入行动时，他们能够避免5号直接面对冲突；当8号和5号一起工作时，他们也可以学会三思而后行。

5号性格 vs. 9号性格：观察者 vs. 调停者

情感伴侣

他们都不愿让自己成为关注的对象。

爱情是长流的细水，但偶尔也需要泛起一点波澜。

5号和9号夫妻喜欢非言语的交流，因为双方都希望得到对方的理解，但是又不想自己提出来，自己提出可能遭到拒绝或羞辱。共同的活动能够让他们感到对方的存在，比如一起逛超市，一起制定旅游计划。因为这两种人都喜欢用非言语的方式来表达情感，所以当他们描述自身情感时，也往往与活动联系在一起，比如"我们一起旅游时的感觉"或者"我们一起散步时的感觉"。这种无形的存在感深深地埋在双方的情感关系里，让他们已经习以为常。夫妻双方总是从孩子身上，或者从外出旅游的感受中感到对方的存在，他们忘了自己的眼睛也能看到对方。

奇怪的是，通常喜欢在一旁关注他人的5号，可能会发现自己突然成了被关注的对象。9号有一种本事，只要是他们认为重要的人，他们就能体察到对方的感受，所以5号发出的非言语信号会有一个非常敏感的接收者。观察者的需要可能成为9号生活的中心，因为他们感同身受，会格外认真地对待。5号无法忍受情感上的依赖，当伴侣对他们期望过高时，他们的态度反而会变得冷淡。一个情意绵绵的调停者可能只想大家晚上一起出去走走，但是开放性的安排会让 5 号不停地问："干什么呢？"

如果观察者习惯性地退缩，而 9 号以为自己被抛弃了，感到很生气的话，问题就严重了。解决问题的办法就是让 9 号有一个可以关注的目标。有了自身关注的目标，9 号就不会再死盯着 5 号。当 5 号和 9 号在一起时，5 号能成为他们值得信任的顾问。只要注意力不在自己身上，而在别人身上，这两种人的表现都会很出色。5 号愿意为他们的爱人充当顾问，而 9 号则可以把另一个人的生活当作是自己的。

两种人的情感反应都很迟钝。调停者的情感只能慢慢地表现出来，而观察者会在与他人接触时压制自己的情感。这对夫妻能够给予对方充足的空间。双方都不愿被迫采取行动。9 号在面临决定的压力时，会变得很顽固。5 号会背离他人对自己的期望。

双方在一起时，可能会达成避免冲突的协议，各自允许对方拥有一定的私人空间，让另一半也能独处。调停者多样的活动通常不会让观察者感到不满，只要没有影响正常的家庭生活；同样，健忘的 9 号也不会去过问 5 号封闭的生活。

但是避免冲突的协议也可能让他们的关系枯萎。5 号习惯性地远离自己的感情，而 9 号则让自己变得麻木。不愿投入情感让双方都专注于各自的生活轨道。两个人的生活圈越来越远，双方的关系渐渐淡化。真正的结合需要参与，但是这对夫妻可能仅仅满足于"家里的甜蜜"，而这种甜蜜可能只意味着避免冲突。9 号的能量会慢慢减弱，而 5 号也会越来越远。

实际上，一些小冲突反而能增进 5 号和 9 号的情感关系。冲突打破了固定的生活模式，让双方都变得生动起来，痛快地发泄一下能让他们走得更近。亲密关系中的痛苦和快乐会让我们更加清楚地感受到——我们需要对方。9 号需要在生气时找到自己的立场，而 5 号需要对自己的感觉感到安全。

这两种人总是不愿意投入情感，即便他们已经在生理上相互吸引，并且愿意为对方的利益服务，他们在情感可能还是会很矜持。5 号会有所保留，一旦有了冲突，5 号会说："离开很容易。"9 号保留情感，是因为他们犹豫不决：

这两种人都需要获得跳出第一步的动力。9 号的动力来自同伴的鼓励和参与；5 号的动力来自与他人交换思想。

"我该不该在这里呢？"在理想的关系中，5 号要能舒服地表达自己的情感，而 9 号则需要一个不动摇的永恒承诺。

工作伙伴

他们信奉的是和气生财。

但是避免冲突却有可能让他们更加疏远。

这两种人都不属于积极主动的自我推销型，而且双方都不愿去争名夺利。但是，双方都想要获得特别的关注。5 号需要让他们的思想得到肯定，而 9 号很想要得到他人的尊敬，而且是发自内心的。这样的搭档在工作中一般不会制造明显的摩擦，但是在表面的和谐气氛下可能隐藏着缺乏动力的问题。双方都想被对方带动；双方都会借助工作角色来定义他们的关系。这两种人的工作默契表现在他们的搭档结构上：9 号扮演了冲锋陷阵的角色，他们站在前面与公众打交道，而 5 号则扮演了幕后军师的角色，他们在后面不断修改完善工作计划。观察者简要明确的工作主题往往是 9 号构建一整套可行系统的基础。

前沿工作包括了打电话、开会、与他人接触，而后台工作主要是提供数据分析。有了一个可行的系统，这对搭档可以扩大他们的运作规模，通过不同的分工来实现他们的既定目标。但是，他们也可能因为兴趣的下滑而慢慢变得松散。双方的合作表现与惯性定律不谋而合。运动的物体倾向于保持运动的状态，而休息的物体则倾向于一直处于休息中。在高峰状态下，当一轮工作完成后，新的目标会顺理成章地出现；在低峰状态下，9 号紧紧攥着规则手册，而 5 号则只通过电话与对方联系。

这两种人都需要获得跳出第一步的动力。9 号的动力来自同伴的鼓励和参与；5 号的动力来自与他人交换思想。这对搭档的交流方式以会议为主，尤其是简短但目标明确的策略性会议。5 号会在会上说很多，但真正让会议进行下去的是 9 号。

他们可能都无法注意到对方，因为一旦他们投入到某项行动中，他们就很难转移注意力。当 5 号在研究他们感兴趣的问题时，他们几乎是接触不到的；9 号也会专注于自己的岗位，害怕因为一时疏忽而出轨。

5号管理者总是通过遥控的方式来控制一切。会议是要有具体内容的，而且会议的内容可能是某个具体领域中的具体问题，与整个大环境无关。这给员工的感觉是5号早就私下里做出了决定，根本没有给员工表达自己意见的机会。9号员工十分在意被领导忽视，并因此感到不满。如果整个会议的内容就是5号在颁布自己的指令，根本没有听取来自员工的反馈，那些指令可能永远也无法得到执行。9号可能一声不吭，但他们拒绝行动。

5号管理者应该建立一个和9号员工共同管理的论坛。9号员工既需要知道他们在为谁工作，也需要知道他们的工作是为了什么。5号管理者应该学会并肩作战的态度，因为这正是9号员工所需要的。9号不会在单独的环境中发挥特长，实际上这并不是多么困难的事情，5号管理者可以想出很多与员工们互动的简单方法，比如经常和9号进行面对面的交流，听取他们的意见等等。5号管理者如果能够与员工互动，就能在9号员工中发展很多党羽。

9号管理者倾向于创建一个适合双方合作的体系。调停者喜欢稳定、安全的环境。观察者同样也喜欢这样的环境，当他们在一个非常明确的框架中工作时，他们的表现是最好的。他们可以在一个给定的时间框架内全身心地投入到工作中，不会表现出任何令9号难以管理的竞争性。

这两种人都需要改变自己的沟通方式。5号喜欢用高度可控的方式来讨论具体的问题，这与9号要求听取所有人意见的做法背道而驰。5号想要精简的谈话，而9号会进行长时间、目的不明确的讨论。9号应该学会关注要得到的结果；5号需要看到会议除了是工作需要外，还能起到团结大家的作用。

双方都避免发生冲突。这种不谋而合的特征有时候并不是什么好事，往往是在那些最需要坦率交流的时刻，他们的距离反而更远了。不满意的5号可能会消极怠工，而且不再愿意提出建设性的意见。每个人都在一个角落里，但是谁也没法把对方拉出来。为了让5号积极工作，9号管理者会动用规章制度的力量，这实际上是他们对5号不愿开口说话的一种报复。平息冲突需要有一个进行协商的平台，提前安排好讨论一个棘手问题的时间。9号需要时间去发现独立的观点，而5号在有准备的情况下会表现得更好，

6号性格 vs. 6号性格：怀疑论者 vs. 怀疑论者

情感伴侣

在他们的生活中，稳定压倒一切。

爱情也需要逆向思维。

6号性格者的内心充满了疑问。这种特质让人感觉他们总是在反对。"是的，但是"或者"另一面呢"这样的表达听起来就是否定的想法，但是6号却认为否定思维和逆向思维是不同的。否定思维是贬低，拒绝承认积极的、正确的内容，但是逆向思维是一种澄清，因为它说明了问题的另一面。两个6号的夫妻可能会接受对方提出尖锐的问题。反复询问避免了相互生疑，让这对夫妻能够放心前进。

逆向思维就好像儿童乐园里的跷跷板。当一个人感到害怕时，另一个人就会自发地想象美好的可能。游戏的关键是要高度关注怀疑论者的想法，但不要对他们的想法表示肯定或否定。和大部分人一样，如果他人无视自己的担忧，6号也会感到被误解了，他们会选择后退。

当夫妻双方都对同一外在事件感到焦虑时，他们会团结在一起，形成"我们反对世界"的同盟。这种共同的怀疑会让两个人相互影响，共同坚持错误的观点。自信心的一点点漏洞都可能被放大为严重的灾难。

从积极的方面看，两个6号的夫妻能够相互给予力量支持。他们在压力下走到一起，还常常会参加一些公民权利运动。当他们处于被压迫的位置时，他们会表现得格外出色，因为这时他们的怀疑就是现实。当我们还是新手、新人或者反抗某种势力时，我们都会觉得自己有些无助。怀疑论者常常觉得一个逆境中的事业比一个充满前途的事业更让他们感到轻松。

6号夫妻需要不用思考、按部就班的家庭生活。他们可能都会担忧爱情走到尽头，但是当他们按照规定时间一起坐下来吃中饭时，相互之间一个欢迎的微笑就能让所有疑虑烟消云散。所以，按时向对方报到在双方生活中是必须的，因为缺乏联系就会让他们陷入恐慌。逆向思维在面对稳定不变的日常生活时，就不存在了。

对于担忧未来的人来说，快乐是一剂良药。和完美主义者一样，怀疑论者也喜欢异想天开，他们不相信玫瑰人生的许诺。这对夫妻需要更真实的感受——郊外的一次春游、公园里的一次漫步，这些细小的快乐反而能够阻止怀疑的产生。

放眼未来也是一种快乐。希望能够促使他们行动，共同的梦想能坚定他们的信仰。6号非常情绪化，但是他们的情感通常会贡献给他们的思想。他们可能会不断地琢磨对方，猜测他们自己和对方的动机，检查双方对爱情的投入程度。

在外人看来，这对夫妻好像没有过分的亲热表现。他们都关注于双方关系的精神意义，可能因此忽视了让他们在一起的生理吸引和情感吸引。在夫妻俩看来，性爱和冒险往往是美好的负面效应，不应该是他们爱情关系的中心。他们需要得到"精神"承诺的肯定。他们想要知道"真正发生的"事情。对肯定和意义的追寻会排挤其他谈情说爱的方式。6号尽管情感丰富，但是他们相信的是忠于头脑的情感。

工作伙伴

他们带着怀疑的目光审视权威。

在工作中他们需要面对事实，不要让内心的担忧蒙蔽了自己的眼睛。

怀疑论者在工作中的表现会有很大的差异。恐惧症型的6号寻找一个强大的保护者，而且他们会非常感激那些在冲突中坚持站在他们身边的人。反恐惧症型的6号，同样会感到害怕，但是他们会转变成办公室内的反叛领袖，会质疑当权者的领导。6号的行为表现迥异，但是一切都源于他们对权威的关注。怀疑论者总是对权力等级充满怀疑，但表达方式可以截然不同。

下面我们就来看看不同的6号性格者对待权威的不同态度。恐惧症型的6号在性格分支中具有自卫的功能，他们想用好感来减轻内心的害怕。获得当权人士的认可是至关重要的。6号会主动寻求他人的肯定，他们很容易变成2号。反恐惧症型的6号选择相反的技巧去处理同样的问题。他们用激进的方法与害怕做斗争，这让他们的表现更像8号或者1号。如果反恐惧症型的6号在一对一的关系上又正好属于力量/美丽型，他们的激进表现会主要针对在工作环境中掌握权力的个人。

作为管理者，6号需要注意不要反应过头。内心的疑虑让他们很容易把员工的关心听成批评。怀疑论者的忠诚建立在信任的基础上，所以6号管理者信任那些在过去工作中表现忠诚的员工，会对他们非常慷慨。只要双方的合作关系没有受到影响，6号可以容忍对方有神经性的行为或者自私的行为。

两个6号结盟的优点在于他们能够在困难时刻相互关照；缺点是他们总是相互安慰，6号管理者害怕疏远了6号员工，而6号员工又害怕顶撞了6号管理者。6号在管理者的位置有时会感到不舒服。他们希望能够得到更高层的可靠支持，而且还想考验员工的忠诚度。最常见的考验方法是布置一个非常模糊的问题，看看谁的做法是为了他人的利益，谁是为了自己的利益。

6号管理者可以在太放松和太严格之间摆动不定。放松的6号在权威的位置上感觉不好，而且不愿意进行指挥。那些以强硬著称的6号往往会因为害怕遭到质疑而更加严格地控制。6号管理者应该把关注点放在工作上，因为工作将决定人们对待他人的态度。放松的领导方式和过于紧张的领导方式都是源于内心的不确定。管理者可能夸大了反对的声音，他们需要听到一个肯定的声音。如果有一个值得信任的权威能够受邀来支持管理者的想法，会有很大的帮助作用。6号管理者应该把自己能够想到的最糟糕情况说出来，与大家进行讨论；他们同样还需要研究安全方案的潜在危险性，这样才是对危险的正确评估。来自权威阶层的友好声音结合对困难的现实评估，能够解放6号管理者的思想，让他们不再害怕。

两个6号在一起，双方都可能不愿行动。模糊的信息让管理者和员工都不知所措。6号员工说，一句没有实际意义的评价，比如"我们需要进行评估"会让他们十分反感，并产生强烈怀疑。而管理者也害怕因为召开评估会议而激发员工们对权威的不满情绪。

怀疑论者愿意面对说话有道理、态度温和的领导人，温和的沟通能大幅度减少他们对模糊信息的恐惧。如果管理者说"这是我对整个工作的想法"或者"工作还要继续，我们需要评估"，效果会好得多。管理者应该提前给6号员工进行解释，以免他们胡思乱想。怀疑论者如果得不到他们需要的信息，他们就会幻想最糟糕的情况，而且他们会注意到管理者的实际行动与承诺之间的细微差别。解决问题就要澄清管理者的意图，尤其是那些关系到员工未来发展的信息。提前的警告能够阻止怀疑论者在工作中产生反抗之心。

6号性格 vs. 7号性格：怀疑论者 vs. 享乐主义者

情感伴侣

他们一个看到最好的可能，一个看到最坏的可能。

他们需要相互肯定，才能让目光交织。

这两种类型都位于九角星图的左边，而且都属于害怕类型，但是他们处理焦虑的方法完全不同。6号性格者的犹豫不决表现得十分明显，和7号的活泼相比，6号在恋爱关系中显得十分谨慎。7号用一系列的后备计划来消除他们的害怕，而且他们可能会不自觉地去依赖6号来表现出他们自身固有的偏执。奇怪的是，双方都会用一个想象的结果来修饰现实的事件，但是他们想象的方向完全相反。7号带着对未来的积极憧憬，而6号则幻想着最糟糕的情况。

享乐主义者会告诉6号，他们的担忧是无中生有。但如果有人要让怀疑论者放松心情，他们可能会变得更加害怕。双方对于情感关系的看法也是对立的：7号看到的是无限可能；6号则看到责任和艰辛。现实的检验会是双方关系的一个中心特征。当一个人看到最坏的景象，另一个人看到最好的景象时，他们常常能够在中间地带相遇。相互保持紧密联系能够让双方的观点得到融合。每天互通电话、一起参加活动和家庭会议都能阻止他们不切实际的幻想。

7号对快乐的追求能够为6号的怀疑心提供一剂良药。同样，能够在困难时期保持忠诚的6号也能为害怕痛苦的7号疗伤。但是如果7号为获得更大的自由，开始花言巧语，遮掩事实，矛盾就出现了。前后不一致的表现会激发6

> **怀疑论者需要不断确信7号对他们是忠诚的。享乐主义者也需要不断确信6号并不是要控制他们。**

号的疑心，他们可能威胁退出，以示报复。7号对于消失的选择感到充分的吸引力，6号的犹豫让7好更加渴望得到6号的爱。

这对夫妻可能都会面临承诺的问题。6号希望在他们做出任何承诺之前，要首先得到保证，而7号则不愿做出承诺，害怕受到约束。7号从伴侣身边消失，到其他地方去寻找乐趣，这在没有安全感的伴侣看来，就是一种背叛。不断地肯定对于双方都很重要。怀疑论者需要不断确信7号对他们是忠诚的。享乐主义者也需要不断确信6号并不是要控制他们。6号应该把更多的关注放在行动上，而不是没有发生的可能。7号的计划可能是丰富多彩的，但是他们真正能够去付诸实施的，其实并不多。

如果6号过于干涉7号的生活，不仅他们自己会感到十分痛苦，7号也会因为受不了而离开。自我陶醉的享乐主义者可能不会去思考问题的原因，也不会考虑到6号的痛苦。在他们看来，就是6号在挑起争端，还要摆出"怨妇"的样子。7号可能会想："如果我觉得不自在，那这段关系就是错误的。"伴侣的批评会刺伤7号追求积极前景的心。

在与7号相爱的过程中，讨论的时机会很重要。间接的表示会比强迫的要求更有效。6号的一个著名举动就是坚持要大家坐下来，然后把自己的怀疑一股脑儿全说出来。享乐主义者并不喜欢这一套，他们更愿意听到简短的、有分寸的、给对方留有余地的抱怨。如果7号被6号的表现吓倒，他们反而会给自己离开找一个合理的借口；相反，如果他们没有面对即刻的威胁，那些一点一点的抱怨可以慢慢放到桌面上来解决。双方都应该把目光投向远方，看到隧道尽头的光芒。

7号可以带着6号一起外出游玩。一段美好的时光能够把6号的疑心冲得一干二净。一起分享一个充满阳光的午后要比一百个小时的谈话更让6号感到安心。那些长期相守的夫妻说，他们学会了在中间相遇。6号学会了区分自己的怀疑并不等于7号的实际行动；而7号则学会了坚守双方基本的协议，不为自己寻找逃跑的借口。

工作伙伴

他们都有半途而废的习惯。

在合作中，双方需要相互支持，相互学习。

这对工作伙伴既有可能在面对问题时，拖延时间，让情况变得更加严重，也有可能为了共同的目标大步前进。双方都喜欢在短时间内改变主意。6号会怀疑，而7号则被新的想法所吸引。双方都期望着对方能够集中精力，但是双方都有无法坚持到底的毛病。想法被讨论了，然后被忘记了。制定计划、改变计划、放弃计划。他们可以无休止地讨论和开会，但是他们都不愿意承认自己的做法是在拖延行动。7号总是能从一个计划上看到多种选择，而6号则认为他们的怀疑是为了解决问题。

这两种人都可能生活在未来。6号关注的是消除所有潜在的危险，而7号则喜欢想象未来的计划。如果双方能够相互倾听，他们能够形成互补，达到平衡。享乐主义者能够制定计划，而怀疑论者则愿意从事费力费神的工作。这对搭档能互相支持，帮助对方克服自身弱点。7号可以在面对困难是保持注意力；6号则在困难面前坚定信心。

在担心受到欺骗的6号管理者看来，强词夺理就是一种欺骗，而7号则经常会为自己的错误辩护。7号总是想摆脱权威的监控，他们可能有很多点子，但是他们没有意识到自己的做法可能已经与自己的工作偏离，这在6号管理者看来是一种逃避。6号管理者会加紧对7号员工的监控，尽管他们并不愿意这样。6号的监控在7号看来是对自己的刻意侮辱。6号总是想要7号承认错误，但是7号不愿低头。7号是随心所欲的人，他们不会被规则所束缚。他们不愿承认自己的错误，会把错误看作是学习的经历。这对搭档需要在合作过程中定时沟通，相互澄清自己的意图。

7号管理者喜欢选择代理人，把自己负责的工作打包出去，交给别人管理。一系列能够迅速实现的短期目标要比一个漫长的长期规划更加吸引人。7号管理者依靠员工来推行长期的计划，但是他们可能会不打招呼就改变行动方向。变来变去的目标让6号员工很反感。已经习惯了日常工作的6号不喜欢一早上来到办公桌前，发现工作计划已经被连夜更改了。哪怕是细小的变化也能引起他们强烈的恐惧感。

"目标变了，都没人问过我，为什么？把我当傻瓜吗？"

其实，只要能够及时给6号一个合理的解释，他们的合作态度是很灵活的。一旦确定工作是安全的，他们会非常忠诚。这两种人合作的妙方就是双方都应该向对方学习。6号应该学会更加轻松地行动，而7号可以学习一心一意地做一件事情，而不感到害怕。

6号性格 vs. 8号性格：怀疑论者 vs. 保护者

情感伴侣

他们的相遇是大脑与身体的相遇，不需要浪漫情感。

宁静的生活往往是在激烈的冲突之后。

8号性格者，不论是男性还是女性，都会是十分积极的追求者，这对消除6号的疑虑大有帮助。8号通过掌握控制权和提供保护来获得安全感，这与感到不安全的6号正好互补。在情感关系中，不再需要主动表现的怀疑论者感觉到自己是被需要、被寻找的对象，并因此而感到安全。8号总是对自己的吸引力十分自信，而且他们相信自己能成功。8号的自信对类似6号性格类型的人是一种解放，他们不需要再因为快乐而感到内疚。

这两种人都不喜欢多愁善感的表达。对于那些眼中只看到危险的人来说，即便是完全出于好意的甜蜜支持，好像也是虚情假意。对对方的爱是通过身体和思想来表达的，而不是亲密含蓄的表白。行动和灵感比柔情蜜意更重要。感觉不值得信任，信任在于实际行动。他们要看到伴侣为了他人的利益付诸行动。

这两种人都对困难有所准备，而且会共度难关。恐惧症型的6号会站在8号身后，为他们提供忠诚的支持。反恐惧症型的6号会与8号并肩作战。6号比8号更具思想性和策略性，他们与8号之间能形成出色的互动。6号不会急于采取行动，他们会等待，会观察，会分析一切的前因后果。在配备了一个出色的顾问后，8号的勇敢和力量能够发挥得更出色。8号重视忠诚，而6号在困境中也会对伴侣忠心耿耿。6号重视力量，而8号在面对挑战时，决心是最强烈的。双方最典型的关系是8号负责控制，6号提供支持。8号想要行动，而6号则更高兴扮演被保护的角色。

如果双方失去了共同反抗的目标，情况就会大不一样。尽管很勇敢，但是8号却不愿寻找自己的目标，他们宁愿去挑战生活，或者支持另一个人的事业。如果耳边没有明确的指令在呼唤他们，8号就会开始滑坡，开始胡作非为，或者开始全身心地关注于6号的事业。如果被放在合适的位置上，8号可以成为非常有用的支持者；但是他们往往精力过剩，成了他人生活的主宰者，而不去顾及自己的生活。

当面对严重的自我怀疑时，6号想要前进。保护者有时候会鼓励他们，有时候则催促他们赶快行动。8号是保护者，而6号想要得到保护，这本来是非常合适的；但是6号可能很快就会改变对8号的态度，觉得8号实际上是欺凌弱小的人。在8号看来，6号可能是值得保护的对象，但也可能就像"扶不起的阿斗"一样是个懦夫，根本不值得他们保护。6号需要得到不断的肯定，这让8号觉得6号太柔弱，因为8号从不承认自身的弱点。8号对于怀疑和犹豫尤其没有耐心，这在他们看来都是软弱和不信任的表现。

"你为什么不能下定决心？"

"你是真的这样想，还是撒谎？"

8号伴侣，想要知道真相。过于着急的他们态度变得更加凶恶。面对着专横傲慢，甚至有点危险的伴侣，6号又开始幻想最糟糕的结局。最终，被逼到墙角的6号，不管是恐惧症类型还是反恐惧症类型，都会站起来反抗。双方争斗的潜台词就是权力。8号不会放弃控制权，除非伴侣是强大而值得信任的；6号不愿完全把自己交付给对方，除非8号看上去不那么危险。

令人矛盾的是，一些激烈的冲突可能对双方的关系反而有积极作用。6号受到刺激，不得不发泄自己的怒火，当他们说出了最坏的情况后，他们反而得救了。好了，现在都说了。原本害怕的6号反而会变得强硬起来，为双方划定其实对付 8 号员工，最好的方法就是明确的规定和直截了当的交流。
8 号会把领导强硬的行动视作有能力的表现。

必要的界限。8 号看到了 6 号的强硬和双方关系的界限，就不会再越界去追求什么真相了。

工作伙伴

他们一个谨小慎微，一个鲁莽冲动。

清楚规定和直接交流是合作成功的前提。

在压力面前，8 号倾向于先发制人，他们想要迅速控制局势。6 号习惯于退缩，仔细考虑行动的后果。双方的工作风格很不同。8 号想要打破规定，把反对的势力最小化，似乎没有什么能够阻挡他们；另外，如果他们不行动，他们反而会因为自己的软弱而害怕。6 号正好相反。想象力让他们夸大了反对的力量和 8 号鲁莽行动的负面影响。突然间，8 号看上去更像是个问题，而不是一个值得信任的助手。

6 号管理者需要从一开始就控制局势。6 号欣赏 8 号强大的决心和面对困难的坚韧。但如果 8 号员工想要违背规则，并优先考虑个人利益，6 号也可能觉得 8 号是危险的。如果 8 号借改进工作之名与 6 号争论或自我辩解，情况会更糟。

6 号一方面感到自己受到了威胁，另一方面又希望能够受到他人的欢迎。他们有可能解雇 8 号，也有可能给予 8 号过度的补偿来平息紧张局面。当他们被权力冲突折腾得精疲力尽时，最简单的办法还是让对方消失，以免自己时刻惦记着背后。6 号担心 8 号的不满会传达到上级领导或者股东那边。6 号不喜欢节外生枝，他们会把潜在的麻烦制造者清除。其实对付 8 号员工，最好的方法就是明确的规定和直截了当的交流。8 号会把领导强硬的行动视作有能力的表现。

感到安全的 8 号管理者认为自己是高高在上的支配者。他们常常会打开权力的披风，把"自己人"遮护起来。这种行为更加激发了 6 号的疑心。8 号管理者还可能成为工作环境中的暴君，让那些感到害怕的人要么起来反抗，要么赶快逃走。6 号员工可能想要遮掩坏消息，或者寻找其他方式来避免被 8 号管理者注意到。如果躲闪更容易，何必要把自己推到火线上去呢？但是如果 6

号一味躲避，而 8 号穷追不舍，危机就形成了。怀疑论者认为 8 号控制得太多，而保护者则认为 6 号不受控制。

8 号管理者应该认识到自己的强硬性格对他人的影响。如果可能，他们应该组织一些面对面的会议，让员工发表自己的意见。6 号常常会有非常出色的主意，但他们总是对自己缺乏自信。8 号可以帮 6 号摆脱怀疑，让他们的想法付诸实施。

6 号性格 vs. 9 号性格：怀疑论者 vs. 调停者

情感伴侣

他们常常会在爱情中迷失自己的方向。

逃避并不是办法，生气也会有益健康。

9 号总是表现得非常镇定、非常令人安心。他们给人的感觉就好像在经历了一天的疲惫工作后，回到亲切的家中；你可以完全地放松，因为你是属于这个环境的。6 号和 9 号相处时，9 号往往扮演着安抚、慰问的角色，因为 6 号会把这对夫妻的担忧表达出来。怀疑论者在承诺和怀疑之间摇摆不定，调停者对这种感觉也很熟悉，因为他们也会面临选择的难题。这对夫妻在九型人格中分享了一条连线，这让他们的位置经常发生互换。压力中的 9 号会表现出明显的 6 号特征，这常常会博得 6 号的同情。

双方都不是果断采取行动的人，而且都觉得以他人的名义行动要比以自己的名义容易得多。结果是，他们既可能相互支持，也可能为了"谁该先做"的问题争个不停。9 号总是融入到伴侣的观点中，而 6 号也喜欢扮演忠诚支持者的角色，这样的特性让他们都缺乏主动性。对于双方而言，他们都应该拥有明确的个人目标，而不要期望让他人来指挥行动。

在九角星图中，这对夫妻相遇在 3 号性格位，这说明双方都可能抛开情感，投入到行动中。忘记了感觉的 9 号在恋爱中变得麻木，依靠自动导航系统来做出反应；同样，不带感情的行动也是 6 号面临压力时的主要特征。当怀疑论者开始怀疑自己的情感关系时，他们压抑自己的感觉，退后到有条件的承诺

> *行动对于双方都是具有特效的良药，尤其是当他们都有各自的目标，而且不需要强迫对方参与自己的目标时。*

中。"我要看到这段关系的结果，才会投入进去。"

在 3 号位相遇的积极作用在于，这对夫妇常常因此充满活力。9 号一旦投入到行动中，常常是无法停止的，他们喜欢在自己身上发现实干者的影子。对怀疑论者而言，行动能消除怀疑，让成功变得安全。在 3 号位的相遇能够让双方都全力以赴。

和喜欢批评的 1 号，喜欢暴怒的 8 号相比，9 号的怒火并不那么可怕。一个愤怒的调停者看上去更像一个顽固的人，而不是一个危险的人，这大大减少了怀疑论者害怕遭到攻击的担忧。尽管如此，双方还是会尽量避免生气。他们可能形成一种避免冲突的协议，这有可能减轻双方的紧张，也有可能让他们把能量投入到安全的日常琐事中。重要的是，这对夫妻应该学会生气，哪怕是要冒险，因为生气也是一种发泄能量的方式，不至于让他们把能量浪费在不必要的琐事上。当调停者生气时，他们能够找到自己的位置；而怀疑论者则可以通过生气找到他们害怕的原因。

当 9 号失去活力时，6 号就会坐立不安。没有反应会让 6 号生疑，他们开始担心双方的关系。担忧的 6 号会更想知道 9 号的想法。他们传递的信息是："要么行动起来，要么就离开。"但是 9 号在受到威胁时，会变得更加被动。最糟糕的情况是 9 号优柔寡断，而 6 号满腹疑虑。这样的夫妻无法朝着他们的目标前进，而且每个人都认为对方是问题的原因。类似"你先走"或者"为什么要我改变，而你什么也不做"的表示就是他们感到压力的信号。

在双方都不愿意完全投入的情况下，双方都提出了有条件的爱。6 号提出的条件可能是"让我们的父母感到高兴"或者"直到我们事业有成"。9 号可以一直摇摆不定："我该不该在这里？""这真是我想要的吗？"有趣的是，这对夫妻可能需要花上很多年的时间，才能真正意识到他们真的是相爱的。

如果任何一方能够主动行动，僵局就能被打破。行动对于双方都是具有特效的良药，尤其是当他们都有各自的目标，而且不需要强迫对方参与自己的目标时。行动打破了调停者的惯性，而切实的进展会让怀疑论者放下他们的疑虑。

工作伙伴

他们都不适合充满竞争的环境。

长期的合作源于稳定和信任。

在工作上，这对搭档通常会在3号性格的位置相遇，这是美国企业最理想的人选。9号在感到安全时，就会向3号性格靠近，而且也会被3号追求的成功所吸引。6号虽然怀疑自己的成就，但就像任何能干的人一样，他们会尽量让自己符合工作的要求。这两种人都有可能为自己兜揽太多工作。9号很难拒绝他人的要求，而且总是被细节所困扰；6号很难把一项连续的工作坚持下去，他们的工作很可能赶不上原定时间安排。

6号管理者一定不要孤立自己，消除疑虑的最好办法就是与员工保持接触。6号常常会对自己的产品、项目失去信心，但是只要他们能够得到可靠的反馈，他们就能继续发挥他们的领导才能。

9号员工总是根据工作需要付出自己的能量，当他们的能量下降时，他们对工作的态度也变得马虎起来。6号管理者对于员工的不服从非常敏感，他们会把9号缺乏主动性的态度看作故意的破坏。

"这不是我的责任。"

"我没有时间。"

类似的解释只能激怒6号管理者。这两种人都不是主动行动的人，他们总是到了最后时刻才爆发能量。9号的惯性和6号的怀疑会产生致命的效果，尤其是当他们都认为是对方在拖后腿的时候。解决冲突需要看到过去双方合作的出色表现。9号在感到被认可时，会非常投入，而一个积极的框架也能消除6号的疑虑。

那些为鼓励大家工作所制定的奖赏，比如奖金或者提职，需要有明确的规定。这两种人都不喜欢与同一个办公室里的人进行竞争。尽管调停者希望自己的付出能够获得实在的奖励，但是他们并不适合一个充满竞争的环境；怀疑论者在竞争中获胜后，其工作表现反而可能一落千丈。这两种人总是会对未来感到担忧，所以他们会对工作的安全特别关注。对于9号而言，促使他们工作的

> 当享乐主义者列出他们理想伴侣的条件时,这些条件基本上就是他们自己的特征。

正确动机应该是领导的主动认可,这样他们就不需要把自己放在追求奖励的位置上。

作为管理者,调停者总是在避免冲突,这种策略让怀疑论者感到害怕。已经对权威十分警惕的6号员工可能把9号管理者模糊不清的态度当作是不信任的表现。9号喜欢调和差异,他们常常会去倾听各方的意见,并且对每一种意见都表示一定程度的认可,这种方式让6号只能选择反抗或者离开。反抗的6号看到的是9号的前后不一,他们想知道:"你到底站在哪一边?"离开的6号对未来发展表示怀疑:"既然如此,我干嘛还留在这里?"

但是从整体而言,9号管理的机构还是6号喜欢的。9号的管理方式是有计划、有步骤的。9号管理的机构没有倾向性,注重方法,而且非常安全——这正是6号喜欢的工作环境。一旦确定目标,9号的决策都是可以预测的,整个环境中没有什么不确定的事情让6号担忧。

6号和9号能够保持长期的合作关系。他们最常采用的合作方式就是由6号来设计和构思,由更加实际的9号来负责生产和执行。

7号性格 vs. 7号性格:享乐主义者 vs. 享乐主义者

情感伴侣

他们看到对方,就像看到镜子里的自己。

过于相似让他们的爱情很难长久。

当享乐主义者列出他们理想伴侣的条件时,这些条件基本上就是他们自己的特征。他们想要和一个"精力充沛、独立、乐观、成功并敢于冒险"的人在一起——这些特征描述的就是他们自己。7号好像要给自己找一个镜子里的影子做伴,这个人能和7号一起去看他们喜欢的电影,能够和7号一起喂养他们的宠物,还能和7号一起出去远足。正因为如此,两个7号相结合的夫妻通常都会是非常好的玩伴和知己,但是却很难让爱情天长地久。

和自己的完美版本在一起谈恋爱似乎很难长期保持忠心。7号能够和九型人格中各种性格的人相爱,而且他们经常会选择与自己的性格截然不同的伴

如果任何一方能够意识到避免被束缚所造成的负面影响,他们的情感反而会发展得更好。

侣,但是好奇和对冒险的贪心让7号很难对某段感情保持专一。在最初的吸引过去后,他们就失去了兴趣。

7号想要拥有各种可能。他们希望坐上想象的飞机,任意翱翔,想到哪儿去就到哪儿去。7号被认为是所有性格类型中最积极主动的。他们什么都想要,而且他们愿意与身边的人分享他们的快乐。当两个快乐的7号能够相互吸引,并且认定对方就是自己的伴侣时,他们的情感关系是最积极的。

双方情感关系的消极面可能并不明显。外表的光鲜亮丽可能让人很难看到内部运转的问题。双方都认为自主性和行动自由是健康情感关系的主要内容。7号常常会用"可预见的"或者"永久"来形容情感关系中的承诺,但他们的实际意思是"枯燥"或者"束缚"。害怕受到束缚,7号可以给承诺重新定义。

我最近听说了一个例子:有一对7号夫妻他们已经结婚超过15年了。他们每天都见面,但是他们却一直分居。后来,他们终于买了一栋大房子,搬到了一起。他们笑着对朋友说:"那栋房子就是为我们准备的。"房子里有两个独立的单元,有各自的大门。所以当他们感到在一起很无聊时,他们就能从各自的门中离开。

无聊很可能是情感关系恶化的信号。害怕"为了一个人而失去整个世界",7号在面对约束时,会主动退缩。"只有一个人的情感?这就是我能得到的?"让自己钟情于一个人,会令很多人伤心。当你做出承诺时,你觉得自己被关在了笼子里。一旦麻烦找来,你无法脱身。不习惯去感受深层的情感,7号夫妻会尽量让一切都保持轻松愉快,尽管这只是一种表面现象。如果任何一方能够意识到避免被束缚所造成的负面影响,他们的情感反而会发展得更好。7号应该学会去体验完整的感情,有悲有喜,有快乐,也有痛苦。

工作伙伴

他们只负责想法,不负责完成。

他们给工作带来快乐,但前提是他们必须感兴趣。

这对工作伙伴的合作要想获得成功,必须把他们放在正确的工作岗位上。

> 开始一项工作很容易，但是让他们坚持到底却很难。聪明的做法是把目标划分成一系列不需要持续管理的独立任务。

短期、快节奏的项目要比长期项目更适合他们。开始一项工作很容易，但是让他们坚持到底却很难。聪明的做法是把目标划分成一系列不需要持续管理的独立任务。7号学得很快，而且他们是在实践中边做边学。当他们只负责制定计划，由他人去负责执行，或者当他们身处全新的环境中时，他们的工作效率是最高的。如果他们发现自己要对项目的完成负责，这对他们会是一个大灾难。每一个好主意都会迅速在头脑中发展成一棵大树，每一个分支看上去都和原来的主意一样动人。当两个7号同意向着一个共同的目标前进时，他们总是能看到无限的可能，这种多样性既有可能让他们产生创造性的合作，也有可能导致双方都固执已见。

大部分7号在合作中能够表现出不同的特质，他们会受到两翼性格的影响，在压力或安全状态下，他们会向1号或5号性格发展。这些不同的表现，促使合作达到平衡。比如，两个互相合作的7号很少会举棋不定，从一个选择跳到另一个选择。因为在竞争中，7号的目的性非常强，而且表现得像8号一样激进，尤其是当他们的权力受到质疑时。当7号失去选择时，他们也可能表现得像害怕的6号一样。那些在安全状态下向5号性格靠近的7号，很可能退到一种独处的境界，把管理企业的机会让给其他7号。当7号伙伴中有任何一方表现出1号完美主义者的特征时，这往往就是两个7号合作最困难的时刻。对于7号来说，批评正是他们的致命弱点，这会使他们的自我形象受到质疑。

双方有可能都觉得自己应该得到更多。7号员工想要更好的福利待遇，而7号管理者则想要更多的空闲时间。"我要更多"可以很容易地转变为"我值得获得更多"。

"我应该得到更多，我不应该去考虑成本。"

7号喜欢付出立刻得到回报，喜欢立刻享受到他们应有的快乐。这样的组合不适合细水长流的项目，也不适合需要整合资源的项目。如果前面摆着一个大西瓜，谁还会要眼前的芝麻呢？他们喜欢新的计划、新的系统，不喜欢裁员或者缩小规模。在遇到困难时，他们更愿意加快前进的步伐。

7号老板喜欢创造构思，但他们不愿意亲自负责实施，而更希望能够找人如果自我形象受到质疑，大部分7号都会暴跳如雷，还会用大量的借口来淹没对他们的批评。所以与他们谈话时，要以交流沟通为主，而不要以批评指责为主。把他们犯的错误变成他们为下一步发展积累的经验。

来做他们的代表。如果他们足够聪明，他们会选择一个非常细心的人来帮助他们执行计划。一旦他们被心里的想法所吸引，他们并不在乎如何实现想法。让7号员工来负责完成一个计划会给他们带来巨大的困惑，尤其是7号管理者自己消失不管的时候。

作为员工，7号希望能和权威平等。他们凭借个人的魅力与同事和领导保持着良好关系。7号总是给人一种阳光早晨的感觉。不论天气如何，我们都在朝着目标快乐前行。只要7号员工或者7号管理者中有一方能够保持注意力，能够在工作中感到快乐，他们就能带动其他人，让大家都兴致勃勃。只要是有趣的工作，他们就愿意去做。如果7号管理者开始转移注意力，7号员工也会跟着做。

两个7号在工作中最常见的争端往往与过高的期望有关。他们想要的总是大于他们实际得到的，这常常是由于错误的沟通造成的。双方都应该明白理想和现实的差异。把话说清楚很重要，以免对方把直接的命令当成了可听可不听的建议。7号不愿意接受负面的反馈，因为他们不愿面对痛苦。如果自我形象受到质疑，大部分7号都会暴跳如雷，还会用大量的借口来淹没对他们的批评。所以与他们谈话时，要以交流沟通为主，而不要以批评指责为主。把他们犯的错误变成他们为下一步发展积累的经验。不论是7号管理者，还是7号员工，都愿意往前看，不愿意回头。

7号性格 vs. 8号性格：享乐主义者 vs. 保护者

情感伴侣

他们的生活常常充满甜蜜。

但是追逐快乐并不能让他们摆脱痛苦。

在九型人格中，7号和8号互为对方的两翼性格之一，这可以让欲望与贪食结合在一起，形成"快乐的渴望"。这是一对前景光明又充满能量的夫妻，他们拥有创造性的娱乐、满意的性生活、刺激的冒险。双方都是能疯狂玩乐的人，而且他们都不太会自责。他们依靠自己，而不是别人；他们都不喜欢

"应该"这个词。

独立是双方都需要的。保护者喜欢制定规则，然后破坏规则；享乐主义者把教条看作死亡。他们都把自己看作是自由人，而且他们都喜欢自我表现，而不是自我改进。双方会达成某种没有明确提及的协议，这个协议允许双方在不妨碍对方的情况下，有时间和空间来追求自己的兴趣。他们都很独立，不会求助于他人。当他们受到伤害时，他们都会选择退出，自己给自己疗伤。8号常说，他们死也不会承认是"你伤害了我的情感"，而7号会立刻转向其他选择作为抵挡痛苦的盾牌。

当8号开始想要限制7号的活动时，双方的权力之争就出现了。8号想要控制日常生活的安排，而7号寻找借口摆脱。"也许我们可以一起吃午饭。"这听起来既像是一种可能，又像是一种承诺。但是如果一起吃午饭的事情没有发生，失望的8号会想要寻找一个责备的对象。撒谎和借口二者的差异往往就在一线间，危机很可能一触即发。8号因为缺乏与7号的接触而感到疲惫，他们会坚持要求7号予以解释或道歉。8号在感到威胁时，会表现出强大的控制欲，但是7号并不是那么容易点头屈服的人。

不断加重的承诺会令7号感到压力，他们开始表现出1号的特征。他们开始变得挑剔。但是双方的冲突并不完全是破坏性的，冲突有可能会让双方的关系恢复活力。7号发现离开远比留下来表示妥协要更容易。为什么要承受痛苦呢，难道它真的很重要？

当8号面临压力时，他们表示出5号的性格，他们开始思考，开始重新考虑，开始疗伤。在这样的时刻，他们会把自己关在房间里，并在里面大声宣布："不要打扰！"不过有些8号说，即便他们没有面对压力时，他们也非常喜欢在自己空间里的私密感。

这两种性格的人会在5号性格上相遇。当8号遇到危险时，他们后退到自己的隐私中；当7号感到安全时，他们在自己的空间放松。安全的7号不会像平常那样活跃；那些不太重要的选择会被他们放弃，而且他们也会关注自己的家庭。在这种共同的安静时刻，双方的内心都能够变得和平，但宁静的代价往

拒绝承认过去会让问题更加严重。真正的解决办法是选择一种安全的交流方式来面对双方。

往是牺牲了深层的情感。当这对夫妻在 5 号位时，他们倾向于远离困难，而不是面对困难。双方都可以"忘记"过去，然后高兴地坐在一起。拒绝承认过去会让问题更加严重。真正的解决办法是选择一种安全的交流方式来面对双方的问题，而不是去逃避或者忘记。当 7 号性格和 8 号性格相互靠近时，他们之间的性格差异就很容易消除了。

工作伙伴

他们总是自信满满，不愿承认困难。

只有建立了信任，才能发挥合作的优势。

最初的冲动会立即变成实际行动。双方都认为自己的判断是百分之百准确的，而且双方都非常清楚自己想要什么，但是对于自己对他人造成的影响就不那么清楚了。充满自信的他们很少去质疑自己，也很少会发现他们已经偏离了轨道。

7 号会把注意力转移到与目标无关的选择上。他们是喜欢同时处理多个项目的空想家。在 7 号看来，每个项目都是相互联系的，而在非常实际的 8 号看来，根本不是那么回事。不过 8 号也会偏离原定轨道，因为他们坚持的是"要么全有，要么全无"的策略。他们要么精神饱满，要么就无精打采。当精力消失时，工作就变成了最无聊的事情；但是当最终期限逼近时，8 号反而可以全身心地投入到工作中，24 小时不休息。双方的差异会在面对压力时表现得更加明显。保护者全力以赴地朝着目标前进，但是享乐主义者的心思却还在其他地方。

7 号管理者需要向 8 号员工证明自己的实力。享乐主义者多项选择的领导方式看起来漏洞百出，让人很容易有机可乘。8 号员工喜欢清楚明确的规则和公平公正的监管。如果没有用规则建立一个安全的工作平台，那就无法确定每个人的立场。8 号员工一般对受人操控很敏感，他们很容易看到 7 号管理方式中的不良意图。如果 8 号陷入了非黑即白的思维方式，那么管理要么是公平的，要么就是不公平的；管理者要么是诚实的，要么就是个骗子。

8 号喜欢权力，而且他们急于保护自己的利益，因此他们总是希望自己的地位能够迅速上升。只要有利可图，而且游戏的规则还算公平合理，8号员工会表现得十分忠诚。他们会为享乐主义者提供实际的日常支持，帮助7号管理者推行他们的扩张计划。7号的想象力能够产生创造性的技术或者独特的想法，但是需要8号的支持才能发挥作用。7号的乐观精神和创造力能够推动企业不断向前发展，而8号的保护作用会让企业在发展中获得稳定的支持。

8号管理者以有选择性地执行规则而著称，这会让7号员工以为自己也可以有选择性地服从领导。实际上，双方都不会把违背一点规则看作是完全的背叛。在他们看来，规则不过是建议性的指导，某种在你困惑时可以依靠的东西。8号管理者同样以拒绝困难而著名。他们可以完全忘记自己不想听到的内容。7号员工恰好也喜欢拒绝痛苦的可能。所以当问题出现时，8号管理者会责备7号员工忽视了错误。7号员工需要成熟起来，对工作信息进行系统的跟踪和记录，而8号管理者需要学会在交流中做一个表现良好的听者，接受各方面的信息。

如果8号过于强硬，7号员工就会开始敷衍了事。当8号管理者发现7号员工的工作缺陷时，他们会十分生气，感觉自己的控制受到了威胁。

"这不过是冰山一角，还不知道有多少我没发现呢？"8号会这样想。

双方最常见的冲突是"正在评估损失"的8号管理者对"准备给予帮助"的7号员工大肆攻击。当自己的正直性受到公开质疑时，7号会坚决反抗。两个以自我为中心的人陷入僵局，双方都过于注重自身的立场，而看不到对方观点中的价值。8号害怕失去控制，而7号正好也害怕被人控制。这时候，需要有个第三方站出来，帮助双方重新建立信任，放弃成见。

7号和8号能否在工作中结成伙伴，关键问题就在于双方的信任。当7号愿意专注于一项行动中，而8号不再去试探7号的表现时，双方的合作是最强大的。当7号员工愿约束自己，并愿意向8号详细汇报自己的工作时，双方的关系会立即改善。不断更新的信息能够让8号感到一切都在控制之中。7号并不需要只报喜不报忧。其实8号可以接受坏消息。什么消息都没有才会让他们抓狂。

9号避免愤怒和7号避免痛苦的事实让决策过程变得更加复杂。双方都决心要避免冲突，他们可能会对尖锐的问题视而不见。

7号性格 vs. 9号性格：享乐主义者 vs. 调停者

情感伴侣

他们一个是快乐的主导者，一个是温顺的依附者。

双方唯一害怕的就是做出选择。

享乐主义者喜欢尝试各种新鲜的活动。他们会去上课补充新知识，会去关注时事，还常常会被前沿思想所吸引。他们能够给家庭生活带来活力，还常常扮演让9号脱离自身性格的魔法师。在我们的九型人格研讨班中，我常听到9号性格者说，他们现在的兴趣非常广泛，从打乒乓球到研究神秘学都是他们喜欢的事情，而他们的这些兴趣爱好最初往往都源于7号伴侣的一时兴起，拉着9号去看了一场乒乓球比赛，或者听了一场神秘学的讲座。

这对夫妻分享着广泛的世界观。7号让自己的生活充满了各种选择。他们的乐观情绪很大一部分来自于对未来计划的展望。9号也是那种愿意接受各种思想的人。他们的世界观能够与大部分人的观点相融合——包括他们的反对者。这对夫妻开阔的思想让他们愿意接受多样性的生活：多样的兴趣爱好，不同的朋友，他们还愿意让孩子们自由发展。双方都愿意享受生活的各种可能，但是"凡事皆可能"的态度也让他们难以做出选择。

做出最后决定可能需要很长时间。选择太多，计划无法定下来。7号不愿意受到约束，他们会为自己提供多样的选择，以至于他们很可能忽视了最重要的事情。9号天生就对选择感到害怕。这对夫妻可能达成不做选择的协议。选择就是限制，既然任何事情都有可能，干什么要约束自己？9号避免愤怒和7号避免痛苦的事实让决策过程变得更加复杂。双方都决心要避免冲突，他们可能会对尖锐的问题视而不见。

享乐主义者通过迅速移动来避免选择。在佛教中，他们的这种做法被称为"猿心"，因为他们的注意力总是在不断跳跃。7号需要限制自己，让自己关注于双方情感关系中真正的可能。相反，9号性格者可以对一个问题非常关注,但是他们会关注这个问题的所有可能,借此来避免做出选择。9号的思想就好像笨重的大象一样,可以长时间停留在一个地方。9号需要向前看,看到双方关系中的本质,不要分心在其他不重要的可能上。

7号是九型人格中最喜欢自我参考的类型之一,这说明他们的注意力总是集中在自己的兴趣上。相反,9号最擅长与他人融合,他们常常会失去主见。双方在一起的结果显而易见:调停者关注于享乐主义者,享乐主义者只关注他们自己。因此,7号常常会为双方的关系引入新的内容,为9号提供选择的可能。当9号愿意尝试新鲜事物时,这样的安排很好。

这对夫妻也可能在各自不同的兴趣轨道上行动。9号可以沉浸在自己的活动中,也可以坐在靠椅上,陷入深度忧郁之中。当9号满面愁容时,7号可能还在忙碌自己的事情。但是这对夫妻可以度过这样的时刻,因为双方都不会意识到他们的关系陷入了困境。由于没有直接冲突,双方的关系会继续随其自然地发展下去,直到有一个共同的目标把双方又拉到了一起。

一旦注意到了9号的忧郁,7号会把9号从靠椅上拖起来,让他们重新动起来;在进入运动状态后,9号就会保持惯性,继续下去。双方需要为共同的发展建立一个指导性的计划。作为一个家庭,我们的目标是什么?我们之间真正重要的是什么?哪些是有用的,哪些是可以以后再说的?一旦步入正轨,双方的冲突有可能会增多,因为双方都投入了更多精力在感情上。冲突并不可怕,反而有可能让他们找到自己真正的需要。当7号愿意面对痛苦,而9号找到了一个值得维护的立场时,这可能就是双方重新投入的标志。

工作伙伴

他们都不是果断的决定者。

双方的合作往往在最后时刻撞出火花。

大部分的9号性格者都是精力充沛的工作者,但是他们通常都是在面对最后期限的压力时,或者是在执行一个安排好的计划,无需再做出决定时,才会表现出高效率。工作进度表让他们投入到工作中,一旦他们被调动起来,他们会很投入地工作。但是,如果计划变来变去,失去了方向,就会让他们不知所措。调停者需要在早上起来后，清楚地知道这一天都要干些什么，这才会让他们感到安全；而7号则会不断修改自己的计划。7号是那种非常灵活的人，而9号是根据习惯生活的人。工作风格上的巨大差异能够让双方在合作中互补，尽管双方可能都会发现他们只有在最终期限逼近时，才会在一起碰一下头，商量一下对策。

这对搭档总是觉得时间是用不完的。当9号还没有意识到自己的工作，或者在为他人工作时，他们总觉得所有工作都是一样的。没有开始和结束，时间足够多。当9号开始管理他们的时间，开始拒绝其他事物时，你就知道他们是真的投入到某项工作了。调停者会承担过多的工作量，导致他们丧失工作效率；而享乐主义者总是错误地使用时间，他们总是同时做着好几件事情，而且不愿意放弃任何一个。时间管理和项目扩张可以是相互联系的问题。7号想要发展一个好项目的所有可能性，而9号则会在一些细枝末节上徘徊不前，放弃了原定的工作计划。直到最终期限临近，这对搭档才会紧张起来，开始关注眼前要做的事情。

9号对于被忽视很敏感，但他们又不愿表现出一副要吸引注意力的形象。9号十分清楚谁做了工作，谁得到了奖赏。看看下面这位9号性格者的故事：

到底是谁的功劳？

那天是皮特的60岁生日。为了给他庆祝生日，我想了很久，包括该选择什么样的方式，该送给他什么样的礼物。那天，我跟皮特的妻子说好，趁皮特睡着了的时候，偷偷溜进他们家，把一切都布置好。另一个人，一位7号性格者，也来参加生日聚会。他看到了我准备的礼物，意识到他自己并没有准备礼物，于是他说这礼物也算他一份，他愿意出10块钱。当皮特进来时，那个7号立即迎上去，从桌上拿起礼物递给了皮特，还说了一番致词。他说这是替我们两个说的。

这真是让人哭笑不得。一切都出乎预料。这人可能并不是故意的，但他插进来，抢走了荣誉。

没有得到夸奖的 9 号会变得沉默、顽固，他们会想："我不是为别人干活的。这不是我的问题。"顽固的 9 号会很在乎他们的时间，却不在乎工作的进程。作为管理者，7 号喜欢动用自己的魅力和对员工的许诺来激发那些不卖劲的员工，这种策略对 9 号来说可能是完全错误的，因为 9 号想要看到具体的回报。7 号不需要为 9 号描述什么美好前程，他们只需要倾听一下 9 号的抱怨就够了。享乐主义者通常会对啰嗦的表达感到厌烦，但他们最好对 9 号保持耐心，因为当 9 号想要说些什么时，他们就会喋喋不休。7 号如果有耐心，可能就会从 9 号的意见中挖到有用信息，而且很可能是 7 号最容易忽视的信息。9 号会非常愿意合作，只要他们感到自己获得了认可。他们可能已经发现了导致工作效率下降的许多漏洞和问题。不仅如此，9 号还是处理细节问题的能手，而细节正是令 7 号感到头痛的。7 号会很高兴有一个值得信任的运作体系。

7 号管理者喜欢改变主意，还喜欢对办公室进行突然袭击。他们会突然出现在大家面前，以此激发大家的工作热情。但是调停者不喜欢变来变去的计划，也不喜欢有一种被人监督或利用的感觉。当 9 号员工对前进方向不明确时，他们就会放慢工作节奏。

作为管理者，9 号注重的是工作环境的和谐气氛和井然有序的计划。制定决策和抛弃已知方案是困难的，这与享乐主义者认为常规会扼杀创造性的想法正好相反。对自己的能力感到放心，7 号员工会继续为自己的利益工作。他们常常会给权威施加影响，让管理朝着 7 号认为正确的方向发展。

调停者需要去清楚地监控一切，哪怕这意味着产生冲突。这是一个关键问题，因为双方都不愿动怒。但是视而不见只会让问题更加严重。定期的检查是必须的，否则享乐主义者可能就会无视危险的存在，一味向前；而调停者的沉默会加速危险的到来。持续的交流能够让 7 号没有注意到、9 号没有说出来的问题得到解决。定期的检查可以让 9 号管理者掌握最新的情况，同时让 7 号员工对自己的工作负责。

当8号在寻找他们想要的东西时,你在他们眼中好像只是可以移动的物体。两个8号性格的夫妻在追逐个人需求时,这种倾向会格外明显。

8号性格和8号性格:保护者 vs. 保护者

情感伴侣

他们的爱情在大吵大闹中进行。

只关注自己想要的,让他们常常忽视了对方的感受。

8号做事情总是抱着一种"我的眼里只有你"的态度。他们只关注于此时此刻自己最想做的事,哪怕是一些家庭琐事,他们也会要坚持到底。这样的态度常常让他们无法看到身边的其他事情,表现得目中无人。如果你正在厨房的水池边洗碗,他们可能会把你推到一边,自顾自地洗起手中的苹果。如果你正在厨房案台上切菜,他们可能会走过来拉开餐具抽屉,也不管抽屉是不是撞在了你身上。

"我的削皮刀呢?"

"你把勺子藏哪儿去了?"

当8号在寻找他们想要的东西时,你在他们眼中好像只是可以移动的物体。两个8号性格的夫妻在追逐个人需求时,这种倾向会格外明显。

在九型人格的研讨班上,一讨论到两个8号结合的夫妻时,大部分学员都会发出"噢,哇!"的感叹声。惊讶之后,他们会很快皱起眉头,问道:"这俩人都还好吗?"在外人看来,8号与8号的组合是针尖对麦芒,一定会充满激烈的争斗。8号的直截了当和强硬态度总让人觉得争论是在所难免的。但实际上,8号的唐突和固执可能只是为了引起对方的注意。我们接触过很多保护者与保护者组成的夫妻,不过他们的结合大部分都成了历史。8号在回顾他们相互的情史时,第一句话往往是:"当我和这个8号约会时,……"

8号喜欢高分贝的接触。他们希望能发自肺腑地大笑,希望能精神高涨,把能量发泄出来。他们总是被人告知要克制自己,所以如果有机会把能量发泄出来,他们会有一种如释重负的感觉。有一对8号夫妻说,他们的关系就好像是两个巨人撞到了一起。当他们交谈时,旁边的人往往提心吊胆,因为感觉这两个人好像马上就要大吵一架的样子。这是不是不好呀?会不会有人受伤啊?

实际上，8号夫妻享受这样的注意力。他们都不会觉得自己失态了。令旁人惊讶的是，这样的夫妻可以在大吵大闹之后，依然睡在同一张床上，但是第二天早上起来还是不说一句话。随着对8号夫妻的探讨不断深入，我们发现尽管他们会争吵，但是他们并不会谩骂对方；相反，性爱和冲突都是他们吸引对方的方式。

对于我们大多数人而言，往往是生气了才会争吵。但是8号夫妻的情况可能有所不同。他们喜欢争吵，因为这是一种高度激烈的接触，通过争吵释放的能量让他们的身体感到愉悦。另外，争吵也是他们考验其他人的一种方式。他们并不在乎谁赢谁输，而是要通过争吵激发能量，从而感到生活的活力。8号夫妻明白争吵能够让他们走得更近。生气并不一定意味着感情受到伤害，不说话也不意味着情感关系没有破裂。

8号夫妻的典型爱情就像是一杯混合了生气与性爱的高浓度鸡尾酒。但是和所有夫妻一样，他们还会有其他的组合搭配。我曾看到过8号夫妻中的一方向着自己的两翼性格7号或9号发展，结果为夫妻生活带来了完全不同的节奏。最常见的组合是8号夫妻中的一方带有突出的8号特征，他们性格外向、热情似火，但是另一方则比较矜持，更像5号。在所有的8号家庭中，真正的保护者只可能有一个，要不然情况就可能一发而不可收了。

能够长相厮守的8号夫妻一般都只有一人具有明显的8号特征，可能是男方，也可能是女方，然后另一方表现出5号或2号的特征。当8号在安全的家里时，他们常常会被当作2号。他们热情好客，体贴人。恋爱中的8号和他们在工作中表现出的强硬"男子"形象相差甚远。爱总是唤起我们性格中温柔的那一面，每个人都是一样的。

8号夫妻总是关注于那些令他们生气的事物，却很少去关注自己的动机和需要。如果夫妻中有一方能够把注意力从外转向到内，学会观察自我，另一方就能扮演保护者的角色。在不确定结果的时候，8号很少会冲上前。他们发现，做一个强大的支持者要比亲自到一个未知情感领域冒险容易多了。

要想让两个8号的合作相安无事，关键是要划清各自的权力界限，并让他们有利可图。如果合作的利益十分明显，两个人就会卷起袖子，相互支持。

工作伙伴

只有共同的利益，才能让两只老虎走到一起。

如果没有清楚的界限，权力之争将不可避免。

8号关注的是成功本身，而不是让自己拥有成功者的外表，这样的态度让他们在工作环境中，既受人尊敬，又令人害怕。他们追求能够掌握权力的位置，因为他们不愿被他人控制。作为创始人，他们往往很成功。他们的能量在商业开拓期表现得格外突出，因为在这种时刻，人们往往喜欢站在一个强大领导者身后，让领袖来面对困难，带领大家向虎山前行。

两个8号在工作中的结合几乎百分之百会导致权力的争夺。双方都会有坚定的立场，除非他们正好站在了同一条战线上，并且需要相互帮助。8号喜欢真诚相待。公平的态度有可能带来诚实的回应；不公平只会导致公开的抵抗。

在那些高楼林立的商业区里，复仇每天都在以文明的方式上演。但是8号的方式可能有点特别。我记得有一位年轻的8号企业家在遭到合作伙伴的背叛后，专门选了一块大理石墓碑，并在碑上刻了前任合作伙伴的大名。这块墓碑被几个人热热闹闹地抬进了办公大楼，放到了会议室门口，而会议室里正在召开公司解散的会议。8号复仇的目的就是为了让双方扯平，这样他们就不会觉得自己吃亏了。所以除了上述这种极端的方法外，8号至少会主动写一封告知信，告诉对方自己还掌握了他们不知道的有用信息。要想让两个8号的合作相安无事，关键是要划清各自的权力界限，并让他们有利可图。如果合作的利益十分明显，两个人就会卷起袖子，相互支持。

作为管理者，8号会用利益或者共同的敌人把员工们团结在一起。他们会牢牢控制一切，不会留下权力的真空，但他们会满足员工的福利要求。当8号向他们的压力状态5号靠近时，他们的慷慨会混合着吝啬。他们一只手给予（8号性格），但是另一只手会去收回（5号性格）。

在员工的岗位上，8号的感觉不是很舒服，尤其是在面对一个不公正的老板时。公正意味着有发展的空间，不公正就是被束缚在自己的位置上。管理者需要及早注意8号的抱怨声，因为8号员工常常会成为所有不满阶层的发言人。8号员工自然而然地就能成为办公室里不满情绪的聚集点,因为他们愿意站出来处理争端,还愿意为他人提供保护。得不到信任的8号想要报复。他们很难做到对事不对人。在冲突中,他们可能不再关心导致冲突的问题,而全力以赴去攻击令自己生气的人。如果他们觉得遭到了背叛,他们会不惜代价地把背叛者送上法庭。

大部分8号都很清楚,全力反抗就意味着被开除,所以他们会利用规则来参与权力斗争,这同样会导致办公室内的两极分化。其他人会感到压力,因为8号会逼着他们选择立场。在这种情况下,管理者需要立即承认出现的困难,并且愿意与8号进行面对面的交流。8号往往并不在意自己对他人产生的影响。他们会不断加大自己的分贝,直到声音被听见为止。第三方的仲裁很重要,这样能保证讨论在正轨上进行,而不致于演变成个人攻击。千万不要以为问题会自己消失;同样还要记住,隐瞒信息在8号看来,就是一面宣战的红旗。

8号性格和9号性格:保护者 vs. 调停者

情感伴侣

差异不会成为爱情的绊脚石。

但是当两股强大的力量相遇时,双方都要学会退让。

根据这两种人的性格,夫妻相处的典型画面应该是一个温顺的伴侣跟随在一个活力十足的保护者身后。不过在现实生活中,很少会出现这样的画面。夫妻双方都承认8号具有控制欲,而且也认可9号很少会拒绝。但是这样的特征并不总能产生支配-顺从的关系。如果你问他们:"谁是主动者?""谁是追随者?"他们往往面面相觑,尴尬地相互一笑。当一股不可抵抗的力量遇到了一个顽固的对象时,会发生什么呢?

当两种截然不同的性格相爱时,双方都能相互启发,这一点在8号和9号夫妇身上被再度证实。8号总是喜欢控制环境,而9号要保留自己的能量。8号选择迎难而上,而9号设法忘记困难。如果8号能学会听从,9号能认识到生气的积极意义，双方都能受益。8号和9号的情感关系把冲力和惯性结合在了一起，结果要么相互抵消，要么形成一种独特的混合。

在大自然中，不可抵挡的风暴却很少能影响到不可动摇的高山。山是不动的，它们只是在被动地做出反应。同样，在8号和9号的关系中，既需要有主动的，也需要有接受的。当我们遇到非常重要的事情时，我们都会像8号一样全力以赴；同样，我们也会像9号一样，为了得到恰当的结果而抑制我们的情绪。8号把兴奋的情感带入双方的关系，激发伴侣的能量。作为回报，9号就像在情感风暴中毫不动摇地高山一样，会对8号时常爆发的怒火习以为常。

因为双方在九型人格中互为对方的两翼性格之一，他们的外表会有几分相似。8号的欲望和9号的忘我会让他们共同追求舒适的生活。这对夫妻能够在家里和睦相处，对伴侣和朋友都十分慷慨；但是另一方面，"舒适的享受"需要耗费时间和精力。如果双方都情绪低落，惯性就会出现，他们不愿为对方付出。8号想要控制一切资源，而9号想要得到悠闲。如果能量降低了，他们可能就不再给予，不再付出。决定是通过默认做出的。能量被保留起来，什么也不做。

8号通常会采取行动，要么是具有积极性的，要么就是挑起争端的。为了打破这种枯燥无聊的状态，8号会去主动破坏双方的关系，而不是去修复。如果夫妻双方中的任何一方能够首先采取主动，而不是去推动另一方，情况会好得多。当任何一方陷入自我遗忘的状态时，他们都不再关注真正的需要，而只看到那些不太重要的琐事。双方都会想："既然你都不出力，我为什么要改变？"解决的办法就是为自己找到一个目标，让注意力转移到内心，以免不断地陷入8号控制、9号拒绝的恶性循环。

工作伙伴

愤怒可以成为合作的动力。

但前提是把自己的想法说出来。

这两种性格的合作既有可能是飞速前行，也有可能是对意志力的考验。双方生气的方式各不相同。8号很容易生气，他们会直接争夺控制权；9号则通过被动反抗来间接表达自己的怒火。这两种类型都属于九型人格中的愤怒类型（8号、9号和1号），这说明在他们的情感构成中，愤怒是一种至关重要的情感。当8号与9号的能量结合在一起时，结果可以是非常积极的。8号会主动发起行动，处理冲突，留下9号去负责调停和提供支持。

作为管理者，8号会制定复杂而全面的指导规则，来确保获得自上而下的控制。他们会不定期地推出各种规则，这完全取决于他们的兴趣变化。当管理者觉得繁琐时，所有的规则都可以不要；但是当他们要加强管理时，同样的规则会被一再强调。8号管理者喜欢制定规则，然后又违背规则。他们总是难以捉摸，心意多变，还经常会对办公室进行突然袭击。他们对他人的奖赏或惩罚也往往根据个人的喜好。其他人必须遵守规则，但是他们自己却可以无视规则，这让他们有一种能够掌控全局的感觉。

9号员工欣赏稳定的领导，但是不愿面对个人冲突。如果果断的8号管理者能够号召大家为了一个目标共同努力，并且每个人都能从中受益，这样的局面是最好的。9号会受到集体行动的感染，会和大家一起站在勇敢的领导者身后，共同前进。一旦目标实现，9号的关注点就会迅速转移到自己的收获上。聪明的管理者会鼓动9号继续保持合理的节奏向前进。

如果管理者无法从战斗的状态走出来，不断给员工施加压力，要求他们承担更多责任，9号员工会表示不满。管理者越坚持，员工就越抱怨。管理者大声争论，9号保持沉默。顽固的9号面对强硬的8号，能够以柔克刚。为了躲避直接冲突，他们会把自己保护起来，甚至愿意为此等上好几年的时间。他们可能看上去很亲切，而且不会公开反对8号，但是他们却无法被8号监控。

一般的惩罚和奖励体系很难控制这种被动的反抗。除非有人遵守规则，或者违背规则，否则规则就是没有用处的。8号管理者会加强控制，来避免暴露自己的无助，而9号员工会拒绝服从，但又逃避与8号的正面冲突。最终，9号的怨气会爆发出来。对于8号来说，他们更愿意面对公开的愤怒，而不是隐秘的反对。愤怒可以让9号的不满公开化。当双方都坐到桌边时，这对搭档反而能够开始友好合作。8号想要知道真相，而9号在说出真相后，自己也会得到解脱。

这两种类型的人都喜欢责备他人。8号总是先去责备他人,而不是去质问自己;9号责备他人,因为他们觉得自己被他人的想法拖累了。8号管理者需要经常重申双方合作的积极意义。调停者愿意在和谐的气氛中工作,他们不会主动制造冲突,也不愿让自己成为办公室的中心。但是,他们希望得到他人的主动认可,又不愿去讨好他人。相反,8号对于双方关系的变化常常没有察觉。他们总是没有咨询他人意见就擅自开始行动,他们也不会轻易称赞他人,更不会去关注他人的需求。如果8号管理者能够记得对员工的实际贡献予以公开肯定,9号员工就能从8号表面的强迫中看到他们的好意,就会在面对困难时,坚定地支持8号。如果9号太不合作,忍无可忍的8号最后可能把9号赶走。如果9号能够支持8号,8号就可以倾听他们的想法;当8号能倾听9号的想法时,9号也会愿意留下来。

如果9号是管理者,他们常常会脱离主题,这让8号员工感到害怕。这种领导好像是没有能力的,8号不由自主地想要挑战9号的管理能力。其他员工会面临选择立场的压力,因为感到不舒服的8号想要把办公室里的所有人分成朋友和敌人两大阵营。8号想要清楚的交流,同时还要有明确的奖励和惩罚,但是9号常常喜欢一致认可的管理方式。9号总想让大家都满意,让每个人都能参与行动,都能分到一点利益。这种平均主义的做法让8号不满,他们需要吸引大家关注,把不满表达出来。9号管理者会发现,优柔寡断只会导致公开反抗。8号想要得到肯定的信息,如果得不到,他们就会在管理者的耳边制造大量噪音,以示不满。

9号性格和9号性格:调停者 vs. 调停者

情感伴侣

顺从并不能带来真正的和谐。

独立反而能让双方走得更近。

两个9号在一起,你一定会觉得他们是最温和的。他们能彼此融合,这并不是说他们会具有相似的外表，而是说他们常常会产生共鸣。他们的意见很一致，让已经进行的协议更加牢固。这好像是一对非常稳定的夫妻。他们很少意见相左，也不会突然表现出强烈情感打破平静的生活。这是一种和平共处的生活方式。双方都愿意无条件地接受对方，不需要对方改变，而且双方都渴望舒适的生活。

但是，这一切仅仅是表面现象，实际情况则完全不同。被内心力量所困扰的9号，他们都指望对方能够激发自己的个性。他们要么支持伴侣的需求，要么反对伴侣的需求，但却对自己的需求不闻不问。9号说，只要没有冲突发生，他们就能够长期生活在这种虚有其表的关系中。他们会表现得很温顺，但是他们的心并不在此。如果要全身心地投入到一段感情中，压力就会出现。

"我做这些是为了我自己，还是为了其他人？"

"这是我的选择，还是别人的主意？"

谁该主动的问题在9号夫妻身上变得更加突出。

"谁在选择？"

没有一个固定的标准让人同意或者拒绝。所有的选择都差不多，相反的意见和需求交织在了一起。

"我们该不该这样做？这值得付出吗？恐怕不值得。"

双方都想避免冲突，结果双方都选择不作为。为了构建和谐的生活，他们把压力赶到一边。但是把不舒服排除在外，需要很大的能量。

这种关系一旦恶化，双方都会把自己埋在日常琐事中，得过且过。每件事情都做一点，但是没有一件是完成的，因为一旦投入过多的能量，就有可能引发冲突。所以最好把能量分散到自己熟悉或者不太重要的事物上。

当然，双方的关系也可能积极地发展。这时，9号夫妻会齐心协力。如果一方在为自己的个人目标奋斗，另一方也会投身进来，给予支持。当双方都找到了自己的兴趣和生活的意义时，双方的关系就能健康发展。这对夫妻非常适合相互帮助，但前提是对方必须能够拥有独立的自我，而不是以他人为中心。

工作伙伴

即使是合作，也需要弄清自己的想法。

模棱两可和瞻前顾后只能让合作死亡。

在我所采访过的 20 多对曾经在一起工作的 9 号性格者中，有 16 对至今依然保持着合作状态，这说明两个 9 号在工作上保持长期合作的可能性是相当高的。工作似乎为双方提供了一个外在的关注点，调动了他们的积极性，让他们每天都能投身到这个熟悉的环境中来。双方都想要依赖于计划安排，都避免去制定复杂的决策；每个人都会对自己的工作负责。他们会一点一点地完善整个工作体系，直到这个体系能够独立地运转。

9 号不愿做出选择，在他们看来，选择是一种专断。

"不是条条大路通罗马吗？"

"为什么选择这个方案而不是那个呢？"

如果他们无法为自己选择一个明确立场，冲突就可能出现。有些问题即便短期内能够消除，过一段时间还会再次出现。他们迟迟无法做出判断，直到双方都忍无可忍，最终把自己的不满一股脑全发泄出来。

那些妥协的 9 号可能会慢慢"苏醒"过来，发现自己原来并非是心甘情愿。他们可能一直在尽量避免冲突，直到最后才发现自己的真实感觉。他人要想了解 9 号的意见，可以先让 9 号列举出所有人的意见，然后通过排除法来找到自己的意见："不是这个，也不是这个。"在排除了其他意见后，9 号自己的立场就会表现出来。

作为管理者，9 号需要学会传达清楚的指令。他们不想影响他人，不想拒绝他人，也不想挑起争端。过多的考虑反而会让他们成为令人昏昏欲睡的领导者。9 号管理者总是能够看到问题的所有方面，他们承受了过多意见，而无法去关注对于整体来说最重要的利益。在管理中，9 号宁愿充当各方的调停者，而不愿作为自身立场的坚守者。在所有性格类型中，他们是最容易与对手达成临时协议的人。避免冲突的想法会让他们在谈判中处于劣势。对 9 号来说，考虑冲突双方的想法很容易，但是要他们代表自己去面对公众却很难，正因为如此，他们往往能在仲裁活动中发挥出色。

作为员工，9号不愿充当"出头鸟"，但是他们会融入到整个工作环境中。如果一切都很不确定的话，他们不会让自己多出一份力气。他们宁愿重复枯燥无聊的常规工作，尽管体力上感到疲惫，但是熟悉的工作让他们感到安全。他们愿意跟随已知的程序和步骤，而不愿去承担具有开创性的工作。

有用的办法是定期审视9号的不满，然后帮他们一步一步下定决心。9号要学会代表自己做出决定，而不是在强迫中妥协。为解决问题设定具体的步骤和日期。

"你能在下个月底把所有文件上交吗?"——这样的要求会比催促他们立刻完成好得多。每一个问题都需要一起讨论，然后给他们留下解决的时间。变化需要通过合理的、人性化的方式发生。如果变化有可能让9号遭受损失，那更需要一步一步慢慢来。

结　语

我在九型人格的每一种性格中似乎都能看到我自己的一部分身影。在适当的时刻，适当的情感下，这些特征就会表现出来。并不是只有9号性格者，才能让自己融入到爱人的生活中；也不是只有4号性格者，才能感受到他人的痛苦。我们都会有各种各样的反应，这些反应都是正常的、合适的。当我们感到威胁时，我们不是都会感到害怕吗？当我们感到被利用时，我们不是都会生气吗？这是再自然不过的反应了。

九型人格的模式是根据人的九种激情来组织人的行为表现和生活方式。这每一种激情都有一个独特的情感关注点。这些情感的核心特征与当代性格分析的理论不谋而合。但是九型人格的独到之处并不在于性格分析，而是能够把这九种激情看作从普通到高层意识的转换器。

在那些古老的理论中，这些激情有着悠久的历史。正如我在本书第一部分中所说的，它们最著名的称呼是基督教里的七宗罪，再加上所有性格都共有的两种倾向。所以说，九型人格并不是什么新发现的心理学理论，它实际上是把古老的精神理论在现代社会中进行了重新发掘。

传统理论的精华内容现在都被吸收到当代心理学思想的框架之内。在古老与传统的结合上，九型人格是一本活的教义。九型人格的大部分内容来自于每种性格所属者的自我观察。这些不同性格的人就是不同激情的表现者，他们讲述着在这个现代的社会中，自己如何处理内心的矛盾，他们是最直接的权威。

九型人格互动关系指南总结了各种性格类型之间相处的主要特征。这些特征的总结都来自于参加我们九型人格研讨班的各个学员的口述资料。在研讨班

> 那些愿意提供材料的夫妇，都是关系十分正常的夫妇。他们参加研讨班的目的就是为了进一步提升双方的关系，从爱人的眼中看到自己，同时发现自己内在的倾向性。

上，不同性格的代表者会上台来进行交流，他们还会与自己的伴侣在台上对话。听众们有机会观察到不同性格人之间的谈话，还能像台上的夫妇直接提问。那些愿意提供材料的夫妇，都是关系十分正常的夫妇。他们参加研讨班的目的就是为了进一步提升双方的关系，从爱人的眼中看到自己，同时发现自己内在的倾向性。如果正如九型人格所说，那些内在的倾向性是被扭曲了的人类本性，那么来参加的夫妇就获得了双赢：首先他们能够对双方关系产生更深入的理解；其次，他们还能发现打开他们精神自然的钥匙。

未来的方向

在过去的十多年里，九型人格已经从小型的私人讨论发展为一种广为人知的理论。这在九型人格的研究中，是一个令人兴奋的发展阶段。很多作者都对这一体系提出了自己的观点。他们每一个人都有独到之处。在我看来，不同观点的出现是有利于九型人格发展的健康环境，而且我相信这些不同的观点会在以后的几年里逐渐融合为一种共同的教义。

我认为值得关注的是九型人格整个系统，而不仅仅是简单的九角星图。如果我们把九角星图看作是一个体系，那么在每一种性格实际上包含了三个部分：每种性格的正常表现，以及在安全状态和压力状态下的不同表现。我得出这样的结论是因为我把整个九型人格看作是一个流动的体系。个人的能量在安全状态、危险状态和正常状态下流动。但是这并不意味着，压力或危险状态下的特征就是一种强迫性的表现；这些特征不过是当正常性格特征发挥不当时的简单应付策略。另外，我还发现每一种性格和它左右的两翼性格之间也有着动态的联系，而且我认为这些联系也会对性格类型的形成产生影响。所有这些对于九型人格的研究都是至关重要的，这将有助于奠定九型人格在心理学研究中的地位。

图书在版编目（CIP）数据

职场和恋爱中的九型人格/（美）海伦·帕尔默(Helen Palmer)著；徐扬译.--北京：华夏出版社有限公司，2020.10

书名原文：The Enneagram in Love and Work

ISBN 978-7-5080-9849-4

Ⅰ.①职… Ⅱ.①海… ②徐… Ⅲ.①人格心理学—通俗读物 Ⅳ.①B848-49

中国版本图书馆CIP数据核字(2020)第077352号

THE ENNEAGRAM IN LOVE AND WORK by Helen Palmer
Copyright © 1995 by The Center for the Investigation and Training of Intuition
Simplified Chinese Translation copyright © 2007 by Hua Xia Publishing House Co., Ltd.
Published by arrangement with HarperSanFrancisco, an imprint of HarperCollins Publishers
All Rights reserved.

版权所有，翻印必究。

北京市版权局著作权合同登记号：图字 01-2007-0371 号

职场和恋爱中的九型人格

著　　者	[美] 海伦·帕尔默	
译　　者	徐　扬	
责任编辑	朱　悦	
责任印制	刘　洋	
出版发行	华夏出版社有限公司	
经　　销	新华书店	
印　　刷	三河市少明印务有限公司	
装　　订	三河市少明印务有限公司	
版　　次	2020年10月北京第1版	
	2020年10月北京第1次印刷	
开　　本	710×1000　1/16	
印　　张	23.75	
字　　数	339千字	
定　　价	59.00元	

华夏出版社有限公司　地址：北京市东直门外香河园北里4号　邮编：100028
　　　　　　　　　　　　网址：www.hxph.com.cn　电话：(010)64663331(转)

若发现本版图书有印装质量问题，请与我社营销中心联系调换。

九型人格一代宗师
海伦·帕尔默畅销系列

《九型人格》
enneagram
[美] 海伦·帕尔默 Helen Palmer / 著   徐扬 / 译

九型人格一代宗师的权威读本

美国中央情报局的识人指南，了解各国元首的行为特质。
老板、客户、竞争对手、恋人、配偶、意中情人
慧眼洞察你身边人的真实想法。

《职场和恋爱中的九型人格》
the enneagram in love and work
[美] 海伦·帕尔默 Helen Palmer / 著   徐扬 / 译

**帮助你在职业发展和爱情关系中
增加洞察他人的智慧！**

看看每种人格类型在工作和爱情两方面
分别表现出什么特征

《九型人格入门篇》
[美] 海伦·帕尔默 Helen Palmer / 著   徐扬 刘建平 / 译

已被 22 个国家及地区引进

了解自我，洞悉他人
内含九型人格精准测试

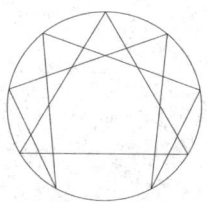